Industriestudie Frankfurt am Main 2013

Peter Lindner
Stefan Ouma
Max Klöppinger
Marc Boeckler

Industriestudie
Frankfurt am Main
2013

Bibliografische Information der Deutschen Nationalbibliothek
Die Deutsche Nationalbibliothek verzeichnet diese Publikation in der
Deutschen Nationalbibliografie; detaillierte bibliografische Daten
sind im Internet über http://dnb.d-nb.de abrufbar.

Layout: von Zubinski, Frankfurt
www.vonzubinski.de

Studie im Auftrag der Wirtschaftsförderung Frankfurt
Frankfurt Economic Development GmbH

Gedruckt auf alterungsbeständigem,
säurefreiem Papier.

ISBN 978-3-631-65551-1
E ISBN 978-3-653-04704-2
DOI 10.3726/978-3-653-04704-2
© Peter Lang GmbH
Internationaler Verlag der Wissenschaften
Frankfurt am Main 2014
Alle Rechte vorbehalten.
PL Academic Research ist ein Imprint der Peter Lang GmbH.
Peter Lang – Frankfurt am Main · Bern · Bruxelles · New York ·
Oxford · Warszawa · Wien

Das Werk einschließlich aller seiner Teile ist urheberrechtlich
geschützt. Jede Verwertung außerhalb der engen Grenzen des
Urheberrechtsgesetzes ist ohne Zustimmung des Verlages
unzulässig und strafbar. Das gilt insbesondere für
Vervielfältigungen, Übersetzungen, Mikroverfilmungen und die
Einspeicherung und Verarbeitung in elektronischen Systemen.
Diese Publikation wurde begutachtet.
www.peterlang.com

Masterplan Industrie der Stadt Frankfurt am Main

Die Stadt Frankfurt am Main strebt mit dem Masterplan Industrie eine langfristige Strategie zur Stärkung des Industriestandortes an. Der Masterplan soll industriepolitische Ziele sowie Handlungsfelder mit umsetzungsorientierten Maßnahmen aufzeigen.

Die Erarbeitung des Masterplans durch die Wirtschaftsförderung Frankfurt GmbH erfolgt in einem strukturierten Prozess und basiert auf mehreren Bausteinen:

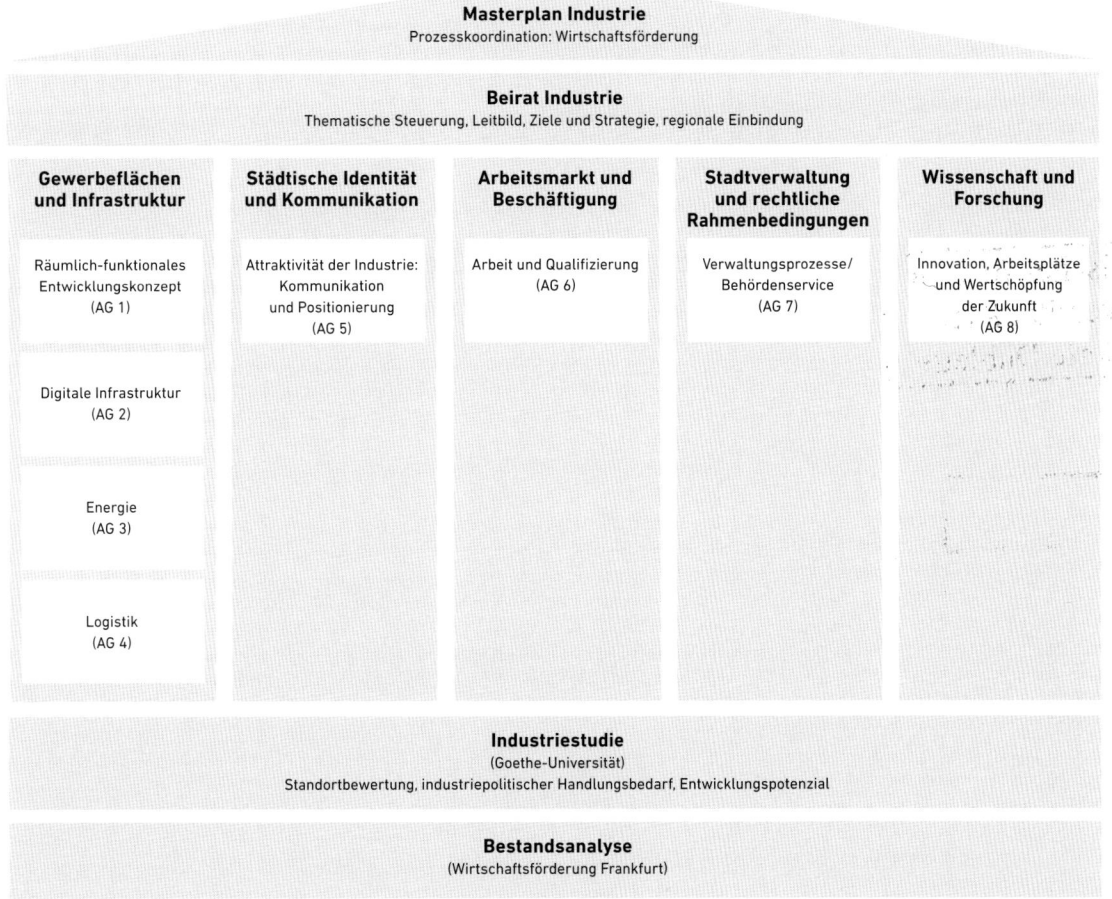

Im Anschluss an eine grundlegende Bestandsanalyse der Frankfurter Industrie erstellte die Goethe-Universität im Auftrag der Wirtschaftsförderung eine Industriestudie, die mittels einer umfassenden Betriebsbefragung den industriepolitischen Handlungsbedarf aufzeigt.

Die Ergebnisse bilden die Grundlage für die Arbeit in mehreren thematischen Arbeitsgruppen wie zum räumlich-funktionalen Entwicklungskonzept zur zukünftigen industriellen Flächennutzung. Die Erkenntnisse der einzelnen Bausteine fließen in den Masterplan Industrie ein.

Der Masterplan wird durch einen Beirat Industrie aktiv begleitet, der den Prozess regelmäßig erörtert und gegenüber Politik und Öffentlichkeit unterstützt

Wirtschaftsförderung Frankfurt GmbH

Vorwort

Vor genau 20 Jahren, im Februar 1994, hat die Stadt Frankfurt ihr bislang gültiges industriepolitisches Leitbild veröffentlicht. Es beginnt mit dem programmatischen Satz „Die deutsche Industrie ist in der Krise". Eine ähnliche Feststellung an den Anfang einer Situationsanalyse der Industrie zu stellen wäre heute undenkbar und unangemessen. Nicht nur die Rahmenbedingungen haben sich grundsätzlich geändert, auch die Industrie selbst befindet sich in einer völlig anderen Ausgangslage. Frankfurt trägt diesen Veränderungen Rechnung und hat es sich zum Ziel gesetzt, einen Masterplan Industrie zu entwerfen, der die Richtung der stadtökonomischen Entwicklung in den nächsten Jahren maßgeblich mitbestimmen soll.

Die vorliegende Industriestudie stellt dafür einen entscheidenden Baustein dar. Sie ist das Ergebnis von fast 18 Monaten intensiver Materialerhebung und -auswertung, Experteninterviews und informellen Gesprächen, *Round Tables* und Diskussionen nach Vortragsveranstaltungen, der kontinuierlichen Begleitung durch die Wirtschaftsförderung Frankfurt und vor allem auch einer umfangreichen schriftlichen Befragung, an der die Arbeitgeber von über 90% aller Frankfurter Industriebeschäftigten teilnahmen. Bei allen Industrieexperten, Unternehmern, Gewerkschaftsmitgliedern und Verbandsvertretern, die an diesem Prozess beteiligt waren, wichtige Impulse lieferten und sich immer wieder Zeit nahmen, bedanken wir uns für ihre Unterstützung!

Neben den Verfassern selbst waren an der inhaltlichen Arbeit vor allem Christian Girmann, Denis Guth und Dan Orbeck beteiligt, denen besonderer Dank für ihren Beitrag zur Netzwerkanalyse gebührt. Raphael Schwegmann übernahm schnell und zuverlässig die Endkorrektur des Manuskripts. Schließlich bedanken wir uns auch bei Zuni Fellehner vom Grafik- und Layoutbüro von Zubinski, die mehrfach unter hohem Zeitdruck Zwischenergebnisse und schließlich auch den vorliegenden Endbericht gestaltete.

Status-, Funktions- und Berufsbezeichnungen, die in dieser Studie in der männlichen oder weiblichen Sprachform verwendet werden, schließen das jeweils andere Geschlecht mit ein.

Peter Lindner
Stefan Ouma
Max Klöppinger
Marc Boeckler

Inhaltsverzeichnis

KURZZUSAMMENFASSUNG	9
1 DIE FRANKFURTER INDUSTRIE IM FOKUS	**15**
Industrie im Umbruch	16
Auf dem Weg zu einer neuen regionalen Industriepolitik?	17
Die Frankfurter Industrie im Fokus	18
Spielräume und Grenzen kommunaler Industriepolitik	21
Aufbau der Studie	22
2 BESTANDSAUFNAHME	**23**
Frankfurt auf dem Weg zur Dienstleistungsmetropole?	24
Branchen und Größenstruktur der Frankfurter Industrie	26
Die Industrie als Teil der Frankfurter Wirtschaft	30
Städtevergleich	31
Zusammenfassung	33
3 STÄRKEN-SCHWÄCHEN-ANALYSE	**35**
Stärken und Schwächen: Vorgehensweise	36
Gesamtheit aller befragten Betriebe: Bewertungen und Prioritäten	37
Gesamtheit aller befragten Betriebe: Handlungsbedarf	39
Differenzierung nach Betriebsgröße	43
Differenzierung nach Betriebstyp	46
Differenzierung nach Branchen	51
Zusammenfassung	53
4 GEWERBEFLÄCHEN	**55**
Gewerbeflächen in Frankfurt	56
Standorttypen	57
Standortzufriedenheit	58
Umfeldkonflikte und Planungssicherheit	60
Expansionsflächen	63
Verlagerung	64
Flächenmanagement	65
Akzeptanzpolitik	65
Regionale Kooperation	65
Zusammenfassung	66
5 NETZWERK INDUSTRIE	**67**
Ausgangspunkte	68
Chemische und pharmazeutische Industrie	70
Nahrungsmittelgewerbe	73
Metall-/Elektronindustrie und Fahrzeugbau	75
Zusammenfassung	77
6 WERTSCHÖPFUNGSKETTEN	**79**
Ausgangspunkte	80
Standorte und Positionen	81
Koordination und Dynamiken	82
Zusammenfassung	86

7 HANDLUNGSFELDER	91
Ausgangspunkte	92
Handlungsfeld 1: Gewerbeflächen und Infrastruktur	93
Handlungsfeld 2: Städtische Identität und Kommunikation	95
Handlungsfeld 3: Arbeitsmarkt und Beschäftigung	97
Handlungsfeld 4: Stadtverwaltung und rechtliche Rahmenbedingungen	99
Handlungsfeld 5: Wissenschaft und Forschung	100

LITERATURVERZEICHNIS	102

ANHANG		105
A I:	**Klassifikation der Wirtschaftszweige**	**105**
A II:	**Forschungsdesign**	**105**
A II-1:	Abgrenzung der Grundgesamtheit	105
A II-2:	Projektplan	106
A III:	**Fragebogen**	**107**
A IV:	**Zusammensetzung der Stichprobe**	**120**
A IV-1:	Branchenzusammensetzung der befragten Betriebe	120
A IV-2:	Größenzusammensetzung der befragten Betriebe	121
A IV-3:	Abweichung von der Grundgesamtheit	121
A V:	**Ergebnisse in tabellarischer Form**	**122**
A V-1:	Frage 5 – Ergebnisse der Stärken-Schwächen-Analyse des Industriestandorts Frankfurt a. M.	122
A V-2:	Frage 7 – Ergebnisse der Bewertung des Betriebsstandorts	125
A V-3:	Fragen 8 und 9 – Wichtigkeit und vorrangige Maßnahmen einer ökologischen Modernisierung	127
A VI:	**Abgrenzung der Betriebstypen**	**127**
A VII:	**Zusammensetzung der Branchencluster nach WZ-Abteilungen (WZ08)**	**128**
A VIII:	**Zusammensetzung der Zulieferer-, Abnehmer- und Dienstleister-Branchen der Netzwerkanalyse (WZ08)**	**128**

VERZEICHNIS DER ABBILDUNGEN

1 – Die Frankfurter Industrie im Fokus

1-1	Frankfurts (vermeintlicher) Weg in die Dienstleistungsgesellschaft	16
1-2	Perspektiven, Ansatzpunkte und Kontexte der Frankfurter Industriestudie	19
1-3	Forschungsdesign und -ablauf	20

2 – Bestandsaufnahme

2-1	Das verarbeitende Gewerbe in Frankfurt: Betriebe und Beschäftigte 1999–2008 (WZ03) und 2008–2011 (WZ08); Bruttowertschöpfung 2000–2011 (WZ08)	25
2-2	Frankfurter Wirtschaftssektoren nach Betrieben, Beschäftigten und Bruttowertschöpfung 2011	27
2-3	Betriebe und Beschäftigte nach Branchen des verarbeitenden Gewerbes in Frankfurt 2011	27
2-4	Lokalisationsquotienten nach Branchen des verarbeitenden Gewerbes in Frankfurt 2011	28
2-5	Durchschnittliche Anzahl der Beschäftigten pro Betrieb nach Branchen des verarbeitenden Gewerbes in Frankfurt 2011	29
2-6	Der Industrie-Dienstleistungsverbund	30
2-7	Gewerbesteueraufkommen der 100 größten Gewerbesteuerzahler in Frankfurt 2013	30
2-8	Einwohner und Erwerbstätige in den 10 größten Städten Deutschlands 2011	31
2-9	Anteil der Erwerbstätigen im verarbeitenden Gewerbe an allen Erwerbstätigen 2000 und 2011	32
2-10	Anteil des verarbeitenden Gewerbes an der gesamten Bruttowertschöpfung 2000 und 2011	32
2-11	Jährliche Bruttowertschöpfung je Erwerbstätigen 2011	32

3 – Stärken-Schwächen-Analyse

3-1	Standortfaktoren und Handlungsbedarf – alle Betriebe	40
3-2	Standortfaktoren und Handlungsbedarf differenziert nach Betriebsgröße	44

4 – Gewerbeflächen

4-1	Frankfurter Gewerbegebiete	56
4-2	Wandel der Nutzungsarten	57
4-3	Standorttypen und Betriebsgrößen nach Fläche	58
4-4	Standorttypen	59
4-5	Standortzufriedenheit	60
4-6	Umfeldkonflikte	61
4-7	Flächenkonkurrenz und Verunsicherung durch sich ändernde Rahmenbedingungen	61
4-8	Verfügbarkeit von Expansionsflächen nach Standorttypen	63

5 – Netzwerk Industrie

5-1	Die Netzwerkbeziehungen der Frankfurter Industrie	69
5-2	Die Netzwerkbeziehungen der Frankfurter chemischen und pharmazeutischen Industrie	71
5-3	Die Netzwerkbeziehungen des Frankfurter Nahrungsmittelgewerbes	74
5-4	Die Netzwerkbeziehungen der Frankfurter Metall-/Elektroindustrie und des Fahrzeugbaus	76

6 – Wertschöpfungsketten

6-1	Zuliefer- und Abnehmerbeziehungen der Frankfurter Industrieunternehmen; nur Betriebe mit mehr als 10 Beschäftigten, Angaben in Prozent	81
6-2	Haupt- und Nebenbeschäftigungsfelder der Frankfurter Industrieunternehmen – Positionen in Wertschöpfungsketten	82
6-3	Positionen in Wertschöpfungsketten	83
6-4	Abstimmung mit Zulieferern und Abnehmern	85
6-5	Erwartete Veränderungen der Wertschöpfungsketten	85
6-6	Geplante Veränderung der eigenen Position in Wertschöpfungsketten in den nächsten 5 Jahren	87
6-7	Strategien zur Sicherung der eigenen Position, jeweils nur die 5 häufigsten Nennungen	88

7 – Handlungsfelder

7-1	Industriepolitische Handlungsfelder	93

Verzeichnis der Tabellen

2 – Bestandsaufnahme

2-1	Wichtige Kennzahlen zur Frankfurter Industrie	26
2-2	Landkreise und kreisfreie Städte mit dem größten Anteil des verarbeitenden Gewerbes an der Bruttowertschöpfung	33

3 – Stärken-Schwächen-Analyse

3-1	Themenfelder der Stärken-Schwächen-Analyse	36
3-2a	Größte Zufriedenheit	37
3-2b	Größte Unzufriedenheit	37
3-3a	Die 5 wichtigsten Themen	38
3-3b	Die 5 unwichtigsten Themen	38
3-4	Gewerbesteuerhebesätze in den 10 größten Städten Deutschlands 2012 (in %)	38
3-5	Durchschnittliche Wohnungsmietpreise in €/m² in den 10 größten Städten Deutschlands 2012	39
3-6	Kinderbetreuungsquote in den 10 größten Städten Deutschlands 2012 (in %)	39
3-7a	Betriebe bis 10 Beschäftigte – Zufriedenheit/Unzufriedenheit	43
3-7b	Betriebe bis 10 Beschäftigte – Handlungsbedarf	43
3-8a	Betriebe über 10 Beschäftigte – Zufriedenheit/Unzufriedenheit	45
3-8b	Betriebe über 10 Beschäftigte – Handlungsbedarf	46
3-9	Betriebstypen	47
3-10a	Potenzielle Abwanderer – Zufriedenheit/Unzufriedenheit	48
3-10b	Potenzielle Abwanderer – Handlungsbedarf	48
3-11a	Standortverunsicherte – Zufriedenheit/Unzufriedenheit	48
3-11b	Standortverunsicherte – Handlungsbedarf	48

3-12a	Erfolgreiche Betriebe – Zufriedenheit/Unzufriedenheit	49
3-12b	Erfolgreiche Betriebe – Handlungsbedarf	49
3-13a	Ökologische Modernisierer – Zufriedenheit/Unzufriedenheit	49
3-13b	Ökologische Modernisierer – Handlungsbedarf	49
3-14a	Dynamische Hybridisierer – Zufriedenheit/Unzufriedenheit	50
3-14b	Dynamische Hybridisierer – Handlungsbedarf	50
3-15a	Wissensorientierte Innovatoren – Zufriedenheit/Unzufriedenheit	50
3-15b	Wissensorientierte Innovatoren – Handlungsbedarf	50
3-16a	Chemie-/Pharmabranche – Zufriedenheit/Unzufriedenheit	52
3-16b	Chemie-/Pharmabranche – Handlungsbedarf	52
3-17a	Nahrungsmittelgewerbe – Zufriedenheit/Unzufriedenheit	52
3-17b	Nahrungsmittelgewerbe – Handlungsbedarf	52
3-18a	Metall-/Elektroindustrie und Fahrzeugbau – Zufriedenheit/Unzufriedenheit	53
3-18b	Metall-/Elektroindustrie und Fahrzeugbau – Handlungsbedarf	53
4 – Gewerbeflächen		
4-1	Gründe für die Verlagerung eines Betriebs	64

Verzeichnis der Textboxen

1 – Die Frankfurter Industrie im Fokus

1-1	Die „vierte industrielle Revolution"	16
1-2	Hybride Industrie	18
1-3	Industriedefinition	19
1-4	Zusammensetzung der Stichprobe für die Unternehmensbefragung und Experteninterviews	20

2 – Bestandsaufnahme

2-1	Datenquellen	24

3 – Stärken-Schwächen-Analyse

3-1	Handlungsbedarfindikator	37
3-2	Gewerbesteuer – Positionen	38
3-3	Wertschätzung der Industrie durch die Frankfurter Kommunalpolitik – Positionen	41
3-4	Akzeptanz der Industrie bei der Bevölkerung und mediale Berichterstattung – Positionen	41
3-5	Arbeitsmarkt: Angebot an Facharbeitern und Lehrstellenbewerbern – Positionen	42
3-6	Überblickstabellen 3-7 bis 3-18: Darstellungsform	43
3-7	Beratung der Wirtschaftsförderung – Positionen	45
3-8	Zusammenarbeit mit der Wissenschaft – Positionen	45
3-9	Umgang mit Störfällen – Positionen	51
3-10	Brandschutzauflagen – Positionen	53

4 – Gewerbeflächen

4-1	Standorttypen	59
4-2	Flächenkonkurrenz und Umfeldkonflikte aus der Innenperspektive – Positionen	62
4-3	Planungssicherheit und rechtliche Rahmenbedingungen	63
4-4	Informationspolitik – Positionen	66

5 – Netzwerk Industrie

5-1	Von Unternehmensbeziehungen zu aggregierten Ego-Netzwerken	68
5-2	Cluster und Netzwerke	72
5-3	Vernetzung mit Wissenschaft und Forschung	73
5-4	Logistik – Positionen der Frankfurter Industrie	75

6 – Wertschöpfungsketten

6-1	Steuerungsformen in Wertschöpfungsketten	80
6-2	Supply Chain Risk Management (SCRM)	84

Kurzzusammenfassung

Die öffentliche Wahrnehmung der Industrie hat sich in den letzten Jahren stark geändert. Endogene Umbrüche wie der Trend zur Industrie 4.0, zur vernetzten Produktion, zum *Urban Manufacturing* oder zur fortschreitenden Verschmelzung mit dem Dienstleistungssektor haben dazu ebenso beigetragen wie die globale Finanzkrise, in deren Folge die gesamtökonomische Bedeutung des verarbeitenden Gewerbes unübersehbar wurde. Parallel dazu wandelt sich das Bild der alltäglichen Praxis industrieller Arbeit. Digitale Arbeitsumgebungen, Software-Programmierung, Forschung und Entwicklung, die kreative Suche nach Einzelfalllösungen im Schnittfeld zwischen *High-Tech* und Handwerk sowie die Arbeit am Produktdesign rücken mehr und mehr in den Vordergrund. Für eine Neujustierung der Industriepolitik auch auf der kommunalen Ebene stellen diese Veränderungen eine Herausforderung, zugleich aber auch ein *Window of Opportunity* dar.

Die vorliegende Studie möchte dafür die Voraussetzungen schaffen. Sie basiert auf einer Kombination qualitativer und quantitativer Erhebungsverfahren sowie einer modularen Vorgehensweise, die es erlaubte, die thematischen Schwerpunkte kontinuierlich den Auswertungsergebnissen der jeweils vorhergehenden Arbeitsschritte anzupassen. Insgesamt konnten die Arbeitsstätten von 90% aller Beschäftigten des Frankfurter verarbeitenden Gewerbes erfasst und die Unternehmen zu mehr als 200 Standortfaktoren und Betriebsmerkmalen befragt werden. Besonderer Wert wurde bei der Analyse auf die Position der Frankfurter Industrie in transregionalen Netzwerken und globalen Wertschöpfungsketten gelegt.

BESTANDSAUFNAHME

| Im verarbeitenden Gewerbe sind in Frankfurt heute etwa 30 000 Personen oder 6% aller sozialversicherungspflichtig Beschäftigten tätig. Nach einem lang anhaltenden Schrumpfungsprozess, der stärker war als in den meisten anderen deutschen Großstädten, zeichnet sich seit 2008 allerdings eine Stabilisierung der Betriebszahlen ab. Der Anteil an der städtischen Bruttowertschöpfung blieb trotz des Rückgangs der Betriebs- und Beschäftigtenzahlen in den letzten 15 Jahren weitgehend konstant bei 12% und ist das Ergebnis einer stark gestiegenen Produktivität, die im Vergleich mit anderen Großstädten nur von München übertroffen wird.

| Der Sektor ist kleinbetrieblich dominiert und zeichnet sich durch eine stark asymmetrische Größenverteilung aus. Nur 81 Unternehmen bzw. 10% aller Betriebe beschäftigen mehr als 100 Personen, auf diese Unternehmen entfallen aber drei Viertel aller Erwerbstätigen. Insgesamt 146 Unternehmen beschäftigen mehr als 20 Personen.

| Das Branchenspektrum der Frankfurter Industrie ist ausgesprochen breit. Schwerpunkte bestehen in der chemischen Industrie, im Fahrzeugbau, in der Herstellung elektronischer Geräte sowie im Nahrungsmittelgewerbe. Von einem lokalen Cluster kann allerdings nur im Fall der chemischen und pharmazeutischen Industrie gesprochen werden, welche auch die größten Umsätze und zusammen mit der Elektroindustrie sowie dem metallverarbeitenden Gewerbe die höchsten Exportquoten aufweist.

| Aufgrund der engen Verflechtung mit dem Dienstleistungssektor ist die regionalökonomische Bedeutung der Industrie größer, als es die Beschäftigen- und Betriebszahlen erwarten lassen. Für den Haushalt der Stadt Frankfurt spielt die Industrie mit über einem Drittel des gesamten Gewerbesteueraufkommens eine besonders wichtige Rolle.

STÄRKEN-SCHWÄCHEN-ANALYSE

| Im Rahmen der persönlich-schriftlichen Befragung konnten die Unternehmen Standortfaktoren aus sechs Themenfeldern bewerten: Arbeitsmarkt/Beschäftigung, Stadtverwaltung/rechtliche Rahmenbedingungen, Wissenschaft/Forschung, Akzeptanz/Wertschätzung, Unternehmensbeziehungen/Vernetzung und Gewerbeflächen/Infrastruktur. Keines dieser sechs Themenfelder schneidet in Gänze positiv oder negativ ab. Vielmehr wird stark zwischen einzelnen Faktoren innerhalb der Felder differenziert.

| Insgesamt erhält Frankfurt als Standort für das verarbeitende Gewerbe auf einer Skala von 1 (sehr unzufrieden) bis 5 (sehr zufrieden) die Bewertung 3,5; über eine Abwanderung denken nur sehr wenige Unternehmen nach. Neben der hervorragenden Logistikinfrastruktur werden die Stärken vor allem in dem sehr guten Angebot an unternehmensnahen Dienstleistungen, der Reputation als dynamisch wachsende Wirtschaftsmetropole sowie in Weiterbildungsmöglichkei-

ten, dem Angebot an Hochschulabsolventen und den Kontakten der Unternehmen untereinander gesehen.

Das primäre Anliegen der Unternehmen ist es, integraler Bestandteil der wirtschaftspolitischen Entwicklungsstrategie Frankfurts zu werden und die eigenen Interessen im direkten Kontakt mit Kommunalpolitikern und der Stadtverwaltung einbringen zu können. Diese Strategie hat nach Ansicht der Befragten so unterschiedliche Politikbereiche wie die Beschäftigungspolitik, die Sozialpolitik und die Planungspolitik mit einzubeziehen. Die Attraktivität der Stadt als Industriestandort hängt demzufolge stark von der Gewerbesteuer, der Identität als Industriestadt sowie der Vernetzung des verarbeitenden Gewerbes mit Politik und Behörden ab. Aber auch der Arbeitsmarkt muss hohe Priorität erhalten. Neben dem Angebot an Lehrstellenbewerbern und Facharbeitern schließt dies die Versorgung mit erschwinglichem Wohnraum und Kindertagesstätten wie auch Wohnumfeldfaktoren im weitesten Sinn mit ein. Im Bereich der Stadtplanung müssen aus Sicht der Befragten Transparenz, Kommunikation, Partizipation und die Dauer von Genehmigungsverfahren verbessert oder besser vermittelt werden.

Um zu industriepolitisch umsetzbaren Ergebnissen zu kommen, wurde in der vorliegenden Studie von der Relevanz eines Standortfaktors aus Sicht der befragten Betriebe und deren Zufriedenheit mit diesem Faktor ein Indikator für den konkreten Handlungsbedarf abgeleitet. Der Blick ins Detail zeigt, dass der höchste Handlungsbedarf – in absteigender Reihenfolge – bei der Gewerbesteuer, der Wertschätzung durch die Kommunalpolitik, der Dauer von Genehmigungsverfahren, dem Angebot an Facharbeitern sowie dem Wohnraumangebot gesehen wird. Es folgen das Angebot an Lehrstellenbewerbern, die Transparenz von Zuständigkeiten, der regelmäßige Austausch mit Vertretern der Kommunalpolitik und die Beteiligung an Planungsprozessen.

Insgesamt besteht zwischen der Wichtigkeit einzelner Standortfaktoren und dem Handlungsbedarf zwar eine hohe Korrelation, aber in einigen Fällen treten deutliche Abweichungen auf. So werden das Wohnraumangebot, der Austausch mit Vertretern der Politik und die Beteiligung an Planungsprozessen nicht als besonders wichtig angesehen; aufgrund der hohen Unzufriedenheit ergibt sich aber dennoch ein hoher Handlungsbedarf. Ein besonderes Beispiel stellt diesbezüglich die Gewerbesteuer dar: Sie wird in Bezug auf die Wichtigkeit nur auf Rang 5, von der Teilgruppe der großen Unternehmen sogar nur auf Rang 11 platziert, nimmt beim Handlungsbedarf aber Rang 1 ein, da die Unzufriedenheit sehr groß ist. Bei Faktoren wie dem Außenimage der Stadt als Wirtschaftsstandort und der Zusammenarbeit mit Hochschulen gilt das Gegenteil: Sie werden als relativ wichtig angesehen, wenngleich sich wegen der vergleichsweise hohen Zufriedenheit kein vorrangiger Handlungsbedarf ergibt.

Die Durchschnittswerte des Gesamtsamples sind nur bedingt aussagekräftig. Die wichtigste Differenzierungslinie besteht zwischen kleinen und großen Betrieben – in der vorliegenden Studie wurden 10 Beschäftigte als Schwellenwert verwendet – und ergibt sich teilweise daraus, dass kleine Betriebe häufiger in Mischgebieten angesiedelt sind. Die Gewerbesteuer wird zwar von beiden Gruppen kritisiert, aber Faktoren, die mit der industriellen Identität der Stadt Frankfurt, der Präsenz der Industrie in der Öffentlichkeit sowie rechtlichen Regelungen und Planungsprozessen zu tun haben, spielen für große Betriebe eine deutlich wichtigere Rolle. Kleinere Betriebe sind insgesamt mit dem Standort Frankfurt zufriedener, sie vermissen jedoch besonders die Zusammenarbeit mit wissenschaftlichen Einrichtungen sowie ein ausreichendes Angebot an qualifizierten Facharbeitern und bemängeln genau wie die großen Unternehmen die Dauer von Genehmigungsverfahren.

In einem weiteren Differenzierungsschritt wurden sechs Typen von Betrieben unterschieden, die als Adressaten für eine kommunale Industriepolitik besonders relevant sind: Betriebe, die über eine Abwanderung nachdenken; Betriebe, die sich an ihrem derzeitigen Standort Flächen- und Nutzungskonkurrenz ausgesetzt sehen; Betriebe, die besonders erfolgreich sind; Betriebe, die eine erhöhte Bereitschaft zur ökologischen Modernisierung zeigen; Betriebe, die stärker als andere Unternehmen Dienstleistungen in ihr Angebot integrieren; Betriebe, die besonders wissensintensiv produzieren. Die Analyse der Standortansprüche dieser Betriebstypen zeigt beides: hohe Überschneidungen bei einigen zentralen Standortfaktoren, aber auch stark gruppenspezifische Bedürfnisse. So fordern beispielsweise Betriebe, die Umfeldkonflikten ausgesetzt sind, eine bessere Öffentlichkeitsarbeit für die Industrie sowie Klarheit über rechtliche Regelungen und behördliche Verfahrensweisen, während sich in den Forderungen der erfolgreichen Unternehmen in erster Linie der Wettbewerb um qualifizierte Arbeitskräfte niederschlägt. Ökologische Modernisierer legen Wert darauf, nicht einfach mit Neuregelungen konfrontiert, sondern frühzeitig in Planungsprozesse eingebunden zu werden und ihre Vorstellungen im Austausch mit der Politik einbringen zu können. Betriebe, die zunehmend auch Dienstleistungen anbieten, erweitern ihre angestammten Geschäftsfelder und legen dementsprechend besonderen Wert auf gute Vernetzung mit anderen Unternehmen, während für wissensorientiert produzierende Industrieunternehmen das Angebot an Facharbeitern und unternehmensnahen Dienstleistungen sehr wichtig ist.

Eine Differenzierung nach Branchen musste sich aufgrund der geringen Fallzahlen auf die drei Branchenaggregate Chemie/Pharma, Nahrungsmittelgewerbe und Metall-/Elektroindustrie/Fahrzeugbau beschränken. Diese sind nicht nur intern sehr heterogen, sondern unterscheiden sich auch im Hinblick auf Betriebsgrößen oder dominierende Marktbeziehungen (lokal, regional, global), weshalb unterschiedliche Standortbewertungen nicht nur auf die Branchenzugehörigkeit zurückgeführt werden können. Deutlich wird aber, dass für die chemische und pharmazeutische Industrie vor allem solche Faktoren wichtig sind, die mit öffentlicher Akzeptanz, Umfeldkonflikten sowie Planungsprozessen und der Anwendung behördlicher Regelungen zu tun haben. Das Nahrungsmittelgewerbe ist eher kleinbetrieblich strukturiert und viele Betriebe befinden sich in Mischgebieten; für sie sind das Wohnraumangebot in Betriebsnähe sowie das Angebot an Lehrstellenbewerbern und ungelernten Arbeitskräften vorrangig. Für das intern besonders heterogene Branchenaggregat Metall-/Elektroindustrie und Fahrzeugbau spielen hingegen (Fach-)Hochschulabsolventen sowie Facharbeiter eine wichtigere Rolle.

GEWERBEFLÄCHEN

Das Gewerbeflächenkataster weist 51 Gewerbe- und Industriegebiete mit einer Gesamtfläche von etwas über 2 000 ha aus. 90% davon können als angemessen genutzt gelten. Der Bedarf an Lager- und Produktionsflächen ist in den letzten Jahren zugunsten von Verkaufs-, Büro- und Dienstleistungsflächen zurückgegangen.

Die infrastrukturelle Anbindung sowie die qualitative Ausstattung der Gewerbegebiete wird – von einzelnen Standorten abgesehen – als zufriedenstellend beurteilt; nur in Mischgebieten, in denen immerhin 50% der befragten Betriebe liegen, stellt sich die Situation z.T. anders dar. Der Frankfurter Flughafen und die hervorragende multimodale Erreichbarkeit gelten als herausragende Standortvorteile, aber auch Faktoren wie die Ver- und Entsorgungsleistungen geben kaum Anlass zu Kritik. Angesichts der zunehmenden Nutzung der Flächen als Verkaufs- und Büroräume sind im Bereich der klassischen industriellen Infrastruktur auch zukünftig kaum Engpässe zu erwarten; vielmehr gewinnt die Ausstattung mit Informations- und Telekommunikationsinfrastruktur an Bedeutung.

Demgegenüber sind hohe Standortkosten, fehlende Flächenverfügbarkeit, Planungsunsicherheiten und in einigen Fällen auch Umfeldkonflikte für die Frankfurter Industrieunternehmen die wichtigsten Probleme und Investitionshemmnisse.

Bereits wenige Zahlen zeigen, dass die quantitative Dimension der Flächennachfrage nur sehr schwer einzuschätzen ist. Mehr als ein Drittel aller Betriebe denkt über eine Vergrößerung nach, zu etwa gleichen Teilen inner- oder außerhalb betriebseigener Flächen; in traditionellen Gewerbegebieten (Typ I) sind es 48%, in Mischgebieten hingegen (Typ III und IV) nur 34%. Während in den Gewerbegebieten allerdings 65% der Betriebe über zusätzliche eigene Flächen verfügen oder welche zukaufen könnten, sind es in Mischgebieten nur 24%. Die tatsächliche Nachfrage hängt aber stark von Lage, Größe und Zuschnitt der Flächen sowie davon ab, wie viele Betriebe unter welchen Umständen zu einer Betriebsverlagerung anstatt einer Erweiterung am Standort bereit wären. Immerhin hat fast ein Drittel aller Unternehmen in den letzten Jahren über eine Verlagerung nachgedacht. 9% halten an diesem Vorhaben noch immer fest.

Planungsunsicherheiten wurden durch die lang anhaltende Diskussion um die Zukunft des Osthafens insbesondere in größeren Gewerbegebieten verstärkt. Sie beziehen sich sowohl auf mögliche Veränderungen der rechtlichen Rahmenbedingungen im Allgemeinen wie auch auf die Flächenkonkurrenz mit der Wohnnutzung im Besonderen. Am stärksten davon betroffen ist die Chemie- und Pharmabranche. Umfeldkonflikte spielen hingegen eine eher untergeordnete Rolle.

Insgesamt kam in den Befragungen das Bedürfnis nach einem strategischen Flächenmanagement klar zum Ausdruck, welches – unter aktiver Beteiligung der Betriebe – Maßnahmen für eine höhere Akzeptanz der Industrie, die Moderation von Nutzungs- und Umfeldkonflikten sowie eine bessere regionale Kooperation mit einschließt.

0 Kurzzusammenfassung

NETZWERK INDUSTRIE

| Die Netzwerkanalyse stützt die These, dass Industrie-Dienstleistungsverbünde auch unter den Rahmenbedingungen fortschreitender Globalisierung regional organisiert sind: 50% der für die Industrie wichtigsten Dienstleister haben ihren Sitz in der Stadt Frankfurt und weitere 30% in der Region Rhein-Main. Allerdings werden dabei oft einfache, potenziell substituierbare Leistungen bezogen, die aus arbeitsmarktpolitischer Sicht zwar wichtig sind, aber nur bedingt auf Verbundproduktion im Sinn hybrider Wertschöpfung hindeuten.

| Auch bei den Zulieferern und Abnehmern liegt der Anteil regionaler Beziehungen mit 48 bzw. 62% relativ hoch. Dabei werden die Beziehungen zu Abnehmern im Vergleich zu Zulieferer- und Dienstleisterbeziehungen insgesamt als kritischer eingestuft.

| Der Branchenvergleich zeigt, dass die Unternehmen der chemischen und pharmazeutischen Industrie stark in transnationale Unternehmensnetzwerke eingebunden sind: 71% der wichtigsten Zulieferer und 64% der Abnehmer haben ihren Sitz außerhalb Deutschlands. Nur bei den technischen Anlagen spielt aufgrund der Qualitätsanforderungen der europäische Raum eine besondere Rolle. In Bezug auf die Dienstleister ergibt sich allerdings ein völlig anderes Bild – 70% stammen direkt aus Frankfurt. Dieses Beispiel macht in besonderer Weise deutlich, dass eine kommunale Industriepolitik, die für Clusterstrukturen sensibilisiert ist, lokale und überregionale Verflechtungen zugleich im Blick haben muss.

| Das Nahrungsmittelgewerbe ist vor allem regional verankert, wobei große Unterschiede zwischen Abnehmern und Zulieferern bestehen: 77% der Abnehmer, aber nur 9% der Zulieferer kommen aus der Stadt Frankfurt. Dafür ist weniger die Verderblichkeit der Waren verantwortlich, als vielmehr die kleinbetriebliche Struktur und die zunehmende Präferenz der Kunden für regionale Produkte.

| Die Metall-/Elektroindustrie und der Fahrzeugbau nehmen eine Zwischenstellung ein: Die Zuliefer- und Abnehmerbeziehungen sind weniger global als in der chemischen und pharmazeutischen Industrie, aber weitaus stärker auf ganz Deutschland verteilt als im Nahrungsmittelgewerbe. Der Anteil der lokal und regional bezogenen Dienstleistungen ist hier am geringsten.

WERTSCHÖPFUNGSKETTEN

| Die Einbindung in Wertschöpfungsketten spielt für die Frankfurter Unternehmen eine wichtige Rolle: Auf einer Skala von 1 (trifft nicht zu) bis 7 (trifft voll zu) erhält die enge Abstimmung mit Zulieferern und Abnehmern den Wert 5,5. Den Abnehmern wird dabei im Vergleich zu den Zulieferern wesentlich größeres Gewicht beigemessen (6,3), was auch mit der Individualisierung der Produktion und dem damit verbundenen Koordinationsaufwand zusammenhängt. Mit weiter entfernten Kettengliedern ist die Abstimmung deutlich weniger eng (3,5).

| Diese Ketten werden als weitgehend stabil eingeschätzt und sind nur von einer moderaten Globalisierungsdynamik betroffen: Auf einer Skala von 1 (keine Veränderung) bis 7 (große Veränderung) bewerten die Unternehmen die Erwartung, dass neue Unternehmen in ihre Ketten eintreten oder bisherige Betriebe herausfallen, lediglich mit dem Wert 3,6. Dies resultiert nicht zuletzt daraus, dass ein erheblicher Teil der vor- und nachgelagerten Kettenglieder aus Deutschland und damit aus einem als vertraut und verlässlich eingeschätzten Umfeld kommt. Frankfurt verliert als Standort von Zulieferern und Abnehmern zwar an Bedeutung, aber die Unternehmen erwarten, dass auch im Jahr 2017 noch etwa 70% der wichtigsten Zulieferer und Abnehmer ihren Sitz in der Bundesrepublik und nicht im Ausland haben werden.

| Betriebliche Entwicklungsstrategien konzentrieren sich trotz der hohen Bedeutung der Abstimmung mit Zulieferern und Abnehmern kaum auf die Optimierung der Wertschöpfungsketten (z.B. Reorganisation, neue Formen der Kooperation, Steuerungsinstrumente). Zudem bestätigt es sich, dass ein echtes *Supply Chain Management* die Domäne weniger großer Betriebe ist. Stattdessen dominieren allgemeinmarktorientierte Strategien wie die Konzentration auf die Qualität der Produkte, die ständige Verbesserung der Lieferzuverlässigkeit und -geschwindigkeit sowie die flexiblere Anpassung der Erzeugnisse an Kundenwünsche. Die eigenen Wertschöpfungsketten werden also zwar als „eng" (intensive Abstimmung), aber nicht als „kritischer Faktor" für den Erfolg am Markt angesehen.

| Die eigene Position verorten 70% der Unternehmen am unteren Ende ihrer Wertschöpfungsketten im Bereich der Endproduktion und -montage. Eine für die Zukunft geplante Anpassung dieser Position stellt den dynamischsten Prozess innerhalb des Bereichs Wertschöpfungsketten dar: Die Hälfte aller Betriebe beabsichtigt, in den nächsten fünf Jah-

ren das eigene Wertschöpfungsspektrum nach unten oder nach oben zu erweitern und 40% der Unternehmen wollen zukünftig verstärkt Dienstleistungen anbieten.

HANDLUNGSFELDER

| Die Ergebnisse der vorliegenden Studie zeigen, dass die kommunalen Gestaltungsmöglichkeiten selbst von sehr stark global orientierten Branchen wie der Chemie- und Pharmaindustrie keinesfalls als belanglos eingestuft werden. Sie verdeutlichen auch, dass die Flächennutzungsplanung zwar ein zentrales, aber bei weitem nicht das einzige Interventionsfeld ist. Fünf Handlungsfelder für eine städtische Industriepolitik lassen sich identifizieren.

| Im Handlungsfeld „Gewerbeflächen und Infrastruktur" stellen die hohen Flächenkosten einen ersten Ansatzpunkt dar, der in einem marktwirtschaftlichen Umfeld allerdings nur in begrenztem Umfang beeinflussbar ist. Ein zweiter wichtiger Ansatzpunkt ist das verbreitete Gefühl, aufgrund möglicher Veränderungen der rechtlichen Rahmenbedingungen oder einer geänderten Flächennutzungsplanung nicht über einen ausreichend stabilen zeitlichen Horizont für Investitionen zu verfügen. Drittens schließlich bietet ein integriertes Gewerbeflächenmanagement eine Möglichkeit, nicht nur qualitative und quantitative Flächenengpässe zu adressieren, sondern auch Vermittlungsmechanismen und die institutionalisierte Moderation von Nutzungskonflikten zu gewährleisten. Ein besonderes Potenzial in diesem Handlungsfeld kommt dem Projekt „nachhaltiges Gewerbegebiet" zu.

| Im Handlungsfeld „städtische Identität und Kommunikation" steht das Ziel im Vordergrund, den industriellen Charakter Frankfurts stärker in den Vordergrund zu rücken, besser in der Stadtgesellschaft zu verankern und zu einem integralen Bestandteil der Außenkommunikation zu machen. Diese Erweiterung der städtischen Identität ist einerseits die Voraussetzung für eine höhere Akzeptanz durch die Bevölkerung, welche sich mittelfristig sowohl auf die Attraktivität von Arbeitsplätzen in der Industrie wie auch auf Umfeldkonflikte positiv auswirkt. Sie schafft andererseits die Grundlage dafür, politische und stadtplanerische Unterstützung für ein stärker industrieorientiertes regionalökonomisches Entwicklungsleitbild zu mobilisieren.

| Das Handlungsfeld „Arbeitsmarkt und Beschäftigung" bezieht sich zu einem nicht unerheblichen Teil auf Standortcharakteristika, welche im Rahmen einer kommunalen Industriepolitik zwar beeinflussbar sind, aber weit darüber hinausgehen. Dies trifft insbesondere auf die Wohnsituation, die Wohnumfeldbedingungen sowie die bessere Vereinbarkeit von Familie und Beruf zu. Daneben geht es hier aber auch darum, auf die Spezifika der Arbeitsmarktsituation Frankfurts wie beispielsweise den hohen Anteil von Arbeitskräften mit Migrationshintergrund zu reagieren sowie die Schnittstelle zwischen Bildung/Ausbildung und Beruf noch stärker in Bezug auf Arbeitsplätze im verarbeitenden Gewerbe in den Blick zu nehmen. Angesichts der weiter fortschreitenden Digitalisierung und einer zunehmend wissensintensiven Produktion, die mit einem schnellen Wandel von Berufsbildern einhergehen, steigen die Anforderungen an passgenaue Weiterbildungsangebote.

| Das Handlungsfeld „Stadtverwaltung und rechtliche Rahmenbedingungen" wird von größeren Unternehmen stärker in den Vordergrund gerückt als von kleinen. Es beinhaltet die politische Grundsatzentscheidung über die Höhe der Gewerbesteuer, bei der die Wirkung auf Unternehmen einerseits und auf den städtischen Haushalt andererseits gegeneinander abgewogen werden müssen. Daneben bezieht es sich auf eine Revision kommunaler Regelungen und behördlicher Verfahrensweisen in spezifischen inhaltlichen Bereichen, welche das verarbeitende Gewerbe besonders betreffen. Ebenfalls in diesem Handlungsfeld angesiedelt ist der Wunsch nach früherer Partizipation an Planungsverfahren, der Moderation von Konflikten und generell einer höheren Transparenz. Letztere betrifft behördliche ebenso wie politische Entscheidungsprozesse, welche für die Unternehmen oft nicht nachvollziehbar sind oder von denen sie sich überrascht sehen.

| Das Handlungsfeld „Wissenschaft und Forschung" ist insbesondere ein Anliegen kleinerer Unternehmen, die über keine eigenen Forschungsabteilungen verfügen und deshalb stark auf Kooperationen mit öffentlichen Einrichtungen angewiesen sind. Im Vordergrund stehen hier niedrigschwellige Veranstaltungsformate und die Institutionalisierung eines Dialoges zwischen Wirtschaft und Wissenschaft. Beides stellt die Grundlage für die Identifikation von Kooperationspotenzialen dar, welche aus Sicht der Befragten bislang nicht ausreichend genutzt werden.

1 Die Frankfurter Industrie im Fokus

Die Industrie und das industrienahe Handwerk gelten heute wieder als zukunftsfähige Säule der deutschen Wirtschaft. Sie schaffen nicht nur Arbeitsplätze und tragen in erheblichem Umfang zur Bruttowertschöpfung bei, sondern sind auch maßgeblich für Innovationen verantwortlich und geben wichtige Impulse für den Dienstleistungssektor. Nicht zuletzt aufgrund seiner branchen- und größenmäßig diversifizierten Industrie konnte Deutschland die globale Finanzkrise besser bewältigen als viele andere Staaten. Städte und Kommunen müssen sich deswegen intensiv mit der Frage beschäftigen, welche industriellen Potenziale vor Ort vorhanden sind und wie diese im Rahmen einer kommunalen Industriepolitik gezielt gefördert werden können.

1 ⸺ Die Frankfurter Industrie im Fokus

INDUSTRIE IM UMBRUCH

Das gängige Bild der Frankfurter Wirtschaft entspricht der populären Zeitdiagnose der „postindustriellen Gesellschaft", wie sie seit vielen Jahren medial beschworen wird (Abbildung 1-1): Die Stadt wird heute vor allem als Bankenstandort wahrgenommen. Doch wenngleich Langzeitstatistiken die These von der Dienstleistungsmetropole zu stützen scheinen, ist Frankfurt dennoch weiterhin auch Standort zahlreicher Industriebetriebe. Eine Reihe von bekannten Großunternehmen ist hier ebenso ansässig wie Mittelständler, die in ihrer jeweiligen Branche als Weltmarktführer gelten. Auch der kommunale Haushalt Frankfurts profitiert stark von einem soliden industriellen Sektor. Eine erst kürzlich veröffentlichte Studie kommt darüber hinaus zu dem Ergebnis, dass die Zahl der Beschäftigten im produzierenden Gewerbe einen positiven Einfluss auf die regionale Wettbewerbsfähigkeit von Frankfurt/Rhein-Main hat (Baden et al., 2013: 33). Der Öffentlichkeit ist dieses ökonomische Gewicht der Industrie hingegen nicht oder nur unzureichend bewusst und in unmittelbarer Nachbarschaft will man Industriebetriebe meist nicht haben. Gerade in Frankfurt wird dieses Problem von Vertretern der Industrie immer wieder betont.

Gleichwohl hat sich in den letzten Jahren die öffentliche – auch wirtschaftspolitische – Wahrnehmung der Industrie grundsätzlich geändert. In Anbetracht der sich national sehr unterschiedlich manifestierenden Dynamik der globalen Finanzkrise rückte die gesamtökonomische Bedeutung stabilisierender industrieller Strukturen verstärkt ins öffentliche Bewusstsein. Nicht zuletzt aufgrund der Wachstumsimpulse einer branchen- und größenmäßig diversifizierten, innovationsstarken und exportorientierten Industrie konnte Deutschland die Krise besser bewältigen als viele andere Staaten (Bundesministerium für Wirtschaft und Technologie 2010). Während in anderen OECD-Ländern ein Rückbau der Produktion stattfand, konnte Deutschland seine industrielle Kompetenz und Technologieführerschaft in vielen Marktsegmenten sichern; Beobachter sprechen passenderweise von der deutschen Industrie als der „Lokomotive für die Gesamtwirtschaft" (Senator für Wirtschaft und Häfen 2010: 11). Auf diese Weise wurde einer allgemeinen Deindustrialisierung entgegen gewirkt und es gelang, die Zahl der Beschäftigten im produzierenden Gewerbe zwischen 2002 und 2011 weitgehend stabil zu halten (Promotorengruppe Kommunikation der Forschungsunion Wirtschaft-Wissenschaft 2012: 6). Die anteilige Bruttowertschöpfung war 2011 dementsprechend mit 26,2% im Vergleich zu anderen OECD-Staaten überdurchschnittlich hoch. Frankreich hatte im selben Jahr einen Anteil von 12,6%, Großbritannien 16,5% und der EU-27-Durchschnitt lag bei 19,5% (Statistisches Bundesamt 2012). Dieser Sachverhalt findet zunehmend auch in den Medien, bei den Regierungen anderer europäischer Staaten und bei supranationalen Organisationen Beachtung. Vorbei sind die Zeiten, als Deutschland international noch wegen einer „Dienstleistungslücke" als *Old Economy* belächelt wurde.

Frankfurt: mehr als Banken – Industriestandort mit Weltmarktführern

Industrie ist der wichtigste Stabilisator in der Wirtschaftskrise

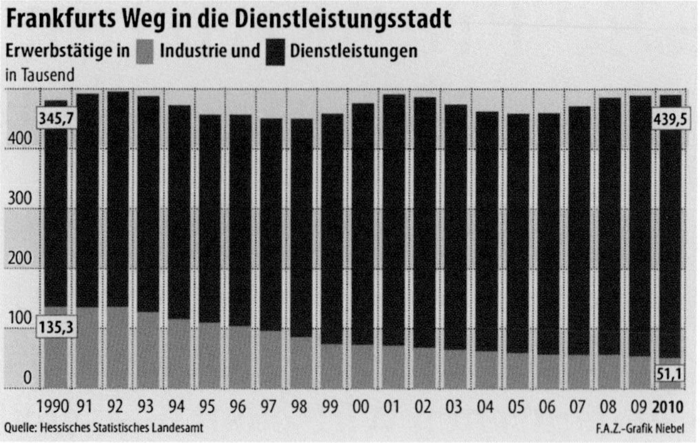

Abbildung 1-1: Frankfurts (vermeintlicher) Weg in die Dienstleistungsgesellschaft (Quelle: F.A.Z.-Grafik Niebel; Köhler 2011)

Textbox 1-1

DIE „VIERTE INDUSTRIELLE REVOLUTION"

Seit ihren Anfängen erlebte die industrielle Produktion immer wieder Umbrüche, welche in neuen Produktionstechnologien und Produkten, veränderten Formen der Arbeitsteilung und Anforderungen an Standorte resultierten. Die erste industrielle Revolution Ende des 18. Jahrhunderts war durch die Einführung mechanischer Produktionsanlagen mithilfe von Wasser- und Dampfkraft gekennzeichnet. Die zweite industrielle Revolution fand zu Beginn des 20. Jahrhunderts mit der Einführung elektrifizierter und arbeitsteiliger Massenproduktion statt. Die dritte industrielle Revolution schließlich wurde durch den Einsatz von Elektronik und IT zur weiteren Automatisierung der Produktion zu Beginn der 70er Jahre des 20. Jahrhunderts ermöglicht (Promotorengruppe Kommunikation der Forschungsunion Wirtschaft-Wissenschaft 2012: 10). Im Unterschied dazu sieht der bekannte Ökonom und Politikberater Jeremy Rifkin die dritte industrielle Revolution im Ausbau erneuerbarer Energien, deren Speichermedien und Infrastrukturen, sowie in der Anwendung neuer Mobilitätstechnologien, Materialien, Werkstoffe und Verfahren (Rifkin 2011). Andere machen bereits eine vierte industrielle

Revolution aus, die auch Leitthema der Hannover Messe 2013 war. Demnach liegt die Zukunft industrieller Produktion in „intelligenten Maschinen, Lagersystemen und Betriebsmitteln, die eigenständig Informationen austauschen, Aktionen auslösen und sich gegenseitig selbstständig steuern" (Promotorengruppe Kommunikation der Forschungsunion Wirtschaft-Wissenschaft 2012: 10). Solche Systeme werden vor allem vor dem Hintergrund immer kürzerer Produktlebenszyklen, der steigenden Nachfrage nach individualisierten Produkten und zunehmender Ressourcenknappheit wichtig. Insbesondere in den Branchen Maschinen-, Anlagen- und Fahrzeugbau liegt die Zukunft in Fabriken, in denen Werkstoffe und Vorprodukte selbst die Informationen enthalten, wie und auf welche Weise sie bearbeitet, optimiert und distribuiert werden sollen. Durch derartige „smarte" Technologien können industrielle Prozesse entlang der kompletten Wertschöpfungskette – vom Design, über die Produktion bis hin zum Lieferkettenmanagement *(Supply Chain Management)* – enorm verbessert werden (ebd.). Unerlässlich sind dabei intelligente Systeme in der Energieerzeugung, -wandlung, -verteilung und -speicherung. Die Bundesregierung hat die Industrie 4.0 inzwischen zu einem „Zukunftsprojekt" erklärt, das mit 200 Mio. Euro gefördert wird (Bundesministerium für Bildung und Forschung 2013).

Gleichzeitig rücken endogene Umbrüche die Industrie in ein neues Licht. Industrielle Produktion ist heute in hohem Maße wissensintensiv, innovativ, ressourcenbewusst und technologieorientiert; Forschung, Softwareprogrammierung, Dienstleistung und Design verschmelzen immer stärker mit klassischen industriellen Tätigkeiten. In manchen Publikationen ist deshalb von einer vierten industriellen Revolution die Rede, deren Kern die *Smart Factory* ist (Textbox 1-1). Sie ist „smart", weil sie nicht nur Produktions- und Distributionsprozesse reflexiv optimiert, sondern auch, weil sie Fragen der Ressourceneffizienz und der Umweltverträglichkeit in der Produktion und beim Lieferkettenmanagement eine hohe Bedeutung beimisst.

Mit den etablierten statistischen Klassifikationssystemen und sektororientierten ökonomischen Konzepten lässt sich die Industrie heute immer weniger fassen. Industrielle Wertschöpfung wird zunehmend im Verbund bzw. in Netzwerken mit Dienstleistern erbracht, d.h. die wirkliche ökonomische Bedeutung der Industrie ist größer als es die amtlichen Statistiken nahe legen. Dienstleistungen substituieren industrielle Aktivitäten nicht wie oft angenommen wird, sondern ergänzen diese häufig. Gleichzeitig forciert die Industrie selbst die Hybridisierung und bietet verstärkt Produkte gekoppelt mit Dienstleistungen an, um sich im nationalen und internationalen Wettbewerb zu behaupten (Textbox 1-2).

AUF DEM WEG ZU EINER NEUEN REGIONALEN INDUSTRIEPOLITIK?

Die Erfahrungen aus der Finanzkrise sowie interne Umbrüche haben ein *Window of Opportunity* zur Neubewertung und Neuverortung der Industrie im internationalen, nationalen und regionalen Kontext eröffnet. Die veränderten Realitäten industrieller Produktion bringen zugleich aber auch spezifische Anforderungen an Standorte und Gewerbeflächen mit sich. Vor diesem Hintergrund ist es nur konsequent, dass zahlreiche deutsche Bundesländer und Städte sich wieder stärker der Aufgabe einer regionalen und kommunalen Industriepolitik zuwenden. Hamburg, Bremen und Berlin haben zwischen 2007 und 2010 Masterpläne für die industrielle Entwicklung in ihren Stadtgebieten verabschiedet (Freie Hansestadt Hamburg 2007; Senator für Wirtschaft und Häfen 2010; Senatsverwaltung für Wirtschaft, Technologie und Frauen 2010), die Stadt Düsseldorf ist gerade dabei (Landeshauptstadt Düsseldorf 2012). Der Masterplan Berlins setzt auf eine „zukunftsfähige, moderne und saubere Industrie als Wachstumsmotor der Wirtschaft" und erarbeitet konkrete Vorschläge für die Bereiche „Rahmenbedingungen", „Innovation", „Fachkräfte" und „Standortkommunikation". Bremen und Hamburg haben neun bzw. zehn Zielfelder identifiziert, um industrielle Strukturen im Stadtstaat zu fördern – von der „Profilierung als Industriestandort" über die „Stabilisierung der Industrie durch Diversifizierung und KMU-Förderung" bis hin zum „Management von Gewerbe und Industrieflächen" – während Düsseldorf sich auf die fünf Aufgabenbereiche „Flächen/Infrastruktur", „Technologie/Clusterpolitik", „Energie", „Arbeits-/Ausbildungsmarkt" und „Image/Profilbildung" konzentrieren will.

Für Hessen hat seit 2006 die Initiative Industrieplatz Hessen, ein Gemeinschaftsprojekt hessischer Unternehmen, der Vereinigung der hessischen Unternehmerverbände (VhU) und des Hessischen Ministeriums für Wirtschaft, Verkehr und Landesentwicklung, wiederholt auf die Bedeutung industrieller Strukturen und deren Verflechtung mit Dienstleis-

industrieller Wandel erfordert eine veränderte Industriepolitik

Masterpläne für städtische Industrieentwicklung

1 Die Frankfurter Industrie im Fokus

Förderung industrieller Strukturen als Säule der Zukunftsstrategie Europa 2020

tungsbranchen hingewiesen (Initiative Industrieplatz Hessen 2011, 2012). 2013 verabschiedete die Initiative ein Leitbild, welches den Standort von Rang 8 in die Top 5 der europäischen Innovationsregionen bringen möchte. Dieses Leitbild

---

Textbox 1-2

HYBRIDE INDUSTRIE

Eine der gegenwärtig prägendsten Veränderungen ist die zunehmende Bedeutung von Dienstleistungen für industrielle Produktionsprozesse und Produkte. Sie äußert sich innerbetrieblich als „Tertiärisierung" des Leistungsangebots, d.h. Unternehmen bieten verstärkt Kombinationen von Produkten und Serviceleistungen an – es wird beispielsweise nicht mehr ein Heizaggregat als „Produkt", sondern die unterbrechungsfreie Wärmeversorgung für einen bestimmten Zeitraum als „Lösung für eine bestimmte Anforderung" verkauft (Vereinigung der Bayerischen Wirtschaft 2011: 24); Wartungs- und Reparaturleistungen sowie Ersatzteilen sind dann mit eingeschlossen. Besonders geeignet für hybride Geschäftsmodelle „sind oftmals die wissensintensiven Teile der Wertschöpfungskette. Dazu gehören Prozesse wie die Planung, Entwicklung und Steuerung oder das IT-Management. Hierfür ist die Entwicklung echter Kernkompetenzen bei diesen Prozessen notwendig, um den Kunden einen messbaren zusätzlichen Mehrwert bieten zu können und gleichzeitig durch ein effizientes Vorgehen einer Überforderung des Unternehmens entgegenzuwirken" (ebd.: 11). Eine jüngere Studie (Industrieplatz Hessen 2011: 46) definiert hybride Industrieunternehmen als Unternehmen, die mehr als 10% ihres Umsatzes mit Dienstleistungen erzielen. Jüngere repräsentative Erhebungen zeigen, dass hybride Unternehmen überdurchschnittlich erfolgreich sind und sich durch eine höhere Wachstumsperformance auszeichnen (Vereinigung der Bayerischen Wirtschaft 2011: 4). Einer der befragten Frankfurter Experten bezeichnete Hybridisierung „nicht nur als Trend", sondern als notwendige Antwort auf eine entsprechende „Erwartungshaltung von vielen Kunden" und als eine „Riesenchance für Unternehmen", die zudem eine „hohe Bindungswirkung" hat.

Masterplan Industrie, Industriestudie, innovative Methoden regionalökonomischer Forschung

sieht gerade in der intelligenten Vernetzung und Verbindung der in Hessen starken Finanz-, Mobilitäts- und Logistikbranche mit Unternehmen der Chemie-, Pharma-, Metall- und Elektroindustrie die größten Entwicklungsperspektiven (Initiative Industrieplatz Hessen 2013).

Auch für die Europäische Union (EU), die bereits vor einigen Jahren die „Dritte industrielle Revolution" im Sinne Rifkins ausgerufen hatte, bildet die Förderung industrieller Strukturen durch eine abgestimmte Industriepolitik nun eine der Säulen ihrer Zukunftsstrategie „Europa 2020". Der Anteil der Industrie am Bruttoinlandsprodukt (BIP) soll von 15,6% (2012) auf 20% (2020) gesteigert werden (Europäische Kommission 2012). Im globalen Kontext diagnostizieren zahlreiche Beobachter ebenfalls eine Rückkehr der Industriepolitik und Städte werden als Orte des *urban manufacturing* neu entdeckt. Das hat auch zur Folge, dass mit einer „Wettbewerbsverschärfung im Bereich der Produktion und der Produktionstechnologien" zu rechnen ist (Promotorengruppe Kommunikation der Forschungsunion Wirtschaft-Wissenschaft 2012: 6).

Gemeinsam ist den hier skizzierten Bestrebungen zum einen, dass sie sowohl Arbeitsplätze im sekundären Sektor absichern wie auch neue Potenziale für die industrielle Entwicklung identifizieren wollen. Zum anderen liegt ihnen die Einsicht zugrunde, dass eine moderne Industriepolitik sich als ganzheitliche Herangehensweise verstehen muss, die unterschiedliche Politik- und Planungsbereiche einbezieht und Akteure aus Wirtschaft, Politik, Wissenschaft und Verwaltung in Netzwerken zusammenführt.

DIE FRANKFURTER INDUSTRIE IM FOKUS

Nachdem die Verabschiedung des letzten industriepolitischen Leitbildes in Frankfurt bereits viele Jahre zurückliegt (Arbeitskreis Industrie 1994), widmet sich auch die Mainmetropole mit dem Projekt „Masterplan Industrie" wieder verstärkt der Entwicklung des sekundären Sektors und deren kommunalpolitischen Implikationen. Sie tut dies in einem Kontext, in dem die Industrie mit zahlreichen ökonomischen, sozialen und ökologischen Herausforderungen konfrontiert ist, oftmals nur unzureichende gesellschaftliche Akzeptanz erfährt und sich durch tatsächliche oder befürchtete Flächennutzungskonflikte mit der ansässigen Wohnbevölkerung bedroht sieht.

Die Wirtschaftsförderung Frankfurt hat deshalb im August 2012 die vorliegende Industriestudie in Auftrag gegeben, die von der Arbeitsgruppe Wirtschaftsgeographie des Instituts für Humangeographie der Goethe-Universität Frankfurt verfasst wurde. Sie nimmt eine Detailuntersuchung des verarbeitenden Gewerbes in Frankfurt vor und greift zur Bewertung industrieller Strukturen, -dynamiken, -probleme und -perspektiven zunächst auf bewährte Instrumente der Standortbewertung zurück – eine quantitative Bestandsanalyse sowie eine Stärken- und Schwächenanalyse. Gleichzeitig aber müssen sich die theoretischen und methodischen Instrumente regionalökonomischer Forschung den veränderten Realitäten industrieller Produktion im 21. Jahrhundert stellen. Viele Industriebranchen haben sich hinsichtlich der verwende-

ABBILDUNG 1-2: Perspektiven, Ansatzpunkte und Kontexte der Frankfurter Industriestudie (Quelle: eigener Entwurf)

ten Schlüsseltechnologien, ihrer Produktorientierung und Produktionsorganisation, der Absatzmärkte sowie der Anforderungen an Arbeitskräfte und Standorte stark gewandelt. Industrielle Wertschöpfung findet heute immer häufiger distribuiert in Netzwerken und globalen Wertschöpfungsketten statt, deren einzelne Glieder aus strategischen Überlegungen an ganz konkreten Standorten „den Boden berühren". Was zählt sind nicht mehr nur *Economies of Scale* und *Economies of Scope*, sondern Kostenvorteile und Innovationsvorsprünge, die in komplexen Netzwerkstrukturen generiert werden (Utikal/Walter 2012: 33). Oft konkurrieren nicht mehr nur Unternehmen miteinander, sondern zugleich auch ganze Wertschöpfungsketten (Cox 1999; Busch 2007).

Wo die Entwicklungspotenziale und -risiken von Städten und Regionen unter anderem von der Positionierung ihrer Schlüsselindustrien in globalen Wertschöpfungsketten abhängen, wird deren genaue Kenntnis immer wichtiger. Anders als viele Cluster-Studien fokussiert die vorliegende Untersuchung deshalb nicht nur auf lokale bzw. regionale, sondern auch auf translokale/transregionale Verflechtungen. Im Vordergrund steht dabei immer die Frage, wie sich Industriebetriebe an der Schnittstelle zwischen lokal, regional und global eingebetteten Standortstrukturen besser „im Markt" positionieren können. Die Qualität technologischer und logistischer Infrastrukturen spielt dafür eine entscheidende Rolle. Um dieser Ausgangssituation gerecht zu werden, ergänzt die vorliegende Studie die klassische, standortbezogene Herangehensweise, die nach Branchen, Betriebsgrößen und Betriebstypen differenziert, einerseits um eine Netzwerkanalyse und andererseits um die Wertschöpfungskettenperspektive. Diese Instrumente erlauben es, die Industrie in Frankfurt in ihrer spezifischen räumlichen und organisatorischen Verflechtung für Entscheidungsträger sichtbar zu machen (Abbildung 1-2). Textbox 1-3 erläutert die dafür zugrunde gelegte Industriedefinition und die darauf bezogene Stichprobe für die Unternehmensbefragung. Detailliertere Informationen dazu finden sich im Anhang A II-1 und A IV.

Die vorliegende Studie wurde zwischen August 2012 und Dezember 2013 erstellt (Abbildung 1-3; vg. Anhang AII-2). Den Ausgangspunkt bildeten eine Bestandsanalyse und 10 qualita-

Textbox 1-3

INDUSTRIEDEFINITION

Die am weitesten verbreitete Industriedefinition orientiert sich an der Klassifikation der Wirtschaftszweige des Statistischen Bundesamtes. Davon ausgehend wird zwischen einer weiten Abgrenzung, die das produzierende Gewerbe als Industrie bezeichnet und einer engeren Sichtweise, welche nur das verarbeitende Gewerbe (ohne Bau- und Energiewirtschaft) beinhaltet, unterschieden. Der Vorteil der darin zum Ausdruck kommenden Branchensicht ist es, dass auch die volkswirtschaftlichen Gesamtrechnungen entsprechend aufgebaut sind und die Klassifikation internationale Vergleichbarkeit gewährleistet. Allerdings weist diese Sichtweise auch eine Reihe von Schwächen auf, die jüngst in einer explizit auf Hessen bezogenen Studie diskutiert wurden: „Erstens schließt das Verarbeitende Gewerbe neben den klassischen herstellenden Industrieunternehmen auch große Teile des Handwerks ein und vermischt damit sehr unterschiedliche Unternehmenstypen. Zweitens verkürzt das Branchenkonzept die Sicht auf die industriellen Wertschöpfungsketten. Gerade das verarbeitende Gewerbe hat eine Drehscheibenfunktion und steht im Zentrum von Wertschöpfungsprozessen, die auch viele Dienstleistungsunternehmen einbezieht. Drittens ist das Branchenkonzept eine „*black box*", die nicht berücksichtigt, was in den Unternehmen tatsächlich geschieht. Es ist schon lange nicht mehr so, dass Industrieunternehmen sich nur auf die Herstellung von Industrieprodukten konzen-

globale Wertschöpfungsketten, komplexe Netzwerkstrukturen

Branchengrenzen zwischen Industrie und Dienstleistungen verschwimmen

1 Die Frankfurter Industrie im Fokus

trieren. Sie bieten daneben im erheblichen Ausmaß auch Dienstleistungen an und ihre Mitarbeiter sind in der Mehrheit nicht mehr mit Fertigungs-, sondern mit Dienstleistungstätigkeiten beschäftigt. Die Branchengrenzen verschwimmen immer mehr" (Initiative Industrieplatz Hessen 2012: 20-21).

Die Industriestudie Frankfurt schließt sich dieser Kritik an und kombiniert deshalb die betriebs- und branchenbezogene Sichtweise mit der Verbundperspektive (Netzwerkanalyse) sowie der Untersuchung translokaler Produktionsbeziehungen (Wertschöpfungskettenanalyse). Industrienahe Handwerksbetriebe wurden dabei in die Erhebungen mit einbezogen, da sie zum einen eng mit der Industrie verwoben und zum anderen häufig von den gleichen Problemlagen am Standort Frankfurt betroffen sind.

Betriebe von 90% aller Beschäftigten des verarbeitenden Gewerbes wurden erfasst

tive Interviews mit Frankfurter Industrieunternehmern sowie mit Gewerkschafts- und Verbandsvertretern. Auf der Grundlage dieser Erhebungen wurde ein umfangreicher Fragebogen für die Industriebetriebe und das industrienahe Handwerk entworfen, abgestimmt und getestet (vgl. Anhang A III). Von den 320 angeschriebenen Betrieben nahmen 102 an der Befragung teil. Damit konnten die Arbeitsstellen von über 90% aller Beschäftigten des verarbeitenden Gewerbes in Frankfurt erfasst werden (Textbox 1-4).

Die Ergebnisse der quantitativen Befragung wurden anschließend in weiteren 20 qualitativen Interviews mit Experten aus Industrieunternehmen, Arbeitgeberverbänden, Gewerkschaften, der Wissenschaft und der Stadt-/Regionalplanung diskutiert, validiert und ergänzt. Zwei *Round Table*-Gespräche mit einem eigens gegründeten Beirat zur Abstimmung des weiteren Vorgehens sowie die Analyse umfangreicher Sekundärstatistiken und der einschlägigen Literatur begleiteten diesen Prozess. Insgesamt greift die vorliegende Studie damit auf eine im bundesdeutschen Vergleich einmalige Primärdatenbasis zurück. Sie zeigt nicht nur, dass sich in Frankfurt – wie auch in vielen anderen deutschen Großstädten – die industriellen Strukturen wandeln, sondern weist vor allem auch auf standortspezifische Anforderungen und Problemlagen hin, für die Öffentlichkeit, Politik und Planung sensibiliert sein müssen.

im bundesdeutschen Vergleich einmalige Datenbasis

ABBILDUNG 1-3:
Forschungsdesign und -ablauf
(vgl. Anhang A II-2)

- Erarbeitung konzeptioneller Grundlagen
- Bestandsaufnahme
- qualitative Experteninterviews I
- Entwicklung eines Fragebogens
- runder Tisch mit Vertretern des Beirats Industrie I
- Datenerhebung und -erfassung
- quantitative Datenauswertung
- runder Tisch mit Vertretern des Beirats Industrie II
- qualitative Validierung und Vertiefung (Experteninterviews II)
- qualitative Datenauswertung
- Erstellung der Industriestudie

Textbox 1-4

ZUSAMMENSETZUNG DER STICHPROBE FÜR DIE UNTERNEHMENSBEFRAGUNG UND EXPERTENINTERVIEWS

Die Frankfurter Industrie ist äußerst heterogen zusammengesetzt. Einer großen Zahl kleiner Betriebe – einige davon *Hidden Champions* – stehen wenige Großbetriebe mit z.T. internationaler Ausrichtung gegenüber und das Branchenspektrum ist ausgesprochen vielfältig. Doch nicht nur entlang dieser Differenzierungsmerkmale unterscheiden sich die Betriebe in ihren Ansprüchen und Forderungen an den Standort und die kommunale Industriepolitik, auch spezifische Produktionsweisen sowie Zuliefer- und Abnehmerbeziehungen bringen ganz verschiedene Erfordernisse an das betriebliche Umfeld mit sich.

Um dieser Ausgangslage empirisch gerecht zu werden, wurde versucht, möglichst alle als „Industrie" oder „industrienahes Handwerk" zu charakterisierenden Unternehmen in die Befragung einzubeziehen. 320 der insgesamt ca. 800 dem verarbeitenden Gewerbe zuzurechnenden Betriebe wurden angeschrieben und um eine Teilnahme gebeten, wobei Kleinstbetriebe ohne sozialversicherungspflichtig Beschäftigte sowie Unternehmen ohne Produktion am Standort Frankfurt keine Berücksichtigung fanden. Unter den 102 Betrieben, die schließlich an der Befragung teilnahmen, befinden sich alle großen Frankfurter Industrieunternehmen, so dass die Arbeitgeber von über 90% der 30 856 sozialversicherungspflichtig Beschäftigten (2011) im verarbeitenden Gewerbe tatsächlich erfasst werden konnten.

Dieses grundsätzlich ausgesprochen positive Ergebnis geht allerdings mit dem Problem einher, dass große Betriebe in der Stichprobe überrepräsentiert sind, was sich auch auf die Branchenzusammensetzung auswirkt: Großbetrieblich geprägte Industriezweige wie beispielsweise Chemie und Pharma sind im Vergleich zum kleinbetrieblich strukturierten Maschinenbau in der Befragung überproportional vertreten. Um diesen Verzerrungen zu begegnen, werden die Ergebnisse, wo immer das möglich ist, nach Teilgruppen differenziert dargestellt.

Für die Kontextualisierung und Interpretation der Befragungsergebnisse spielten die insgesamt 30 leitfadenbasierten Experteninterviews eine zentrale Rolle. Sie wurden je nach Gesprächscharakter und -relevanz entweder vollständig transkribiert und softwarebasiert ausgewertet oder inhaltlich-selektiv zusammengefasst.

Detailinformationen zur Auswahl und Zusammensetzung des Samples finden sich im Anhang A II-1 und A IV.

SPIELRÄUME UND GRENZEN KOMMUNALER INDUSTRIEPOLITIK

Eine bloße Momentaufnahme kann nicht das Ziel einer Industriestudie sein, die als Baustein für einen Masterplan konzipiert ist. Wichtig ist vielmehr ein dynamischer und zukunftsgerichteter Blick auf Entwicklungschancen und -risiken im Spiegel übergeordneter gesellschaftlicher, technologischer, marktstruktureller und ökologischer Veränderungen. Die vorliegende Studie will also keiner reinen „Bestandssicherung" zuarbeiten, sondern zu einer langfristigen Vision für den Industriestandort Frankfurt am Main beitragen. Dazu wurden auf der Grundlage einer Literaturanalyse identifizierte „Megatrends", mit denen sich die Industrie in Frankfurt in den nächsten Jahren konfrontiert sieht und die konkrete standortstrukturelle und -politische Herausforderungen mit sich bringen, in der zweiten Phase der Experteninterviews systematisch ins Zentrum gestellt. Neben der Hybridisierung sowie der zunehmenden Bedeutung der Verbundproduktion zählen dazu die Energiewende und ressourceneffizite Produktionsverfahren, der demographische Wandel, die Globalisierung und die damit verbundenen logistischen Herausforderungen sowie die weiter fortschreitende Digitalisierung der gesamten Produktionsorganisation.

- Die *Energiewende, zunehmende Ressourcenknappheit und der Klimawandel* beinhalten große gesellschaftliche Herausforderungen, mit denen sich auch die Industrie konfrontiert sieht. Mit der Umstellung auf ein neues Energieregime sind nicht nur Kosten, sondern auch eine Planungsunsicherheit verbunden, die im internationalen Wettbewerb ins Gewicht fallen. Gleichzeitig verändern die lauter werdenden Rufe nach post-fossiler Mobilität, einer grünen Ökonomie und nach qualitativem Wachstum aber auch das Umfeld für die Produktion und den Konsum industrieller Güter. Der Industrie als „Problemlöser" für Energie-, Klima- und Ressourcenfragen, etwa im Bereich neuer Mobilitätstechnologien, klimafreundlicher Baukonzepte oder ressourcenschonender Produkte und Produktionsweisen eröffnen sich damit neue Chancen und Märkte.
- Der *demographische Wandel*, der zu einem steigenden Anteil alter Menschen in der bundesrepublikanischen Gesellschaft führt, wirkt sich schon heute auf die Arbeitsmärkte aus. Industrie- und Handwerk haben es immer schwerer, qualifizierten Nachwuchs zu finden und Verbände, Unternehmen und Städte müssen sich immer intensiver mit der Frage beschäftigen, wie man dem Fachkräftemangel auf der Verbands-, Unternehmens- oder kommunal-/regionalpolitischen Ebene begegnen kann. Doch gleichzeitig schafft die zunehmende Überalterung der Gesellschaft auch neue Märkte, beispielsweise für Gesundheitsprodukte oder Mobilitätstechnologien.
- Die *Globalisierung* industrieller Wertschöpfungsketten hält weiter an, wenngleich im Zuge der globalen Finanzkrise teilweise gegenläufige Prozesse auszumachen sind (Gereffi 2013). Sie birgt Potenziale und Risiken zugleich. Einerseits eröffnen sich vor allem in Asien neue Märkte für deutsche Industrieunternehmen, andererseits treten Unternehmen aus diesem Raum aber auch verstärkt als Konkurrenten auf. Um hochgradig zergliederte Wertschöpfungsketten global integrieren und koordinieren zu können, spielen *logistische Infrastrukturen und Dienstleister* mittlerweile eine herausragende Rolle. Zusammen mit standortbedingten Lokalisations-/Netzwerk- und Urbanisationsvorteilen sind sie entscheidend für die strategische Einbindung in bestimmte Ketten und die Wahl von Produktionsstandorten.
- Die *Digitalisierung* hat sowohl inner- als auch zwischenbetriebliche Produktions- und Distributionsprozesse transformiert und die Wissensorientierung industrieller Wertschöpfungsprozesse hat stark zugenommen. Manche Beobachter interpretieren diesen Prozess als vierte industrielle Revolution oder ersten Schritt auf dem Weg zu einer Industrie 4.0. Einige Unternehmen haben das Internet nicht nur als direkten Vertriebskanal entdeckt, sondern auch als Quelle nutzergenerierter Innovationen und die möglichen Implikationen der weiteren Entwicklung zu einem „Netz der Dinge und Dienste" sind bislang noch kaum abzusehen.

Gleichzeitig erfordert aber nicht nur ein Masterplan, sondern auch schon die vorbereitende Datenerhebung ein Bewusstsein für die Grenzen kommunaler Industriepolitik. Diese kann nur auf die Mikro- und Mesoebene wirtschaftlicher Aktivitäten einwirken und auch hier sind ihr enge rechtliche Grenzen gesetzt. Kommunale und regionale Industriepolitik muss deshalb als Querschnittsaufgabe gedacht werden. Der Masterplan der Stadt Bremen bringt es auf den Punkt: Eine moderne Industriepolitik „bezieht alle industrierelevanten Fachpolitiken wie die Bildungs- und Forschungspolitik, das Gewerbeflächenmanagement oder den Verkehrsbereich mit ein" (Senator für Wirtschaft und Häfen 2010: 4). Sie muss kontextabhängig ent-

---

Megatrends: Energiewende, demographischer Wandel, Globalisierung, Digitalisierung

Industriepolitik als kommunale Querschnittsaufgabe

Die Frankfurter Industrie im Fokus

stehen und darf nicht von oben herab gemäß dem Prinzip „One-Size-Fits-All" verordnet werden. Politik kann hier nur Vermittler und Wegbereiter, nicht aber Schöpfer von „Clustern", „Wertschöpfungsketten" oder „Netzwerken" sein – ob diese nun regional oder transregional organisiert sind. Die vorliegende Industriestudie greift deswegen in erster Linie Problemlagen, Strukturen und Prozesse auf, die im kommunalen Kontext prinzipiell beeinflussbar sind (Abbildung 1-2).

Nicht zuletzt aufgrund der begrenzten Spielräume einer kommunalen Industriepolitik ist es wichtig zu prüfen, welche Handlungsfelder „regionalisiert" bzw. welche Problemlagen im regionalen Kontext verhandelt werden müssen. Dies gilt umso mehr, als aus der Perspektive der Industrieunternehmen selbst der „Standort Frankfurt" nicht an den Stadtgrenzen endet (Ebner/Raschke 2013). Auch die Entwicklungen in vielen anderen Städten und Metropolregionen der Welt zeigen, dass sich „Wirtschaftsräume aufgrund intensiver Interaktionen inzwischen nicht (mehr) an administrativ gesteckten Grenzen (orientieren), sondern (...) im Zuge einer tiefen institutionellen und ökonomischen Verflechtung ihrer Teilregionen" zusammenwachsen (Wendland/Ahlfeldt 2013: 5).

AUFBAU DER STUDIE

Diese Studie ist wie folgt aufgebaut:
- Kapitel 2 nimmt eine erste Bestandsanalyse der Frankfurter Industrie vor. Es zeigt die wichtigsten Entwicklungen der letzten Jahre, charakterisiert das verarbeitende Gewerbe anhand zentraler Kennziffern und verortet diese im bundesdeutschen Kontext. Die verallgemeinernde Kategorie „Frankfurter Industrie" wird hier disaggregiert um dem Leser einen ersten differenzierteren Einstieg in die Thematik zu ermöglichen.
- Kapitel 3 beinhaltet eine Stärken-Schwächen-Analyse des Industriestandorts Frankfurt aus der Sicht der 102 befragten Industrieunternehmen sowie zahlreicher Experten. Dieser Teil zeigt, in welchen Bereichen der Industriestandort Frankfurt gut aufgestellt ist und wo die befragten Akteure Probleme bzw. Handlungsbedarf sehen. Besonderer Wert wurde dabei darauf gelegt, die Ergebnisse nach Betrieben unterschiedlicher Größe, Branche und weiterer betrieblicher Charakteristika („Betriebstypen") zu differenzieren.
- Kapitel 4 ist der Flächenthematik gewidmet, die aus der allgemeinen Stärken-Schwächen-Analyse ausgegliedert wurde, da sie eines der wichtigsten Felder kommunaler Wirtschaftspolitik ist. Es nimmt zunächst eine Bestandsbestimmung und räumliche Verortung der Frankfurter Gewerbeflächen vor und identifiziert vier unterschiedliche Standorttypen. Anschließend wird diskutiert, welche flächen- und umfeldbezogenen Defizite die befragten Unternehmen an ihren konkreten Betriebsstandorten sehen und wie sich diese räumlich differenziert im Stadtgebiet darstellen. Daraus leiten sich spezifische Anforderungen an die kommunale Planung, Industrie- und Regionalpolitik ab, die im letzten Teil des Kapitels diskutiert werden.
- Kapitel 5 trägt dem Umstand Rechnung, dass industrielle Wertschöpfung und Innovationen nicht in voneinander isolierten Unternehmen stattfinden, sondern in Netzwerken aus Zulieferern, Abnehmern und Dienstleistern generiert werden. Hier wird der Industriestandort Frankfurt als Knoten regionaler, transregionaler und globaler Netzwerkbeziehungen betrachtet. Kapitel 5 rückt Fragen nach der regionalen Verankerung von Verflechtungen, der Verlagerbarkeit von Unternehmensfunktionen innerhalb dieser Strukturen sowie nach dem Verbundeffekt von Industrie und Dienstleistungen in den Blickpunkt.
- Kapitel 6 beschäftigt sich mit der Struktur und Dynamik von Wertschöpfungsketten, deren Kenntnis für die regionale Wirtschaftspolitik zunehmend wichtiger wird. Hier wird analysiert, wie die Unternehmen selbst ihre Einbindung in Wertschöpfungsketten einschätzen und welche Positionsveränderungen in näherer Zukunft geplant sind.
- Kapitel 7 skizziert mögliche Handlungsfelder für die Frankfurter Industriepolitik, wie sie aus der qualitativen und quantitativen Analyse des erhobenen Materials identifiziert wurden. Es entwirft einen allgemeinen Rahmen, der in einem Masterplan mit konkreten Inhalten gefüllt werden muss und zeigt Optionen für (industrie-)politische Entscheidungsprozesse auf.
- Im Anhang finden sich Hintergrundinformationen zur Erhebungsmethodik sowie zusätzliches Material, das um der besseren Lesbarkeit willen nicht in den Haupttext mit aufgenommen wurde. Er enthält auch einen erheblichen Teil der Rohdaten in tabellarischer Form.

Bestandsaufnahme

2

Frankfurt wird zwar nur selten als Industriestadt wahrgenommen, blickt aber auf eine lange industrielle Tradition zurück. Bis heute ist die Stadt Standort vieler Unternehmen mit Weltruf, die Frankfurter Industrie ist ein wichtiger Arbeitgeber für die gesamte Region Rhein-Main und ein bedeutender Gewerbesteuerzahler. Ein Städtevergleich zeigt die besondere Stärke der Frankfurter Industrie: Sie ist hoch produktiv – in kaum einer anderen deutschen Großstadt liegt die Wertschöpfung pro Beschäftigten höher als hier.

2 Bestandsaufnahme

FRANKFURT AUF DEM WEG ZUR DIENSTLEISTUNGSMETROPOLE?

starker Rückgang der Betriebs- und Beschäftigtenzahl in den letzten 15 Jahren

Frankfurt am Main wird heute vor allem als Bankenmetropole und Dienstleistungsstandort wahrgenommen. Der Einfluss der Industrie auf das Außenimage ist hingegen gering – obwohl die Stadt bis weit in die zweite Hälfte des 20. Jahrhunderts hinein als „Apotheke Deutschlands" bekannt war. Sie galt als Chemie- und Pharmastandort von Weltrang und auch die Elektroindustrie war als wichtiges Standbein des lokalen Wirtschaftsgefüges überregional bekannt. Erst der strukturelle Wandel im Zuge der Tertiärisierung führte zu einem sukzessiven Bedeutungsverlust der Industrie. Viele Betriebe mussten schließen und Arbeitsplätze im sekundären Sektor gingen verloren.

Dennoch spielt das verarbeitende Gewerbe auch heute noch eine wichtige Rolle für die Frankfurter Wirtschaft, den regionalen Arbeitsmarkt und den kommunalen Haushalt wie die folgende Bestandsanalyse zeigt. Sie stellt die strukturelle Ausgangssituation für eine städtische Industriepolitik dar und vergleicht diese mit den Gegebenheiten in anderen deutschen Großstädten. Dabei wird deutlich, dass der industrielle Sektor in Frankfurt zwar vergleichsweise klein, aber äußerst produktiv ist.

Die Verlagerung des ökonomischen Schwerpunkts von der Produktion hin zum Dienstleistungssektor war in den vergangenen Jahrzehnten tatsächlich der für die städtische Wirtschaftsentwicklung prägendste Prozess. Deutlich wird dies zunächst an der Zahl der Betriebe, die sich im verarbeitenden Gewerbe zwischen 1999 und 2008 von 1 538 auf 1 063 verringerte, wohingegen der Dienstleistungsbereich von 17 627 auf 19 180 Betriebe wuchs (Abbildung 2-1; zu den im Folgenden verwendeten Datenquellen und Zeitreihen s. Textbox 2-1).

Eine analoge Entwicklung ist bei der Beschäftigtenzahl zu verzeichnen. Waren 1999 noch 53 165 Personen im Frankfurter verarbeitenden Gewerbe tätig, so sank dieser Wert bis 2008 auf 40 489 Personen während der Dienstleistungssektor im gleichen Zeitraum von 385 378 auf 430 200 Beschäftigte wuchs. Diese starke Verlagerung von Arbeitsplätzen in den Dienstleistungsbereich führte dazu, dass der Anteil von Arbeitnehmern im verarbeitenden Gewerbe an allen Frankfurter Arbeitnehmern zwischen 1999 und 2008 von 12% auf 8% sank. In Deutschland insgesamt verringerte sich dieser Anteil im gleichen Zeitraum von 27% auf 25%. Während in Frankfurt also fast ein Viertel aller Arbeitsplätze im verarbeitenden Gewerbe wegfiel, war der anteilige Rückgang in Deutschland weitaus geringer. Nicht nachvollziehbar ist anhand dieser Daten allerdings, inwieweit die Verlagerung von Arbeitsplätzen in den Dienstleistungsbereich tatsächlich mit einer Änderung der durch die Arbeitnehmer ausgeführten Tätigkeiten einherging. Denn im Zuge der Konzentration auf Kernkompetenzen wurden in den letzten Jahren verstärkt ehemals selbst erbrachte Leistungen an spezialisierte Dienstleistungsunternehmen ausgelagert, was dazu führt, dass die betroffenen Arbeitsplätze statistisch dem Dienstleistungssektor und nicht mehr dem verarbeitenden Gewerbe zugerechnet werden. Auch aus diesem Grund darf das verarbeitende Gewerbe nicht isoliert betrachtet, sondern muss als Teil des immer wichtiger werdenden Industrie-Dienstleistungsverbundes gesehen werden.

Etwas anders stellt sich die Entwicklung der Bruttowertschöpfung dar, wobei hier die Zahlen, bedingt durch die globale Wirtschaftslage, sehr viel stärker schwanken als jene der Betriebe und Beschäftigten. Das verarbeitende Gewerbe in Frankfurt erwirtschaftete im Jahr

---

Textbox 2-1

DATENQUELLEN

Die in diesem Kapitel genutzten statistischen Daten stammen überwiegend aus zwei Quellen: Die Bundesagentur für Arbeit führt eine Statistik zu Betrieben und Beschäftigten nach Wirtschaftssektoren und Wirtschaftszweigen für alle Städte und Gemeinden in Deutschland und der Arbeitskreis „Volkswirtschaftliche Gesamtrechnung" der statistischen Ämter der Länder und des Bundes liefert Daten zur Bruttowertschöpfung aller Wirtschaftszweige und -sektoren auf Kreisebene. Als ergänzende Quellen für einzelne Sachthemen dienten Veröffentlichungen des Hessischen Statistischen Landesamtes (Umsatzdaten nach Wirtschaftszweigen) und des Kassen- und Steueramtes der Stadt Frankfurt (Gewerbesteueraufkommen nach Wirtschaftssektoren). Die zur Verfügung stehenden Zahlen unterscheiden sich häufig in Bezug auf die erfassten Zeiträume und die zu Grunde gelegte Klassifikation der Wirtschaftszweige (s. Anhang A I), was vergleichende Aussagen erschwert. Beispielsweise liegen die Daten der Bundesagentur für Arbeit zu Betrieben und Beschäftigten für die Jahre bis 2008 nur nach der WZ03-Systematik vor und können mit jüngeren Zahlen nicht direkt verglichen werden; im Text wird deshalb oft das Jahr 2008 als Bezugspunkt verwendet. Der Arbeitskreis Volkswirtschaftliche Gesamtrechnung wiederum liefert auch die älteren Daten zur Bruttowertschöpfung bis zum Jahr 2008 bereits nach WZ08. Für die Abbildungen wurden immer die aktuellsten verfügbaren Quellen aus den Jahren 2010, 2011 oder 2012 mit verwendet, im Jahr 2008 ergibt sich in manchen Grafiken dadurch ein Bruch.

---

gleich bleibende Bruttowertschöpfung, stark gestiegene Produktivität

Abbildung 2-1: Das verarbeitende Gewerbe in Frankfurt: Betriebe und Beschäftigte 1999–2008 (WZ03) und 2008–2011 (WZ08); Bruttowertschöpfung 2000–2011 (WZ08)

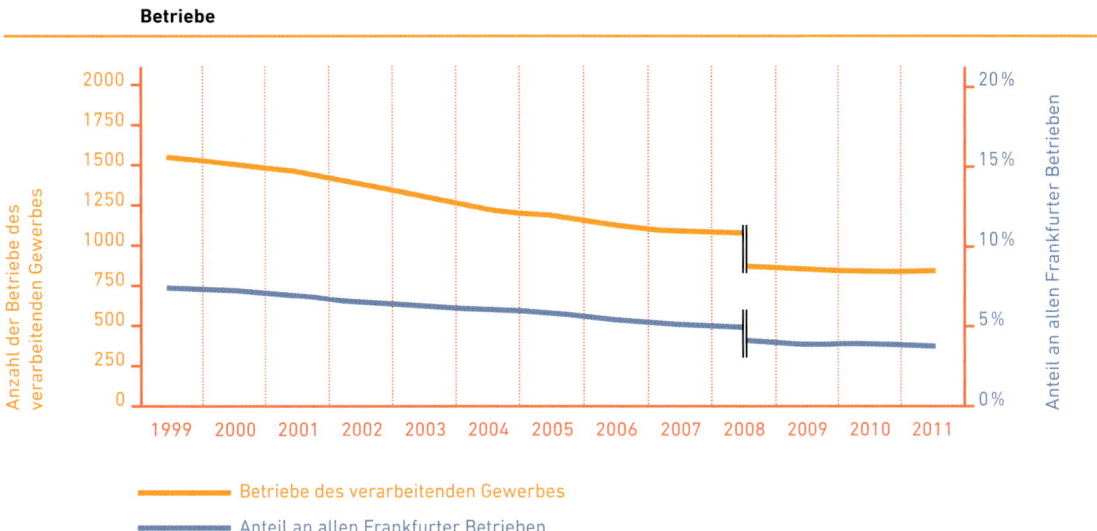

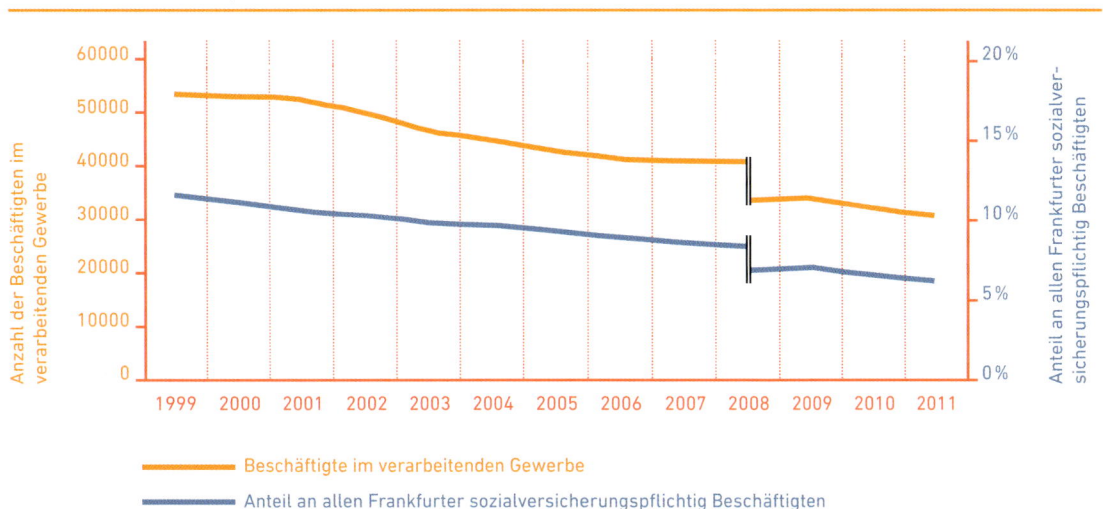

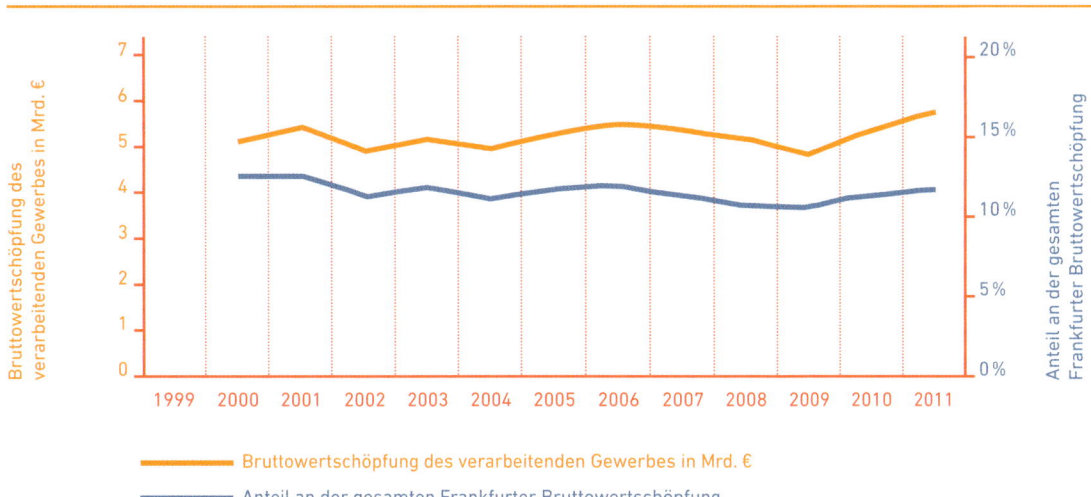

2 Bestandsaufnahme

seit 2008 Rückgang der Betriebs- und Beschäftigtenzahlen stark verlangsamt

2000 5,2 Milliarden Euro, 2011 lag dieser Wert dann bei 5,8 Milliarden Euro, was einem nominalen jährlichen Wachstum von 1,0% entspricht. Im gleichen Zeitraum nahm die Wertschöpfung des Dienstleistungssektors um jährlich 1,7% von 36,1 auf 43,3 Milliarden Euro zu. Der Anteil des verarbeitenden Gewerbes an der gesamten Wertschöpfung sank somit zwischen 2000 und 2011 nur leicht von 12,5% auf 11,8% und dementsprechend ist die Produktivität in Frankfurt heute mit 130 000 Euro pro Erwerbstätigen außerordentlich hoch (bundesweiter Durchschnitt: 73 000 Euro pro Erwerbstätigen). In Deutschland insgesamt hingegen wuchs die Wertschöpfung des verarbeitenden Gewerbes mit jährlich 2,3% deutlich stärker und im Vergleich zur gesamtwirtschaftlichen Entwicklung von jährlich 2,1% sogar leicht überdurchschnittlich. Seit der Finanzkrise 2008 hat die anteilige Bruttowertschöpfung der Industrie auch in Frankfurt wieder zugenommen.

hohe Branchenvielfalt, Schwerpunkte in der Chemie, im Fahrzeugbau und bei elektronischen Geräten

Diese zusammenfassende Übersicht zur Entwicklung des verarbeitenden Gewerbes in Frankfurt darf allerdings nicht den Blick auf teilweise stark abweichende Veränderungsprozesse in einzelnen Branchen oder Wirtschaftszweigen verstellen. Während etwa die Papier- und Bekleidungsindustrien sowie die Metallerzeugung in den letzten zwanzig Jahren fast gänzlich aus Frankfurt verschwunden sind, konnten sich die Unternehmen der Chemie- und Nahrungsmittelbranche überdurchschnittlich gut entwickeln. Der Maschinenbau hat zwar einen starken Beschäftigungsrückgang zu verzeichnen, ist aber immer noch eine der größten Frankfurter Branchen.

Seit dem Jahr 2008 hat sich der Rückgang der Betriebs- und Beschäftigtenzahlen im verarbeitenden Gewerbe stark verlangsamt. Nach den jüngsten verfügbaren Daten zum Jahr 2011 umfasst das verarbeitende Gewerbe in Frankfurt 806 Betriebe mit etwa 30 000 Beschäftigten. Weitere 13 100 Personen sind in den 1 314 Betrieben des Baugewerbes und 4 100 Personen in der Energie- und Wasserversorgung (13 Betriebe) beschäftigt, die zusammen mit dem verarbeitenden das produzierende Gewerbe ausmachen (Abbildung 2-2 und Tabelle 2-1).

BRANCHEN UND GRÖSSENSTRUKTUR DER FRANKFURTER INDUSTRIE

Die Frankfurter Industrie zeichnet sich durch eine große Branchenvielfalt aus (Abbildung 2-3). Gemessen an der Zahl der Betriebe am stärksten vertreten ist das Nahrungsmittelgewerbe (118 Betriebe), gefolgt von der Herstellung von Druckerzeugnissen (105 Betriebe) und der Metallverarbeitung (98 Betriebe).

Ein Vergleich anhand der Beschäftigtenzahlen ergibt ein etwas anderes Bild. Hier dominiert die chemische Industrie, in der mit über 6 300 Personen etwa 20% aller Frankfurter Beschäftigten des verarbeitenden Gewerbes tätig sind. Darauf folgen der Fahrzeugbau mit 4 200 Beschäftigten und die Herstellung von elektronischen Geräten mit 4 100 Beschäftigten. Zusammen stellen diese drei Branchen fast die Hälfte aller Erwerbstätigen des verarbeitenden Gewerbes in Frankfurt. Über diese drei Schwerpunkte hinaus entfällt ein relativ hoher Anteil der Industriearbeitsplätze auf das Nahrungsmittelgewerbe mit 2 500 Beschäftigten und auf den Maschinenbau mit 1 800 Beschäftigten.

Anhand des Lokalisationsquotienten (LQ) kann die räumliche Konzentration einzelner Branchen im Vergleich zum Bundesdurchschnitt dargestellt werden. Der LQ setzt den Anteil der Beschäftigten einer Branche an allen Beschäftigten einer räumlichen Einheit (in diesem Fall der Stadt Frankfurt) in Bezug zum

Tabelle 2-1

WICHTIGE KENNZAHLEN ZUR FRANKFURTER INDUSTRIE

	Betriebe 2011	Beschäftigte 2011	Bruttowertschöpfung in Mrd. Euro 2011
Frankfurt insgesamt	22 366	497 202	49,1
produzierendes Gewerbe	2 183	50 156	8,0
davon verarbeitendes Gewerbe	806	30 856	5,8
Dienstleistungssektor*	19 989	446 821	41,2

*der Dienstleistungssektor umfasst auch die öffentliche Verwaltung
Quellen: Bundesagentur für Arbeit (2012); Arbeitskreis Volkswirtschaftliche Gesamtrechnung der Länder (2011).

Abbildung 2-2: Frankfurter Wirtschaftssektoren nach Betrieben, Beschäftigten und Bruttowertschöpfung 2011
(Quelle: Bundesagentur für Arbeit 2012; Arbeitskreis Volkswirtschaftliche Gesamtrechnung der Länder 2011)

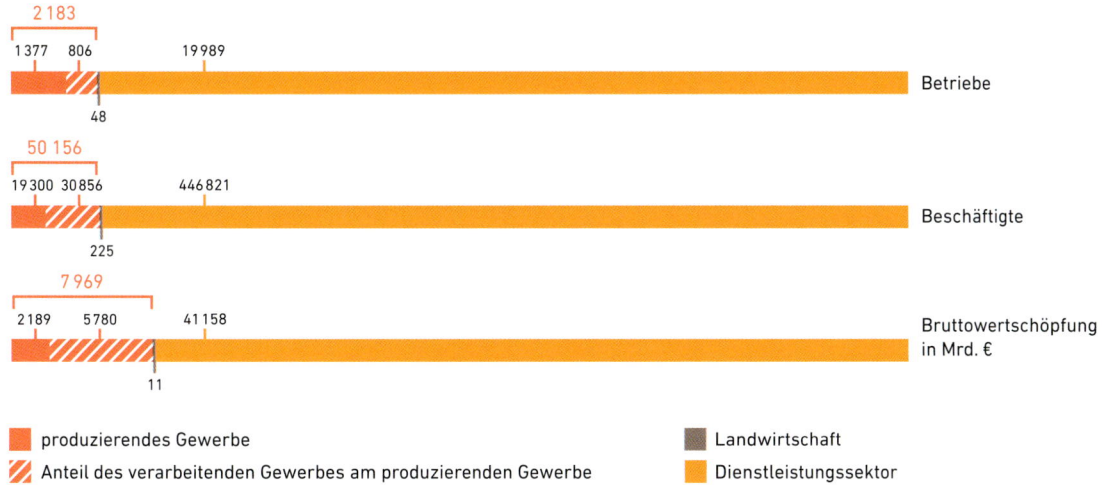

Beschäftigtenanteil dieser Branche im Vergleichsraum (in diesem Fall Deutschland). Liegt der Lokalisationsquotient einer Branche unter 1, so besitzt diese im Untersuchungsraum einen unterdurchschnittlichen Beschäftigtenanteil, ein Wert über 1 weist hingegen auf eine überdurchschnittliche Konzentration hin (vgl. Ebner/Raschke 2013: 11ff.). In Frankfurt finden sich Werte über 1 nur bei zwei Branchen: bei der Herstellung von chemischen Erzeugnissen und beim Fahrzeugbau (Abbildung 2-4). Ein Grund für die niedrigen Lokalisationsquotienten der Branchen des verarbeitenden Gewerbes in Frank-

allgemein niedrige Lokalisationsquotienten

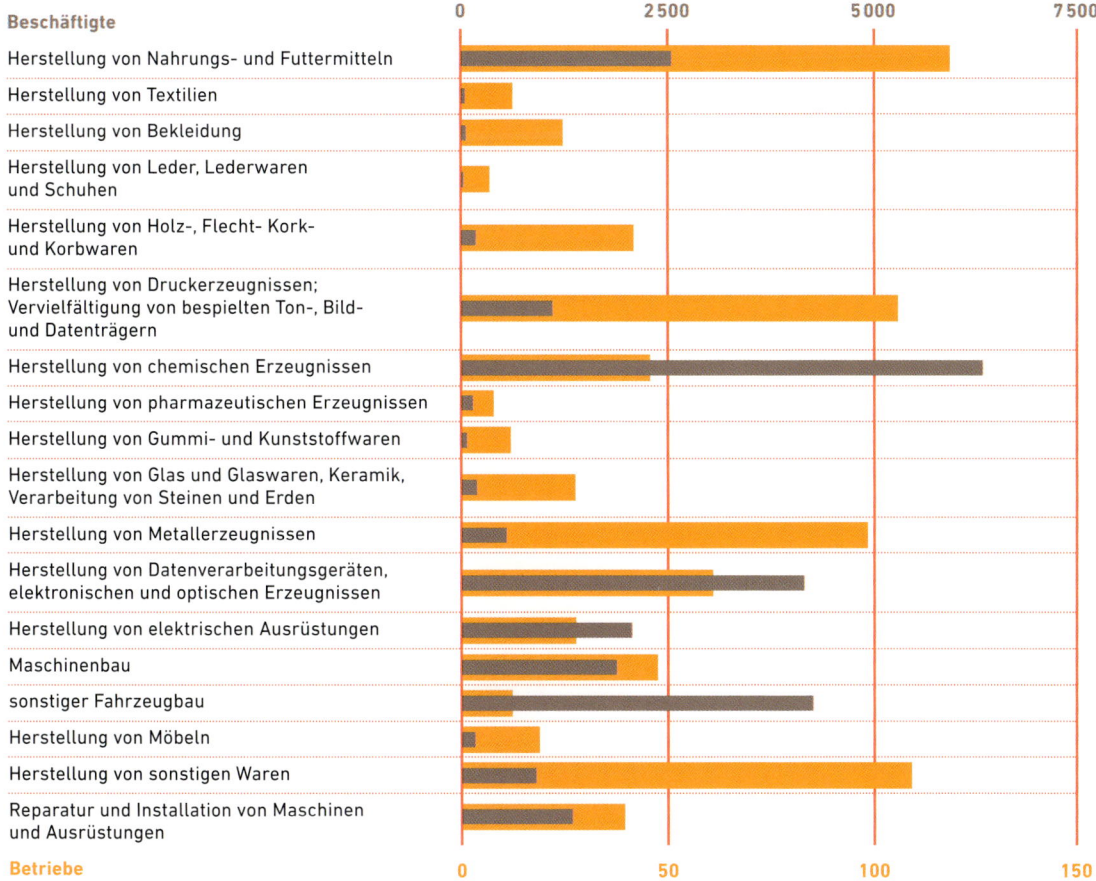

Abbildung 2-3: Betriebe und Beschäftigte nach Branchen des verarbeitenden Gewerbes in Frankfurt 2011
(Quelle: Bundesagentur für Arbeit 2012)

2 Bestandsaufnahme

hohe Exportquoten in der Elektroindustrie, der Metallverarbeitung und der chemischen Industrie

furt ist dessen insgesamt sehr geringer Anteil an der Gesamtzahl der Beschäftigten: Alle Branchen des verarbeitenden Gewerbes addiert erreichen nur einen LQ von 0,23. Jene Branchen, deren LQ über diesem Wert liegt (Herstellung von Nahrungsmitteln, Druckerzeugnissen, Datenverarbeitungsgeräten und elektrischen Ausrüstungen sowie die Reparatur von Maschinen) sind zumindest im Frankfurter Maßstab überdurchschnittlich stark vertreten, bleiben aber im Vergleich zum deutschlandweiten Durchschnitt stark unterrepräsentiert.

Die Branchen mit einer hohen Beschäftigtenzahl erwirtschaften auch die größten Anteile des Gesamtumsatzes des verarbeitenden Gewerbes in Frankfurt. Hier gilt allerdings die Einschränkung, dass die verfügbaren Statistiken nur Betriebe mit mehr als 20 Beschäftigten berücksichtigen und einige Branchen aus Datenschutzgründen nicht einzeln ausgewiesen werden. Die umsatzstärkste Branche, für die Zahlen vorliegen, ist mit 4,5 Milliarden Euro im Jahr 2012 wiederum die chemische Industrie, die damit mehr als ein Viertel des Gesamtumsatzes des Frankfurter verarbeitenden Gewerbes von 16,2 Milliarden Euro erwirtschaftet. Es folgen das Nahrungsmittelgewerbe mit einem Anteil von 8% und die Elektroindustrie mit einem Anteil von 3%. Allerdings kann davon ausgegangen werden, dass ein erheblicher Anteil des Gesamtumsatzes von den Branchen Fahrzeug- und Maschinenbau erbracht wird, für die keine einzeln aufgeschlüsselten Zahlen vorliegen. Am stärksten exportorientiert produzieren die Elektroindustrie mit einer Exportquote von 68%, das metallverarbeitende Gewerbe mit einer Exportquote von 62% sowie die chemische Industrie mit einer Exportquote von 61%. Fast gar keinen Anteil am Umsatz hat der Export im Nahrungsmittel- und im Druckereigewerbe.

10% aller Betriebe bzw. 81 Unternehmen beschäftigen mehr als 100 Personen

Die Größenstruktur der Betriebe kann anhand unterschiedlicher Kriterien dargestellt werden. Grundsätzlich ist festzustellen, dass vor allem kleine und mittlere Unternehmen das verarbeitende Gewerbe in Frankfurt prägen, gleichzeitig aber der überwiegende Teil der Beschäftigten in wenigen Großbetrieben angestellt ist: Nur etwa 10% aller Betriebe beschäftigen über 100 Personen, gleichzeitig aber sind 76% aller Beschäftigten in eben diesen Betrieben tätig. Besonders auffallend ist diese Relation in der chemischen Industrie, die einen Anteil von 26% aller Frankfurter Beschäftigten des ver-

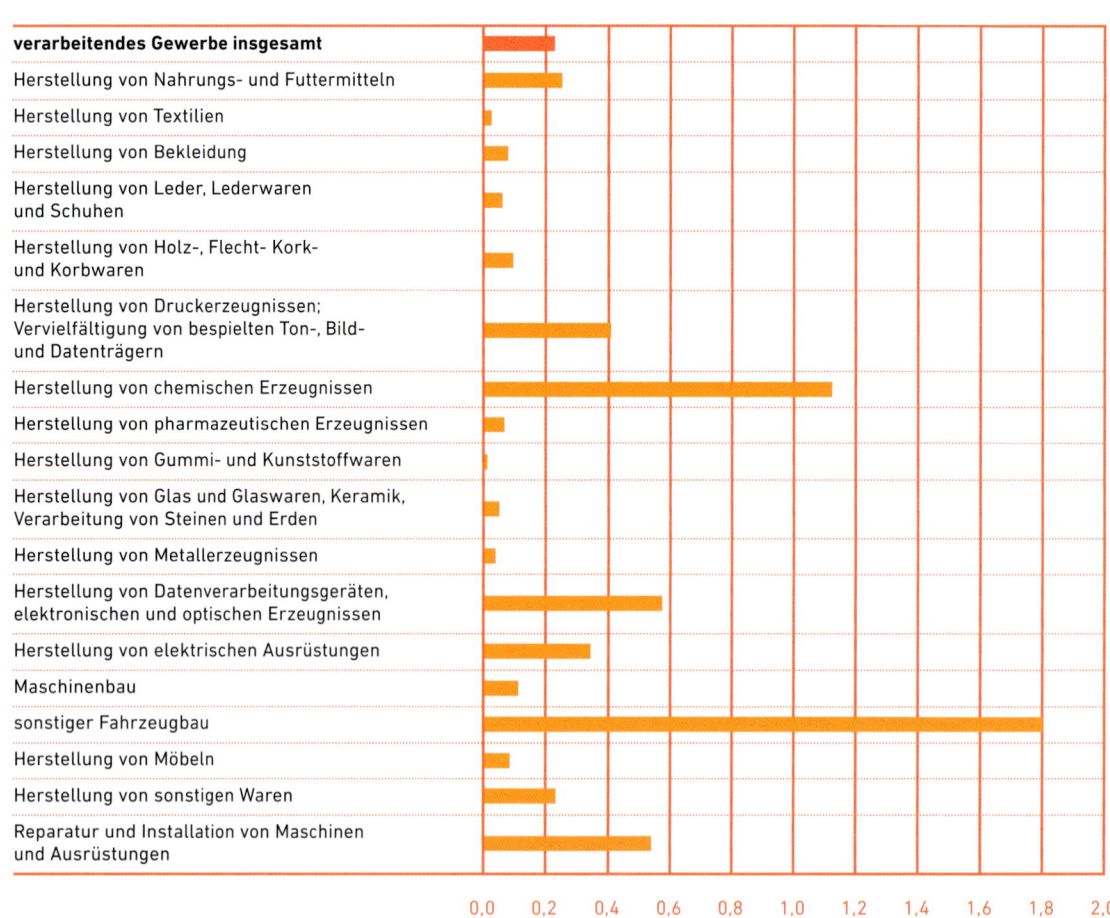

Abbildung 2-4: Lokalisationsquotienten nach Branchen des verarbeitenden Gewerbes in Frankfurt 2011 (Quelle: Bundesagentur für Arbeit 2012)

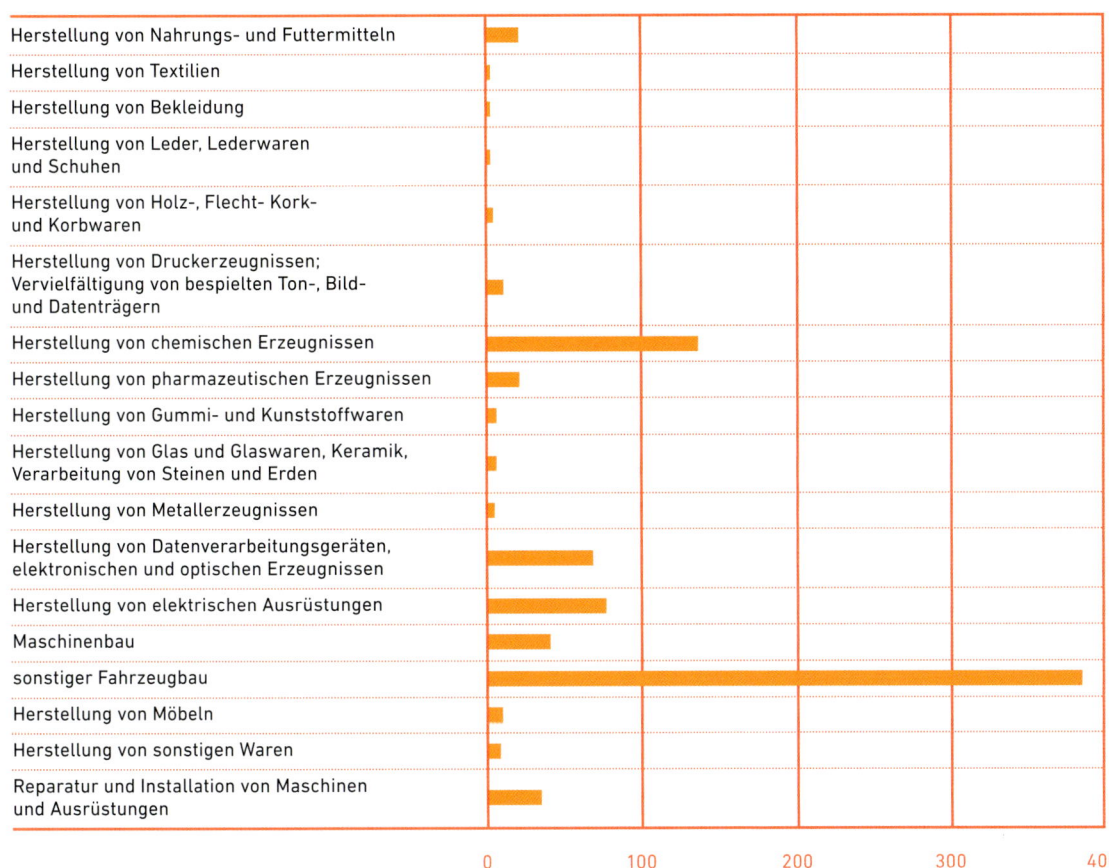

Abbildung 2-5: Durchschnittliche Anzahl der Beschäftigten pro Betrieb nach Branchen des verarbeitenden Gewerbes in Frankfurt 2011 (Quelle: Bundesagentur für Arbeit 2012)

arbeitenden Gewerbes auf sich vereint, obwohl ihr nur 6% der Betriebe angehören. Andere Branchen wie etwa das Nahrungsmittelgewerbe sowie die Herstellung von Druck- und Metallerzeugnissen zeichnen sich hingegen durch sehr viele Betriebe mit einer geringen durchschnittlichen Größe aus.

81 Betriebe des verarbeitenden Gewerbes in Frankfurt beschäftigen über 100 Personen und 146 Betriebe über 20 Personen; die durchschnittliche Betriebsgröße liegt bei etwa 40 Beschäftigten pro Betrieb. Sie variiert allerdings sehr stark zwischen den Branchen (Abbildung 2-5). Da es in Frankfurt nur wenige Fahrzeugbaubetriebe gibt, die alle sehr groß sind, ist die durchschnittliche Beschäftigtenzahl hier am höchsten. In der chemischen Industrie beträgt sie immerhin noch über 100 Beschäftigte pro Unternehmen, in der Möbel- und Textilherstellung hingegen arbeiten weniger als 10 Personen in einem Betrieb.

Eine Differenzierung in Größenklassen nach Umsatz ist anhand der öffentlich zugänglichen Zahlen nicht möglich. Auf der Grundlage der im Rahmen der vorliegenden Studie durchgeführten Betriebsbefragung kann allerdings davon ausgegangen werden, dass über 40% der Frankfurter Industriebetriebe weniger als eine Million Euro Umsatz pro Jahr erwirtschaften. Nur etwa 10% der Betriebe haben einen Jahresumsatz von über 10 Millionen Euro. Der Anteil der Betriebe mit einem jährlichen Umsatz von über 100 Millionen Euro liegt bei unter 5%.

Aus den verfügbaren Daten geht leider nicht hervor, wie viele der Beschäftigten des verarbeitenden Gewerbes in der eigentlichen Produktion tätig sind, da immer ganze Betriebe einschließlich Verwaltung, Vertrieb und Forschung einer Branche zugerechnet werden. Aufgrund der innerbetrieblich zunehmenden Bedeutung produktionsferner Tätigkeiten einerseits sowie der Auslagerung an externe Dienstleister andererseits wird die Grenze zwischen Produktion und Dienstleistung ohnehin immer unschärfer. Auf der Grundlage unserer Betriebsbefragung lässt sich aber abschätzen, dass etwa 50% der in der Statistik ausgewiesenen Erwerbstätigen – also etwa 14 500 Personen – tatsächlich in der Produktion arbeiten und jeweils etwa 10 bis 20% der Industriebeschäftigten in den Bereichen Forschung/Entwicklung und Verwaltung tätig sind. Die übrigen Beschäftigten verteilen sich auf die Bereiche Vertrieb, Dienstleistungen und sonstige Tätigkeitsfelder.

76% aller Erwerbstätigen sind in den 10% größten Betrieben angestellt

etwa die Hälfte aller Beschäftigten arbeiten in der Produktion

2 Bestandsaufnahme

Abbildung 2-6: Der Industrie-Dienstleistungsverbund (Quelle: Wirtschaftsförderung Frankfurt/eigene Darstellung)

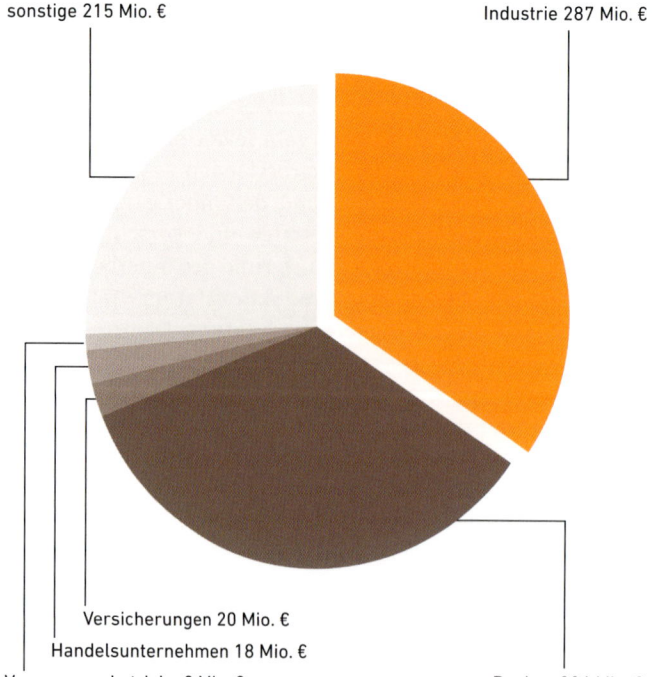

DIE INDUSTRIE ALS TEIL DER FRANKFURTER WIRTSCHAFT

regionalökonomisch hohe Bedeutung des Industrie-Dienstleistungsverbunds

Die regionalökonomischen Effekte der Industrie reichen über die Schaffung von Arbeitsplätzen und ihren Beitrag zur Wertschöpfung weit hinaus. Als Kern eines umfassenderen Industrie-Dienstleistungsverbundes, dem neben dem verarbeitenden Gewerbe auch Teile des Handels- und Verkehrsgewerbes, des Finanzsektors sowie sonstige unternehmensbezogene Dienstleistungen angehören, ist sie sowohl ein wichtiger Auftraggeber wie auch Kunde (Abbildung 2-6). Da es methodisch jedoch nicht möglich ist, die von der Industrie ausgehenden Multiplikatoreffekte exakt zu erfassen, wird ihre gesamtwirtschaftliche Bedeutung regelmäßig unterschätzt (IHK Frankfurt am Main 2010: 16f.). So nimmt das Statistische Bundesamt an, dass die an die Industrie gebundene Wertschöpfung um etwa ein Drittel zu niedrig angesetzt ist (Industrieplatz Hessen 2012: 39). Demzufolge läge der Anteil des Industrie-Dienstleistungsverbundes in Frankfurt bei etwa 15% der gesamten Bruttowertschöpfung gegenüber 11% des verarbeitenden Gewerbes alleine. Entsprechendes gilt für die im Rahmen der Verbundproduktion entstehenden Arbeitsplätze. Dieses Problem ist jedoch keineswegs nur statistischer Natur, wie einer der von uns befragten Experten betont, sondern auch eines, das „*ganz gravierende Auswirkungen auf die Kommunikation hat, wenn dann in den Medien steht, Frankfurt hat schon wieder so und so viele Tausend Arbeitnehmer [in der Industrie] verloren*" (Verbandsvertreter) wobei in Wirklichkeit nur dienstleistungsnahe Tätigkeiten ausgelagert wurden.

Abbildung 2-7: Gewerbesteueraufkommen der 100 größten Gewerbesteuerzahler in Frankfurt 2013 (Quelle: Kassen- und Steueramt der Stadt Frankfurt am Main 2013)

Industrie ist größter Gewerbesteuerzahler noch vor dem Bankensektor

Auch der kommunale Haushalt profitiert in Frankfurt stark vom industriellen Sektor. Im Jahr 2012 betrug das Gewerbesteueraufkommen aller Frankfurter Betriebe 1,39 Milliarden Euro. Fast zwei

Drittel davon, 831 Millionen Euro, stammten von den hundert größten Gewerbesteuerzahlern, über die von der Stadt eine branchengenaue Aufstellung veröffentlicht wird. Demnach kommt mehr als ein Drittel dieser Summe, nämlich 287 Millionen Euro, von Industriebetrieben. Die Industrie liegt damit knapp vor dem Bankensektor und stellt im Hinblick auf die Gewerbesteuereinnahmen den wichtigsten Wirtschaftszweig dar (Abbildung 2-7). Auch der größte einzelne Gewerbesteuerzahler Frankfurts ist ein Industriebetrieb.

Die Investitionsquote im Frankfurter verarbeitenden Gewerbe ist in den letzten Jahren stark zurückgegangen. Sie sinkt zwar auch in Deutschland insgesamt, ausschlaggebend dafür ist aber primär ein relativ schnelleres Wachstum des BIP während in Frankfurt die Investitionen auch absolut abnahmen: Wurde in den 1990er Jahren jährlich noch über eine halbe Milliarde Euro im verarbeitenden Gewerbe investiert, so ist dieser Wert auf unter 300 Millionen Euro im Jahr 2010 gefallen. Da gleichzeitig aber auch die Anzahl der Betriebe abgenommen hat, blieben die Investitionen pro Betrieb und Jahr mit durchschnittlich 1,8 Millionen Euro weitgehend unverändert. Gleiches gilt für die Investitionen pro Beschäftigten, die konstant bei etwa 10 000 Euro jährlich liegen. Besonders im Bereich Chemie/Pharma und im Fahrzeugbau sind die Anlageinvestitionen sehr hoch, während im Lebensmittelgewerbe und im Maschinenbau nur wenig investiert wird.

STÄDTEVERGLEICH

Viele der in den vorhergehenden Abschnitten dargestellten Kennzahlen gewinnen an Aussagekraft, wenn man sie in den Kontext der Entwicklungen in anderen Großstädten stellt. Als Vergleichsgrundlage wurden dazu die 10 nach Einwohnerzahl größten deutschen Städte ausgewählt. In ihnen arbeiten 17% aller Erwerbstätigen und 20% der deutschen Wirtschaftsleistung werden hier erbracht. Allerdings befinden sich nur 9% aller deutschen Arbeitsplätze des verarbeitenden Gewerbes in diesen Städten und nur 12% der Wertschöpfung des Sektors stammen von hier.

Diese Gegenüberstellung ist nicht unproblematisch, da sich Städte wie beispielsweise Berlin und Essen selbstverständlich nicht nur in ihren Einwohner- und Beschäftigtenzahlen (Abbildung 2-8), sondern auch in ihrer historischen und wirtschaftlichen Entwicklung unterscheiden. Während etwa die Zentren des Ruhrgebiets in den letzten Jahrzehnten von einem tief greifenden Strukturwandel und der damit verbundenen Abkehr von der ehemals vorherrschenden Schwerindustrie betroffen waren, gelten Stuttgart und München heute als die Großstädte mit dem größten industriellen Innovations- und Investitionspotenzial. Hamburg und Bremen als bedeutende Umschlagplätze industrieller Güter wiederum befinden sich aufgrund ihrer großen Häfen in einer Sondersituation. Strukturell sind am ehesten Düsseldorf und Köln mit ihren ebenfalls ausgeprägten Dienstleistungssektoren mit Frankfurt zu vergleichen.

Als regionale Zentren erfüllen alle diese Städte zentralörtliche Funktionen und sind durch einen starken Einzelhandel sowie kulturelle und administrative Einrichtungen gekenn-

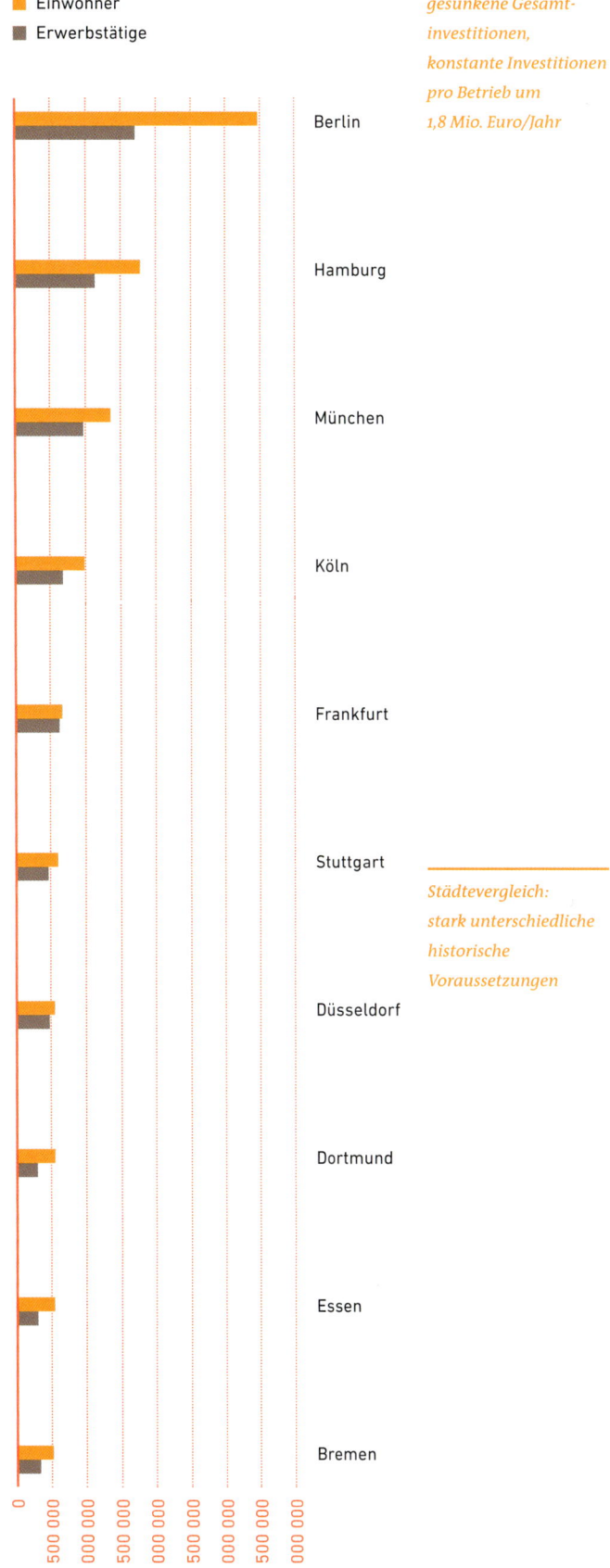

Abbildung 2-8: Einwohner und Erwerbstätige in den 10 größten Städten Deutschlands 2011 (Quelle: Arbeitskreis Volkswirtschaftliche Gesamtrechnung der Länder 2011)

gesunkene Gesamtinvestitionen, konstante Investitionen pro Betrieb um 1,8 Mio. Euro/Jahr

Städtevergleich: stark unterschiedliche historische Voraussetzungen

2 Bestandsaufnahme

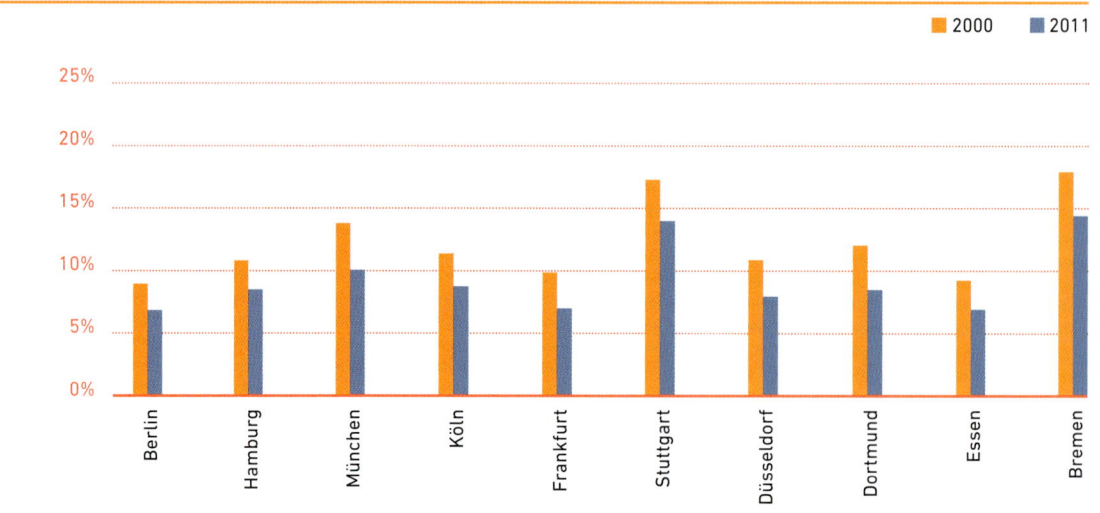

Abbildung 2-9: Anteil der Erwerbstätigen im verarbeitenden Gewerbe an allen Erwerbstätigen 2000 und 2011
(Quelle: Arbeitskreis Volkswirtschaftliche Gesamtrechnung der Länder 2011)

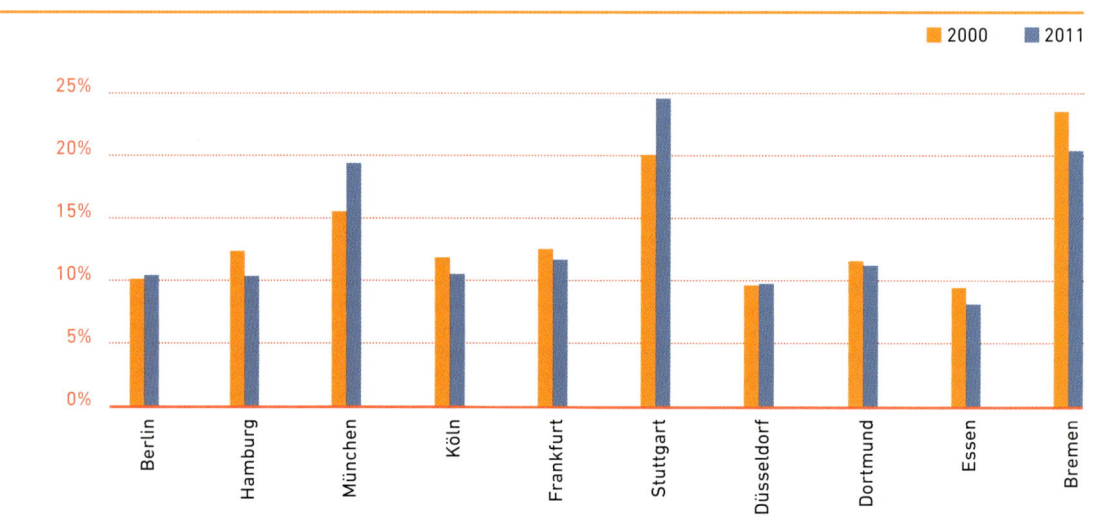

Abbildung 2-10: Anteil des verarbeitenden Gewerbes an der gesamten Bruttowertschöpfung 2000 und 2011
(Quelle: Arbeitskreis Volkswirtschaftliche Gesamtrechnung der Länder 2011)

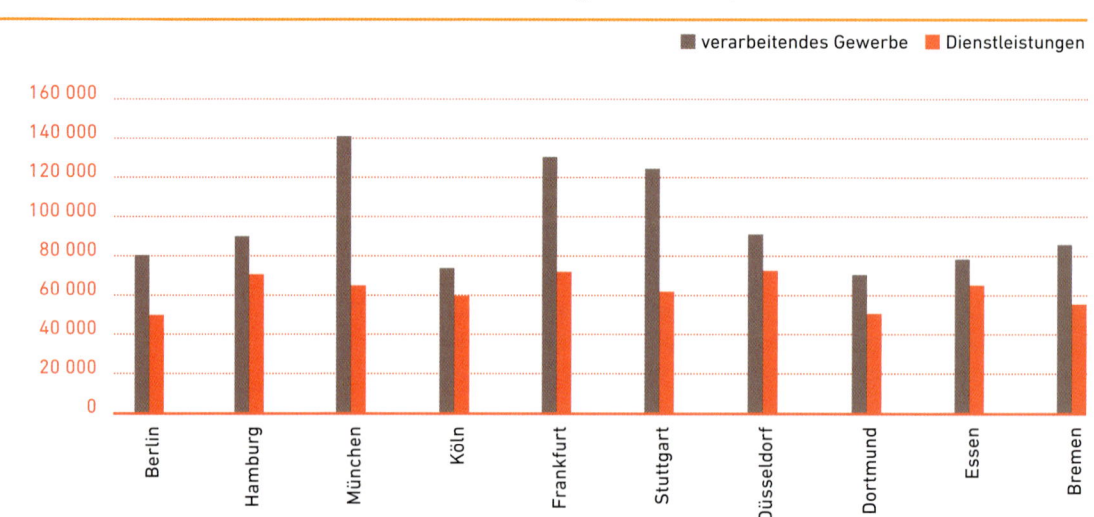

Abbildung 2-11: Jährliche Bruttowertschöpfung je Erwerbstätigen 2011
(Quelle: Arbeitskreis Volkswirtschaftliche Gesamtrechnung der Länder 2011)

zeichnet. Der Anteil des verarbeitenden Gewerbes an der städtischen Wertschöpfung liegt deshalb fast überall unter dem deutschen Durchschnitt von 23%. Es sind eher mittelgroße Städte oder Verdichtungsräume, in denen die Industrie auch heute noch an erster Stelle zur regionalen oder kommunalen Wertschöpfung beiträgt. Beispiele dafür sind Wolfsburg, Ingolstadt, Ludwigshafen und Salzgitter oder die Landkreise Dingolfing-Landau und Tuttlingen (Tabelle 2-2). Auch einige der im Frankfurter Umland liegenden Landkreise sind stärker industriell geprägt als die Stadt selbst, so beispielsweise der Main-Kinzig-Kreis mit einem Anteil des verarbeitenden Gewerbes an der Wertschöpfung von 24% und der Landkreis Darmstadt-Dieburg mit 21%.

Vom anhaltenden Tertiärisierungsprozess sind alle hier aufgeführten Großstädte betroffen, allerdings in stark unterschiedlichem Ausmaß. Nirgends war der zahlenmäßige Rückgang der Arbeitsplätze im verarbeitenden Gewerbe seit 2000 so stark wir in Frankfurt (-26%), in Hamburg (-14%), Bremen (-16%) und Köln (-16%) lag er im selben Zeitraum sehr viel niedriger (Abbildung 2-9). In Bezug auf die Bedeutung der industriellen Wertschöpfung nimmt die Stadt heute mit 12% eine Position im Mittelfeld ein, an der Spitze hingegen liegen Stuttgart (25%), Bremen (20%) und München (19%; Abbildung 2-10). In allen Städten übertrifft die Wertschöpfung des verarbeitenden Gewerbes pro Erwerbstätigen jene des Dienstleistungssektors. Außer in Dortmund liegt sie außerdem überall über dem deutschen Durchschnitt von 73 000 Euro pro Beschäftigten. Mit fast 130 000 Euro nimmt Frankfurt in dieser Gruppe jedoch eine herausragende Position gleich hinter München ein (Abbildung 2-11). Der Grund für die besonders hohe Produktivität der Frankfurter Industrie liegt vor allem im weit überdurchschnittlichen Beitrag der chemischen Industrie.

Tabelle 2-2

LANDKREISE UND KREISFREIE STÄDTE MIT DEM GRÖSSTEN ANTEIL DES VERARBEITENDEN GEWERBES AN DER BRUTTOWERTSCHÖPFUNG

unterdurchschnittliche industrielle Wertschöpfung in Großstädten

	Anteil des verarbeitenden Gewerbes an der Bruttowertschöpfung
Wolfsburg	69%
Ludwigshafen	64%
Landkreis Dingolfing-Landau	63%
Ingolstadt	62%
Salzgitter	54%
Landkreis Tuttlingen	53%
Landkreis Altötting	52%
Schweinfurt	52%
Landkreis Germersheim	51%
Landkreis Rastatt	47%

Quelle: Arbeitskreis Volkswirtschaftliche Gesamtrechnung der Länder 2011

Frankfurt: stärkster Rückgang der Industriebeschäftigten, aber höchste Produktivität nach München

ZUSAMMENFASSUNG

Insgesamt ergibt die Bestandsanalyse ein ambivalentes Bild. Vor dem Hintergrund der hohen Bedeutung der Industrie für das Gewerbesteueraufkommen und angesichts ihrer Rolle im Rahmen des wichtiger werdenden Industrie-Dienstleistungsverbundes stellt sie zweifellos einen zentralen Baustein der Frankfurter Stadtökonomie dar. Sie hat in den letzten Jahren zwar einen überdurchschnittlich starken Rückgang der Betriebs- und Beschäftigtenzahlen erlebt, aber seit 2008 zeichnet sich eine Stabilisierung ab. Die Industrie hat damit zwar sowohl gegenüber dem Dienstleistungssektor wie auch im Vergleich mit dem verarbeitenden Gewerbe in anderen deutschen Großstädten an Gewicht verloren. Ihr Beitrag zur Bruttowertschöpfung blieb jedoch trotz dieses Schrumpfungsprozesses weitgehend konstant und im Städtevergleich liegt sie heute im Hinblick auf die Produktivität bundesweit nach München an zweiter Stelle.

Wertschöpfung pro Beschäftigten weit über dem Dienstleistungssektor

Strukturell ist das Frankfurter verarbeitende Gewerbe ausgesprochen vielfältig. Die Stadt ist zugleich Standort großer und namhafter Industrieunternehmen wie auch vieler kleiner und mittelständischer Betriebe, von denen einige in ihrem Bereich zu den Weltmarktführern gehören. Ein echtes Branchencluster bildet vor allem die chemische und pharmazeutische Industrie, alle anderen Cluster sind weniger eine städtische als vielmehr eine regionale Erscheinung.

Stärken-Schwächen-Analyse

Unternehmerische Standortansprüche und -bewertungen sind einem kontinuierlichen Wandel unterworfen. Dieser Wandel ist nicht nur die Folge einer sich stetig weiter entwickelnden Organisation von Produktionsprozessen, sondern auch eine Reaktion auf die Veränderung der Gewerbestandorte selbst, ihrer infrastrukturellen Ausstattung sowie der regionalökonomischen und stadtplanerischen Rahmenbedingungen. Standortansprüche sind somit nicht nur branchen- oder betriebstypisch, sondern auch in ein spezifisches gesamtstädtisches Umfeld eingebettet. Ihre genaue Kenntnis ist für eine vorausschauende kommunale Industriepolitik unverzichtbar.

3   Stärken-Schwächen-Analyse

STÄRKEN UND SCHWÄCHEN: VORGEHENSWEISE

der Sample: Repräsentativität und Abweichungen

Die Frankfurter Industrie ist sehr heterogen zusammengesetzt. Vielen kleinen Betrieben steht eine kleine Zahl sehr großer, häufig international tätiger Unternehmen gegenüber. Zusammen mit der großen Zahl unterschiedlicher Branchen führt diese heterogene Struktur zu einer erheblichen Bandbreite betrieblicher Charakteristika. Doch Größe und Branche sind bei weitem nicht die einzigen Differenzierungsmerkmale, welche die Standortbedürfnisse der Betriebe und ihre Ansprüche an die kommunale Industriepolitik beeinflussen. Produktionsweisen, Zulieferer- und Abnehmerbeziehungen oder die Position in Wertschöpfungsketten gehen ebenfalls mit ganz verschiedenen Erfordernissen in Bezug auf das betriebliche Umfeld und den konkreten Standort einher.

Befragung: 6 Themenfelder im Fokus

Die im Rahmen der vorliegenden Studie durchgeführte quantitative, persönlich-schriftliche Betriebsbefragung zielte darauf ab, Unzufriedenheiten mit konkreten Standortfaktoren zu identifizieren und ein differenziertes Bild der Standortansprüche verschiedener Betriebstypen zu zeichnen. Die Zusammensetzung der Gruppe der befragten Betriebe (vgl. Kapitel 1) entspricht hinsichtlich ihrer Größen- und der Branchenstruktur aufgrund unterschiedlicher Teilnahmebereitschaft allerdings nicht exakt der Grundgesamtheit der Frankfurter Industriebetriebe (vgl. Anhang A IV). Große Unternehmen sind überrepräsentiert, wohingegen das Gewicht kleinerer, oft handwerklich geprägter Betriebe für das Gesamtergebnis geringer ausfällt. Vergleichbares gilt für die Branchenverteilung. Betriebe der chemischen und pharmazeutischen Industrie sind stark über-, der Maschinenbau hingegen ist unterrepräsentiert. Eine Kalibrierung der Befragungsergebnisse mit Hilfe einer differenzierenden Gewichtung einzelner Teilgruppen nach Beschäftigten oder Umsatz, wie sie beispielsweise in der Studie Industrieplatz Hessen (2011: 52f.) angewandt wurde, ist aufgrund der insgesamt geringen Fallzahlen jedoch unmöglich. Als Konsequenz daraus werden die Ergebnisse, wo immer es möglich ist, getrennt nach Teilgruppen dargestellt und nicht miteinander verrechnet; sie können so direkt miteinander verglichen werden. Zudem wurden die Resultate der Betriebsbefragung mit dem umfangreichen Material der 30 Experteninterviews abgeglichen. So war es möglich, die quantitativen Ergebnisse zu validieren und mit konkreten Fallbeispielen zu exemplifizieren.

Der erste Abschnitt des Fragebogens (vgl. Anhang A III) zielte darauf ab, die Stärken und Schwächen der Stadt Frankfurt als Standort für das verarbeitende Gewerbe zu identifizieren. Er gliederte sich in die Themenkomplexe Arbeitsmarkt/Beschäftigung, Stadtverwaltung/rechtliche Rahmenbedingungen, Wissenschaft/Forschung, Akzeptanz/Wertschätzung, Unternehmensbeziehungen/Vernetzung und Gewerbeflächen/Infrastruktur (Tabelle 3-1). Die Bewertungen zu diesen Themenfeldern bezogen sich nicht auf den konkreten Standort des eigenen Betriebs, sondern auf den Stadtraum insgesamt. Alle Fragen, die auf konkrete, individuelle Standorte zielten, wie etwa die jeweilige Verkehrsanbindung oder die Flächenkosten, werden aufgrund ihrer hohen stadtplanerischen und kommunalpolitischen Relevanz in Kapitel 4 separat behandelt.

Determinanten des industriepolitischen Handlungsbedarfs: Zufriedenheit und Wichtigkeit

Getrennt wurde sowohl die Zufriedenheit mit den einzelnen Standortfaktoren wie auch die Wichtigkeit dieser Standortfaktoren für den eigenen Betrieb abgefragt. Aus den daraus gewonnenen Angaben war es in einem zweiten Schritt möglich, einen Indikator für den industriepolitischen Handlungsbedarf zu bilden (Textbox 3-1). Dieser Indikator berücksichtigt jedoch nicht den Sachverhalt, dass die kommunale Wirtschafts- und Industriepolitik nur einen begrenz-

Tabelle 3-1

THEMENFELDER DER STÄRKEN-SCHWÄCHEN-ANALYSE

Arbeitsmarkt/Beschäftigung
z.B.: Verfügbarkeit von Arbeitskräften und Weiterbildungsangeboten; Wohnungsmarkt und Kinderbetreuung

Stadtverwaltung/rechtliche Rahmenbedingungen
z.B.: Behördenservice; Genehmigungsverfahren; kommunale Vorschriften; Gewerbesteuer

Wissenschaft/Forschung
z.B.: Zusammenarbeit mit Hochschulen und anderen wissenschaftlichen Einrichtungen

Akzeptanz/Wertschätzung
z.B.: Akzeptanz bei der Bevölkerung; Wertschätzung durch die Politik; Image; mediale Aufmerksamkeit

Unternehmensbeziehungen/Vernetzung
z.B.: unternehmensnahe Dienstleistungen; formaler und informeller Austausch; Kooperationen

Gewerbeflächen/Infrastruktur (vgl. Kapitel 4)
z.B.: Flächenverfügbarkeit und -kosten; Anbindung und Erschließung

ten Handlungs- und Kompetenzspielraum hat, durch landes-, bundes- und europapolitischen Rahmenbedingungen begrenzt wird und längst nicht bei allen abgefragten Themen entscheidende Akzente setzen kann. Auch auf kommunaler Ebene ist fast immer die Einbindung anderer Politik- und Verwaltungsbereiche erforderlich und es zeigt sich, dass eine zukunftsweisende Industriepolitik eine kommunalpolitische Querschnittaufgabe ist. Als solche – so ergaben vor allem auch die Experteninterviews – ist sie durchaus in der Lage, das lokale industriepolitische Klima trotz aller Einschränkungen entscheidend zu beeinflussen.

GESAMTHEIT ALLER BEFRAGTEN BETRIEBE: BEWERTUNGEN UND PRIORITÄTEN

Bereits bei einer oberflächlichen Betrachtung der Antworten aller Frankfurter Industriebetriebe fällt auf, dass keinesfalls ein Themenfeld alleine im Fokus der Aufmerksamkeit steht. Vielmehr sind es einzelne Standortfaktoren aus den unterschiedlichsten Bereichen, welche besondere Beachtung durch die Unternehmer erfahren – sowohl in positiver als auch in negativer Hinsicht (Tabellen 3-2a und b).

Besonders zufrieden sind die Frankfurter Industriebetriebe mit dem allgemeinen Image der Stadt als Wirtschaftsstandort (nicht als Industriestandort!). Frankfurt und das Rhein-Main-Gebiet gelten als eine der dynamischsten Regionen Deutschlands, was sich grundsätzlich positiv auf die Reputation jedes einzelnen hier ansässigen Betriebs auswirkt. Ebenfalls sehr zufrieden sind die Betriebe mit den Weiterbildungsangeboten der IHK, der Handwerkskammer und der Arbeitsagentur. Auch die Verfügbarkeit einer großen Bandbreite unternehmensnaher Dienstleistungen (z.B. sog. *advanced producer services* wie Buchhaltung, Werbung, Bankwesen und Anwaltskanzleien; vgl. Hoyler et al. 2008) wird als hervorragend eingestuft.

Das Angebot an Hochschul- und Fachhochschulabsolventen wird zwar – genau wie das Angebot an Leih-/Zeitarbeitern – sehr positiv bewertet, doch diese Bereiche des Arbeitsmarktes sind für die Industrieunternehmen von weniger hoher Relevanz (Tabelle 3-3b). Die Mehrzahl der Industriearbeitsplätze sind auch heute noch Facharbeitsplätze, die hohe Spezialisierung setzt lange Einarbeitungszeiten und eine gute Ausbildung voraus,

Textbox 3-1

HANDLUNGSBEDARFINDIKATOR

Die Berechnung eines Indikators für den industriepolitischen Handlungsbedarf bei einzelnen Standortfaktoren bedient sich der Angaben zur Zufriedenheit mit einem Standortfaktor und dessen Relevanz für die Betriebe, jeweils angegeben auf einer Skala von 1 (niedrig) bis 5 (hoch). Die Differenz aus den Werten für Relevanz und Zufriedenheit wird dann als Maß für die Nichterfüllung der an einen konkreten Standortfaktor gestellten Erwartungen verstanden. Durch die Gewichtung dieser nicht erfüllten Erwartungen mit der Relevanz des jeweiligen Faktors kann abgeschätzt werden, inwieweit ein von den Unternehmen als drängend angesehenes Problem vorliegt, bei dem großer Handlungsbedarf besteht. Die auf diesem Weg errechneten Werte für den Handlungsbedarf sind wenig intuitiv interpretierbar. Sie wurden deshalb mit Hilfe des niedrigsten und des höchsten errechneten Wertes entlang einer Zehnerskala kalibriert und sind so besser lesbar. Der sich ergebende Handlungsbedarfindikator kann theoretisch also Werte zwischen 0 (niedrigster Handlungsbedarf) und 10 (höchster Handlungsbedarf) annehmen.

Beispiel: Unternehmen X gibt der Zufriedenheit mit der Abwasserentsorgung den Wert 2 (eher niedrig) und der Relevanz der Abwasserentsorgung für den eigenen Betrieb den Wert 4 (eher hoch). Die Differenz zwischen Zufriedenheit und Relevanz in Höhe von „2" kann als Hinweis auf bestehendes Verbesserungspotenzial gesehen werden. Sie wird mit dem Relevanzwert „4" gewichtet, der die individuelle betriebswirtschaftliche Bedeutung des Standortfaktors Abwasserentsorgung für das Unternehmen wiedergibt. Das Ergebnis wird nun noch auf eine leichter lesbare 10er-Skala umgerechnet.

kein Themenfeld schneidet in Gänze positiv oder negativ ab; starke Differenzierung innerhalb der Felder

höchste Zufriedenheit mit der Reputation des Wirtschaftsstandorts, den Weiterbildungsangeboten und dem Dienstleistungsangebot

Tabelle 3-2a:
Größte Zufriedenheit ⊕

Außenimage von Frankfurt als Wirtschaftsstandort
Weiterbildungsangebote für Mitarbeiter/innen
Angebot unternehmensnaher Dienstleistungen
Angebot an Hochschul- und Fachhochschulabsolventen/innen
Angebot an Leih-/Zeitarbeitern/innen

Tabelle 3-2b:
Größte Unzufriedenheit ⊖

Kinderbetreuungsangebot für Mitarbeiter/innen
regelmäßiger Austausch mit Vertretern städtischer Politik
Wohnraumangebot für Mitarbeiter/innen
Beteiligung an Planungsprozessen
Gewerbesteuer

3 Stärken-Schwächen-Analyse

was den Einsatz von Leih- und Zeitarbeitern oder ungelernten Arbeitskräften in vielen Fällen unmöglich macht. Hochschulabsolventen werden seltener und meist nur im kaufmännischen Bereich der Betriebe oder in der Forschung benötigt.

größte Unzufriedenheit: Gewerbesteuer, Beteiligung an Planungsprozessen, Wohnraumangebot

Tabelle 3-3a: Die 5 wichtigsten Themen

- Angebot an Facharbeiter/innen
- Wertschätzung der Industrie durch die Frankfurter Kommunalpolitik
- Dauer von Genehmigungsverfahren
- Angebot an geeigneten Lehrstellenbewerbern/innen
- Gewerbesteuer

Tabelle 3-3b: Die 5 unwichtigsten Themen

- Zusammenarbeit mit der FH Frankfurt am Main
- Angebot an Hochschul- und Fachhochschulabsolventen/innen
- Online-Dienstleistungsangebot (E-Government)
- Angebot an Leih-/ Zeitarbeitern/innen
- Angebot an ungelernten Arbeitskräften

fehlende Transparenz und Kommunikation mit Behörden und Politik

Tabelle 3-4:

GEWERBESTEUERHEBESÄTZE IN DEN 10 GRÖSSTEN STÄDTEN DEUTSCHLANDS 2012 (IN %)

Stadt	%
München	490
Essen	480
Köln	475
Hamburg	470
Dortmund	468
Frankfurt	460
Bremen	440
Düsseldorf	440
Stuttgart	420
Berlin	410

Quelle: Statistische Ämter des Bundes und der Länder (2013)

Textbox 3-2

GEWERBESTEUER – POSITIONEN

„Gewerbesteuer ist ein Thema, aber ich glaube, das ist das geringere Übel. Wenn ich irgendwo produzieren kann und mache Gewinne, ohne dass mir irgendwelche Stöcke zwischen die Füße geworfen werden, dann zahle ich auch Gewerbesteuer." (Geschäftsführer eines mittelständischen Maschinenbaubetriebs)

„Die Industrie ist in den letzten zwanzig Jahren geschrumpft. Aber wenn das von ihr stammende Gewerbesteueraufkommen oder sogar nur die Hälfte davon wegfällt, dann kann die Stadt zumachen. Und das muss der Stadt eigentlich auch klar sein." (Geschäftsführer eines mittelständischen Maschinenbaubetriebs)

„Der Standort Frankfurt ist zu teuer. Viele sagen, das liegt an der Gewerbesteuer. Aber die zahle ich nur, wenn ich Geld verdiene. Dann kann ich auch Gewerbesteuer zahlen, egal ob der Hebesatz bei 480 oder 400 liegt." (Geschäftsführer eines mittelständischen Maschinenbaubetriebs)

„Das System der Gewerbesteuer ist nicht mehr zeitgemäß. Man bräuchte ein anderes Modell, das vielleicht auch noch Wettbewerbscharakter zwischen Kommunen hat, aber bundesweit geregelt wird." (Vertreter eines Arbeitgeberverbandes)

Unzufrieden sind die Befragten besonders mit der Gewerbesteuer. Dieses Ergebnis mag auf den ersten Blick nicht überraschen, liegt der Gewerbesteuerhebesatz in Frankfurt mit 460% doch weit über jenem von Umlandkommunen wie etwa Eschborn mit 280% oder Neu-Isenburg mit 320% (Statistische Ämter des Bundes und der Länder 2013). Doch im Vergleich zu anderen deutschen Großstädten rangiert Frankfurt lediglich im Mittelfeld (Tabelle 3-4). Den höchsten Gewerbesteuerhebesatz hat München, eine Stadt, die auch im europäischen Vergleich als besonders erfolgreicher und dynamischer Standort neuer, junger Industrien gilt. Dieses Beispiel sowie die Experteninterviews zeigen, dass die Bewertung der Höhe der Gewerbesteuer immer in Relation zur Gesamtbewertung eines Standortes, seiner infrastrukturellen Ausstattung und insbesondere der industriepolitischen Unterstützung der Unternehmen erfolgt (vgl. Textbox 3-2).

Neben der Gewerbesteuer besteht vor allem Unzufriedenheit mit der Beteiligung an Planungsprozessen. Auslöser sind beispielsweise Umgestaltungen der Verkehrsinfrastruktur mit negativen Auswirkungen auf Betriebsabläufe. Beklagt werden dabei nicht nur die planerischen und baulichen Maßnahmen an sich, sondern vor allem auch die fehlende Transparenz, Einbindung der Unternehmen und Kommunikation. Eine ganz ähnliche bzw. daran anschließende Kritik kommt auch in der schlechten Bewertung des Austausches mit Vertretern der Stadtpolitik zum Ausdruck. Die Industrie vermisst Gelegenheiten, ihren Ansprüchen und Bedürfnissen im kommunalpolitischen Rahmen Gehör zu verschaffen.

Gesamt- und nicht spezifisch wirtschaftspolitische Probleme sind die Verfügbarkeit von günstigem Wohnraum für

Beschäftigte und von Kinderbetreuungseinrichtungen; beides löst Besorgnis bei den Industrieunternehmen aus, die es immer schwerer haben, Mitarbeiter an den Standort zu holen oder zu halten. Tatsächlich gehören die Frankfurter Mieten zu den höchsten in Deutschland (Tabelle 3-5), während die Kinderbetreuungsquote dem Durchschnitt vergleichbarer Großstädte entspricht (Tabelle 3-6). Freilich kann daraus nicht geschlossen werden, dass diese Versorgung tatsächlich ausreichend ist.

Ein etwas anderes Bild ergibt sich bei der Betrachtung der Wichtigkeit der einzelnen Standortfaktoren für die Betriebe (Tabelle 3-3a). Das Angebot an Facharbeitern und Lehrstellenbewerbern, die Dauer von Genehmigungsverfahren sowie die Gewerbesteuer, mit der die Betriebe besonders unzufrieden sind, werden hier als für den Geschäftserfolg zentrale Themen benannt. Dass auch die Wertschätzung durch die Politik hohe Bedeutung hat, mag auf den ersten Blick überraschen. Dabei ist allerdings zu bedenken, dass den Befragten die begrenzten kommunalpolitischen Handlungsspielräume durchaus klar sind und deshalb Standortfaktoren, bei denen auf städtischer Ebene relativ leicht Verbesserungen erreicht werden können, auch besonders in den Blick genommen wurden. Zweitens steht der Begriff „Wertschätzung" hier wohl in einem sehr umfassenden Sinn für die Prioritäten der Frankfurter Wirtschaftspolitik.

Tabelle 3-5

DURCHSCHNITTLICHE WOHNUNGSMIETPREISE IN €/M² IN DEN 10 GRÖSSTEN STÄDTEN DEUTSCHLANDS 2012

München	13,15	Köln	9,73
Frankfurt	11,96	Berlin	9,66
Hamburg	10,86	Bremen	9,00
Stuttgart	10,85	Essen	8,23
Düsseldorf	10,33	Dortmund	8,20

Neubau, 60-80m²
Quelle: Empirica-Systeme (2012)

Tabelle 3-6

KINDERBETREUUNGSQUOTE IN DEN 10 GRÖSSTEN STÄDTEN DEUTSCHLANDS 2012 (IN %)

	unter 3 Jahre	3 bis 6 Jahre
Berlin	42,6	93,9
Hamburg	35,8	87,4
München	29,6	88,7
Köln	21,5	94,1
Frankfurt	29,3	89,2
Stuttgart	23,1	95,7
Düsseldorf	25,8	92,9
Dortmund	19,7	93,1
Essen	18,2	90,4
Bremen	22,4	90,3

Quelle: Statistische Ämter des Bundes und der Länder (2012)

GESAMTHEIT ALLER BEFRAGTEN BETRIEBE: HANDLUNGSBEDARF

Aus der Gegenüberstellung der Zufriedenheit mit einem Standortfaktor mit dessen Wichtigkeit kann der Indikator für den industriepolitischen Handlungsbedarf gewonnen werden (vgl. Textbox 3-1). Die Interpretation dieses Indikatorwertes ist jedoch nicht immer einfach, was sich am Beispiel der Gewerbesteuer gut veranschaulichen lässt. Da es sich dabei um ein Thema handelt, mit dem die Industriebetriebe sehr unzufrieden sind, ergibt sich für den Standortfaktor Gewerbesteuer der höchste Handlungsbedarf (Abbildung 3-1). Allerdings deuten die Gespräche mit Industrievertretern darauf hin, dass selbst eine starke Senkung des Gewerbesteuerhebesatzes die Zufriedenheit in diesem Bereich nur geringfügig steigern würde, da die Gewerbesteuer grundsätzlich negativ konnotiert ist. Zudem wiesen viele Unternehmer darauf hin, dass die Gewerbesteuer als Gewinnsteuer erfolgreiche Betriebe besonders belaste und deshalb weniger problematisch sei als negative Standortaspekte, die alle Unternehmen gleichermaßen beträfen. Schließlich betonten einige der Befragten explizit ihre gesellschaftliche Verantwortung und betonten die grundsätzliche Bereitschaft, einen Teil der Gewinne als Steuern abzuführen, mit denen ja u.a. auch Standortvorteile finanziert würden (vgl. Textbox 3-2). Das Beispiel zeigt also, dass die Abschätzung, inwieweit konkrete Maßnahmen, die möglicherweise mit Blick auf einen hohen Handlungsbedarfindikator getroffen werden, für betriebliche Entscheidungen oder die Zufriedenheit tatsächlich relevant sind, immer im Einzelfall erfolgen muss.

Neben der Gewerbesteuer sehen die Betriebe hohen Handlungsbedarf bei Themen, welche unmittelbar mit der öffentlichen Wahrnehmung der Industrie bzw. deren Einschätzung und Bewertung durch die Unternehmer zusammenhängen. Insbesondere die der Industrie von der Kommunalpolitik entgegengebrachte Wertschätzung gilt als stark verbesserungswürdig. Die Unternehmer beklagen das mangelnde Interesse der Politiker an ihren Tätigkeiten und die fehlende Präsenz in den Betrieben, etwa im Rahmen von Feierlichkeiten, Besichtigungen oder

allgemein wichtigsten Standortfaktoren: Facharbeiterangebot, Kommunalpolitik, Dauer von Genehmigungsverfahren

Kritik an Gewerbesteuer sowie geringer Akzeptanz und Wertschätzung

3 Stärken-Schwächen-Analyse

Abbildung 3-1: Standortfaktoren und Handlungsbedarf – alle Betriebe (Quelle: eigene Erhebungen)

Standortfaktor	Wert (0–10)
Gewerbesteuer	~7,0
Wertschätzung der Industrie durch die Frankfurter Kommunalpolitik	~6,4
Dauer von Genehmigungsverfahren	~6,2
Angebot an Facharbeitern/innen	~5,7
Wohnraumangebot für Mitarbeiter/innen	~5,2
Angebot an geeigneten Lehrstellenbewerbern/innen	~5,1
Transparenz von Zuständigkeiten	~5,0
regelmäßiger Austausch mit Vertretern städtischer Politik	~4,9
Beteiligung an Planungsprozessen	~4,8
Akzeptanz der Industrie bei der Frankfurter Bevölkerung	~4,8
mediale Berichterstattung über die Frankfurter Industrie	~4,7
Sichtbarkeit der Industrie bei wirtschaftspolitischen Foren	~4,5
Kinderbetreuungsangebot für Mitarbeiter/innen	~4,2
Informationsangebot über kommunale Regelungen und Vorschriften	~4,0
behördliche Anwendung von Umweltschutzauflagen	~3,9
behördliche Anwendung von Brandschutzauflagen	~3,7
Kooperation zwischen Unternehmen	~3,4
Service der Kommunalverwaltung	~3,3
Zusammenarbeit mit Hochschulen allgemein	~3,3
Zusammenarbeit mit der Goethe-Universität Frankfurt am Main	~3,1
informeller Austausch zwischen Unternehmen	~3,1
Zusammenarbeit mit außeruniversitären Forschungseinrichtungen	~3,0
Zusammenarbeit mit der TU Darmstadt	~3,0
Zusammenarbeit mit der FH Frankfurt am Main	~2,9
Angebot unternehmensnaher Dienstleistungen	~2,7
Angebot an Finanzdienstleistungen	~2,5
Beratung und Betreuung durch die Wirtschaftsförderung	~2,5
formalisierter Austausch zwischen Unternehmen	~2,4
Außenimage von Frankfurt am Main als Wirtschaftsstandort	~2,2
Online-Dienstleistungsangebot (E-Government)	~2,0
Weiterbildungsangebote für Mitarbeiter/innen	~1,9
Angebot an Hochschulabsolventen/innen	~1,1
Angebot an ungelernten Arbeitskräften	~0,6
Angebot an Leih-/Zeitarbeitern/innen	~0,5

< niedriger Handlungsbedarf   hoher Handlungsbedarf >

Führungen. Damit einher gehe eine zu geringe Anerkennung der regionalwirtschaftlichen Bedeutung der Industrie und ein fehlendes Verständnis ihrer Bedürfnisse und Probleme. Dementsprechend hoch ist der Handlungsbedarf im Hinblick auf eine tragfähige Gestaltung des regelmäßigen Austausches zwischen Vertretern der Industrie und Kommunalpolitikern (vgl. Textbox 3-3), aber auch bei der Akzeptanz durch die Bevölkerung (vgl. Textbox 3-4). In den Interviews wurde in diesem Zusammenhang häufig auf die regional sehr unterschiedliche gesellschaftliche Verankerung industrieller Tätigkeiten verwiesen. In der Politik wachse mittlerweile zwar das Bewusstsein für die fehlende positive Wahrnehmung der Industrie – nicht zufällig sei dieser Aspekt beispielsweise eines der fünf Handlungsfelder des aktuellen industriepolitischen Leitbildes des hessischen Wirtschaftsministeriums (Industrieplatz Hessen 2013: 12). Gleichzeitig aber müsse eine bessere mediale Berichterstattung dazu beitragen, auch bei der Bevölkerung für die gesamtstädtische und regionalökonomische Bedeutung industrieller Produktion mehr Anerkennung zu schaffen.

Verbesserung der öffentlichen Wahrnehmung in jüngster Zeit

Mehrere derjenigen Standortfaktoren, bei denen in Frankfurt ein hoher Handlungsbedarf gesehen wird, stammen aus dem Themenfeld Arbeitsmarkt. Dies gilt insbesondere für das Angebot an Facharbeitern und an Lehrstellenbewerbern. In Bezug auf erstere wird häufig – neben den bereits erwähnten Wohnungspreisen – ganz allgemein die fehlende Attraktivität der Stadt speziell für Beschäftigte in der Industrie angeführt. Da Frankfurt über keinen Ruf als Industriestadt verfügt sei es schwieriger, fachlich qualifizierte Personen aus anderen Regionen anzuwerben (vgl. Textbox 3-5). Nur geringen Handlungsbedarf sieht die Industrie hingegen bei der Gewinnung von Leiharbeitern und ungelernten Arbeitskräften ebenso wie beim Angebot an Hochschulabsolventen (s.o.). Die Zusammenarbeit mit den Hochschulen und Forschungseinrichtungen der Region wird insgesamt positiv bewertet (vgl. Ebner/Raschke 2013: 15), wobei sich hier starke Unterschiede in Abhängigkeit von der Betriebsgröße zeigen (vgl. nächster Abschnitt).

Arbeitsmarkt: Problem Facharbeitermangel, gutes Angebot an Hochschulabsolventen

Bei der Suche nach geeigneten Lehrstellenbewerbern sehen sich Industriebetriebe zunehmend in Konkurrenz zu Unternehmen der Finanz- und Versicherungsbranche, die schon während der Ausbildung und auch danach sehr viel höhere Gehälter und bessere Aufstiegschancen bieten. Allgemein nähme die Neigung, einen Handwerks- oder Ausbildungsberuf zu erlernen, ab und für die Industrie blieben häufig nur jene Schulabgänger, welche aufgrund ihrer Zensuren keine Lehrstelle in den oben genannten Bereichen bekommen konnten. Die fachlichen Mängel und die fehlende Motivation stellten in der Folge große Probleme für die Ausbildungsbetriebe dar. Als Lösungsansatz wird verstärkt die Anwer-

Lehrstellenbewerber: starke Konkurrenz des Dienstleistungssektors

---

Textbox 3-3

WERTSCHÄTZUNG DER INDUSTRIE DURCH DIE FRANKFURTER KOMMUNALPOLITIK – POSITIONEN

„Industrie interessiert ja hier keinen. Die wollen ihre Ruhe haben, die wollen keine Industrie mehr haben. Austausch mit der Politik? Null! Ich sehe keinen. Keiner informiert sich mal, was wir hier produzieren. Das ist hier der europäische Standort für die Herstellung unserer Produktgruppe. Unser Produkt ist überall drin, seit über hundert Jahren, das juckt keinen von denen." (Standortleiter eines internationalen Maschinenbauunternehmens)

„Aber man sollte doch annehmen, dass man die Belange der Industrie zumindest mal, wenn man sie schon nicht berücksichtigt, abfragt, oder? Und das ist überhaupt nicht geschehen. Da fragt man sich ‚Warum sollten wir überhaupt noch in Frankfurt bleiben?'" (Vorstand eines Unternehmens der Luftfahrtindustrie)

Textbox 3-4

AKZEPTANZ DER INDUSTRIE BEI DER BEVÖLKERUNG UND MEDIALE BERICHTERSTATTUNG – POSITIONEN

„Es gibt ein Zeitfenster im Augenblick, das wir nutzen müssen. Also in der politischen Stimmungslage. Durch die Finanzkrise und die damit einhergehende Wirtschaftskrise haben wir bei der Politik ein Bewusstsein geschaffen, dass Industrie etwas richtig Stabiles und Wertvolles ist. (...) Also erst mal müssen wir dafür sorgen, dass es eine, ich sag mal, höhere Belästigungstoleranz in der Bevölkerung gibt und dass die Industriestandards in Deutschland extrem hoch sind, auch was Umwelt betrifft, und dass die Industrie nicht in der Schmuddelecke sitzt, sondern einfach den Wert, die Wertschätzung erfährt, die sie eigentlich verdient hat, weil sie unsere Volkswirtschaft nämlich zusammenhält." (Vertreter eines Arbeitgeberverbandes)

„Schlagen Sie die FAZ auf, da finden Sie drei Berichte über eine Bank. (...) Wenn Sie sich das Steueraufkommen angucken, müsste eigentlich jede Woche ein Bericht über uns drin sein. Das hängt natürlich auch mit uns zusammen. Aber wir haben eine gute Beziehung zur FAZ. Aber der Redakteur sagt dann, das langweilt die Leute. Ich weiß nicht, warum die lieber Bankengeschichten lesen." (Vorstand eines internationalen Pharmaunternehmens)

3 Stärken-Schwächen-Analyse

Textbox 3-5

ARBEITSMARKT: ANGEBOT AN FACHARBEITERN UND LEHRSTELLENBEWERBERN – POSITIONEN

„Es ist in der Tat schwierig. Wir sind nicht attraktiv genug. Die hiesige Industrie. Der Standort selber. Das zu zahlen, was wir zahlen können, ist nicht ausreichend, wenn man in Frankfurt leben möchte. Da muss man ein bestimmtes Gehalt bekommen. (…) Sie kriegen hier zu wenig Geld." (Standortleiter eines internationalen Maschinenbauunternehmens)

„Wenn ich sage ‚wir haben einen Job für dich in München', dann zögert keiner, seinen Arbeitsvertrag sofort zu unterschreiben. Nach Frankfurt will aber keiner." (Vorstand eines internationalen Nahrungsmittelkonzerns)

„Problem in Frankfurt sind die Fachkräfte und die Mitarbeiter. Aber da kann die Stadt nichts machen. Das hat damit nichts zu tun. Eigene Mitarbeiter zu finden, das hängt nicht von der Stadt ab, sondern von einzelnen Personen, ob die sich die Finger dreckig machen wollen." (Geschäftsführer eines mittelständischen Maschinenbaubetriebs)

„Das Thema hatten wir 1960 und wir haben es 1960 gelöst und ich wüsste nicht, wieso wir es heute nicht lösen sollten. Wir sind ein internationaler Konzern, ob die Leute aus Spanien kommen oder aus Fulda, das ist uns egal. Wenn wir sagen ‚wir haben Fachkräftemangel', dann sagen die im Konzern in … ‚kein Problem, den haben wir in … nicht'." (Vorstand eines internationalen Pharmaunternehmens)

„Vor kurzem haben wir in Frankfurt das Welcomecenter eröffnet. Wir reden da auch nicht über ein oder zwei Spanier, die hier herkommen, sondern wir reden da jetzt schon zum augenblicklichen Zeitpunkt über ein paar Hundert. Auch darüber, dass unsere duale Berufsausbildung nach Spanien exportiert wird und die da vor Ort quasi in Zusammenarbeit mit dem Know-how, was wir hier dazu haben, Unterstützung leisten. Und da kann natürlich am Ende des Tages gut rauskommen, dass von den gut Ausgebildeten auch welche herkommen. Also das Thema Zuwanderung wird es geben." (Vertreter eines Arbeitgeberverbandes)

„Bis vor 15 Jahren hat man gute Realschüler bekommen, jetzt kriegt man nur noch mittelmäßige Hauptschüler. Wir bilden seit 1974 Mitarbeiter aus, 80% der heutigen Mitarbeiter sind ehemalige Lehrlinge, alle zwei Jahre einer. Den übernehmen wir dann, damit wir Fachkräfte haben. Was sie heute kriegen als Auszubildende, das ist traurig. Alle, die einigermaßen können, die machen Abitur und gehen zu den Banken oder an die Uni." (Geschäftsführer eines mittelständischen Maschinenbaubetriebs)

„Und das ist auch zum Beispiel die Förderung von Kitas und sonstigen Dingen. Der Nachwuchsmangel, den wir haben, der hat auch organisatorisch-wirtschaftliche Ursachen, das muss man sehen. Also da muss die Wirtschaft sehr viel tun, indem sie familiengerechtere Arbeitsplätze schafft. (…) Kinderbetreuungsangebote für Mitarbeiter würde ich sagen, ist eine wichtige Geschichte. Also es ist extrem wichtig, müssen wir haben. (…) Wohnraum würde ich auch als sehr schwierig ansehen. Das ist auch eines der Dinge, die die meisten Mitarbeiter hier wollen. Die müssen aber raus aus Frankfurt, und das macht dann den Arbeitsplatz hier unattraktiv. Weil eine Stunde anzufahren ist nicht so der Knüller." (Vorstand eines internationalen Nahrungsmittelkonzerns)

Standortbewertungen hängen stark von Betriebsgröße, Betriebstyp und Branche ab

bung von Auszubildenden und Fachkräften aus dem Ausland diskutiert. Frankfurt als internationale und tolerante Stadt verfügt hierfür über sehr gute Voraussetzungen. Die durch das fehlende Angebot an günstigem Wohnraum und Kinderbetreuungseinrichtungen verursachten Probleme der Mitarbeitergewinnung können so jedoch nicht gelöst werden.

Die Betrachtung der Ergebnisse der Stärken-Schwächen-Analyse des Industriestandortes Frankfurt aus der Perspektive aller befragten Betriebe macht deutlich, dass vor allem die Themen Gewerbesteuer, Wertschätzung durch die Politik, die städtische Verwaltung und die Öffentlichkeit sowie Fachkräftemangel als drängende Probleme angesehen werden (zur Gewerbeflächenthematik vgl. das separate Kapitel 4). Dabei handelt es sich jedoch um Durchschnittswerte, von denen die Einschätzungen einzelner Teilgruppen der Frankfurter Industriebetriebe erheblich abweichen können. Im Folgenden soll deshalb ein differenzierterer Blick helfen, individuelle und gruppenspezifische Ansprüche besser zu verstehen. Um einen schnelleren zusammenfassenden Überblick zu ermöglichen, wurden die prägnantesten Ergebnisse der Detailauswertungen nach Betriebsgröße, Betriebstyp und Branchencluster in den folgenden Teilkapiteln in kurzen Überblickstabellen zusammengefasst. Diese Tabellen enthalten nicht nur unmittelbare Befragungsergebnisse, sondern auch bereits zusammenfassende und interpretierende Einordnungen nach Abgleich mit den Unternehmer- und Experteninterviews (vgl. dazu Textbox 3-6).

DIFFERENZIERUNG NACH BETRIEBSGRÖSSE

Die größten Unterschiede in Bezug auf die Ansprüche an den Industriestandort Frankfurt finden sich zwischen kleinen und größeren Betrieben und nicht zwischen Branchen, konkreten Standorten (Misch- oder Gewerbegebiet) oder Betriebstypen (Abbildung 3-2). Da die Frankfurter Industriestruktur stark von Kleinunternehmen geprägt ist, bietet es sich an, die Grenze für eine Größendifferenzierung bereits bei 10 Mitarbeitern zu ziehen, was in etwa dem Medianwert aller Betriebe entspricht, die an der Befragung teilnahmen; 43 befragte Betriebe haben 10 oder weniger Beschäftigte, 51 befragte Betriebe über 10 Beschäftigte.

Kleine Betriebe, die oft dem Handwerk angehören, haben völlig andere Standortansprüche als Großunternehmen. Eine Ursache dafür ist, dass sie häufiger in Gemengelagen angesiedelt sind. Nicht selten handelt es sich um einen Standort, der bereits seit der Betriebsgründung genutzt wird. Viele von ihnen werden schon seit mehreren Generationen von den Eigentümern geführt und sind noch immer in der Hand der Gründerfamilie. Sie sind fest in Frankfurt verwurzelt und identifizieren sich stark mit der Stadt und oft auch mit ihrem Stadtteil. In lokale Gewerbevereine sind sie hervorragend eingebunden und als langjährige Beobachter der Lokalpolitik können die Betriebsleiter auch langfristige Entwicklungen gut nachvollziehen und bewerten.

Die größeren Industriebetriebe befinden sich hingegen meist in Industrie- und Gewerbegebieten. Viele haben ihren Hauptsitz nicht in Frankfurt, sondern sind Teilbetriebe überregional oder international agierender Unternehmen. Daraus ergibt sich eine Führungsstruktur, die stärker vom Standort Frankfurt abgekoppelt ist, da den Betrieb betreffende Entscheidungen zumindest teilweise nicht vor Ort getroffen werden. Damit einher geht ein meist pragmatischer Blick auf lokale Kontexte und ein stärkeres Abwägen zwischen verschiedenen möglichen Standortalternativen, mitunter im globalen Maßstab.

Die höchsten Zufriedenheitswerte erreichen bei den kleinen Betrieben genau dieselben drei Standortfaktoren wie beim Gesamtdurchschnitt aller Befragten (Tabelle 3-7a). Darüber hinaus sind die kleinen Betriebe vor allem mit der Be-

Textbox 3-6

ÜBERBLICKSTABELLEN 3-7 BIS 3-18: DARSTELLUNGSFORM

Die Tabellen 3-7 bis 3-18 dienen dazu, einen schnellen Überblick zu den charakteristischen Bedürfnissen von Teilgruppen der Frankfurter Industrieunternehmen zu ermöglichen. Sie zeigen jeweils diejenigen drei Standortfaktoren, mit denen die Betriebe einer Gruppe am zufriedensten bzw. unzufriedensten sind (jeweils Tabelle „a"). Getrennt davon wird aber auch der gruppenspezifische Handlungsbedarf dargestellt (jeweils Tabelle „b"). Er bezieht sich auf diejenigen Faktoren, bei denen sich eine Teilgruppe besonders stark und signifikant von anderen Gruppen bzw. dem Gesamtdurchschnitt abhebt. Ähnlich gelagerte Bedürfnisse wurden hier z.T. unter einem Oberbegriff zusammengefasst (z.B. „Zusammenarbeit mit Hochschulen allgemein", „Zusammenarbeit mit der TU Darmstadt" und „Zusammenarbeit mit der FH Frankfurt" zu „Zusammenarbeit mit wissenschaftlichen Einrichtungen"), wobei auch die Auswertung der Experteninterviews mit berücksichtigt wurde. Es handelt sich also um das Ergebnis einer qualitativen Interpretation aller erhobenen Materialien und nicht um eine direkte quantitative Ableitung aus den Befragungsergebnissen. Zum Vergleich wird aber immer auch mit angegeben, wo der absolut höchste (also nicht für die jeweilige Gruppe besonders charakteristische) Handlungsbedarf gesehen wird. Dieser unterscheidet sich z.T. nur wenig von den Prioritäten aller Betriebe wie in Abbildung 3-1 dargestellt.

Tabelle 3-7a
BETRIEBE BIS 10 BESCHÄFTIGTE

Größte Zufriedenheit ➕
Außenimage von Frankfurt als Wirtschaftsstandort
Weiterbildungsangebote für Mitarbeiter/innen
Angebot unternehmensnaher Dienstleistungen

Größte Unzufriedenheit ➖
Beteiligung an Planungsprozessen
Gewerbesteuer
Zusammenarbeit mit der TU Darmstadt

spezifische Situation von Kleinbetrieben in Mischgebieten

Großbetriebe: Abhängigkeit von Konzernentscheidungen

Tabelle 3-7b
BETRIEBE BIS 10 BESCHÄFTIGTE

Gruppenspezifisch besonderer Handlungsbedarf wird bei diesen Themen gesehen:
Zusammenarbeit mit wissenschaftlichen Einrichtungen

Der höchste Handlungsbedarf wird bei diesen Themen gesehen:
Gewerbesteuer
Angebot an Facharbeitern/innen
Zusammenarbeit mit außeruniversitären Forschungseinrichtungen

3 Stärken-Schwächen-Analyse

Abbildung 3-2: Standortfaktoren und Handlungsbedarf differenziert nach Betriebsgröße (Quelle: eigene Erhebungen)

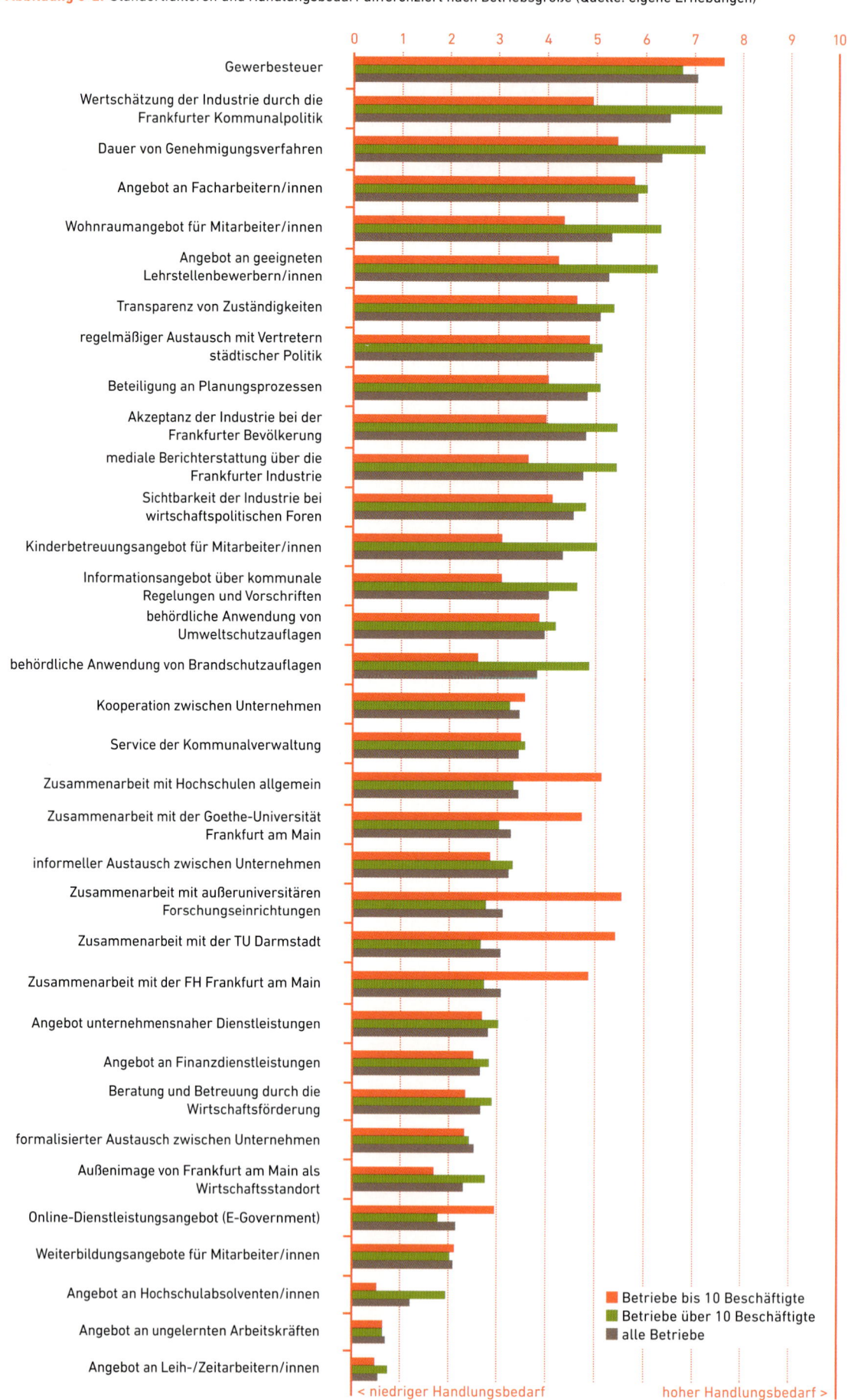

Standortfaktor	Betriebe bis 10 Beschäftigte	Betriebe über 10 Beschäftigte	alle Betriebe
Gewerbesteuer	7,5	6,8	7,0
Wertschätzung der Industrie durch die Frankfurter Kommunalpolitik	5,0	7,4	6,6
Dauer von Genehmigungsverfahren	5,4	7,1	6,4
Angebot an Facharbeitern/innen	5,8	5,9	5,8
Wohnraumangebot für Mitarbeiter/innen	4,3	6,2	5,2
Angebot an geeigneten Lehrstellenbewerbern/innen	4,1	6,1	5,1
Transparenz von Zuständigkeiten	4,7	5,3	5,1
regelmäßiger Austausch mit Vertretern städtischer Politik	5,0	5,1	4,9
Beteiligung an Planungsprozessen	4,1	5,0	4,8
Akzeptanz der Industrie bei der Frankfurter Bevölkerung	4,0	5,3	4,7
mediale Berichterstattung über die Frankfurter Industrie	3,6	5,2	4,7
Sichtbarkeit der Industrie bei wirtschaftspolitischen Foren	4,1	4,8	4,5
Kinderbetreuungsangebot für Mitarbeiter/innen	3,1	5,0	4,3
Informationsangebot über kommunale Regelungen und Vorschriften	3,1	4,5	4,1
behördliche Anwendung von Umweltschutzauflagen	3,7	4,2	4,0
behördliche Anwendung von Brandschutzauflagen	2,7	4,7	3,8
Kooperation zwischen Unternehmen	3,6	3,3	3,4
Service der Kommunalverwaltung	3,4	3,2	3,3
Zusammenarbeit mit Hochschulen allgemein	5,1	3,2	3,3
Zusammenarbeit mit der Goethe-Universität Frankfurt am Main	4,6	2,8	3,0
informeller Austausch zwischen Unternehmen	2,7	3,1	3,0
Zusammenarbeit mit außeruniversitären Forschungseinrichtungen	5,3	2,6	2,9
Zusammenarbeit mit der TU Darmstadt	5,1	2,5	2,8
Zusammenarbeit mit der FH Frankfurt am Main	4,8	2,6	2,8
Angebot unternehmensnaher Dienstleistungen	2,7	2,8	2,7
Angebot an Finanzdienstleistungen	2,5	2,7	2,6
Beratung und Betreuung durch die Wirtschaftsförderung	2,2	2,7	2,5
formalisierter Austausch zwischen Unternehmen	2,2	2,2	2,4
Außenimage von Frankfurt am Main als Wirtschaftsstandort	1,7	2,4	2,2
Online-Dienstleistungsangebot (E-Government)	2,8	1,7	2,1
Weiterbildungsangebote für Mitarbeiter/innen	1,9	1,8	1,8
Angebot an Hochschulabsolventen/innen	0,6	1,8	1,2
Angebot an ungelernten Arbeitskräften	0,7	0,6	0,5
Angebot an Leih-/Zeitarbeitern/innen	0,3	0,2	0,2

< niedriger Handlungsbedarf   hoher Handlungsbedarf >

treuung und Beratung durch die Wirtschaftsförderung der Stadt Frankfurt sehr zufrieden; insbesondere die enge und gute Zusammenarbeit mit den Gewerbeberatern wurde in den Gesprächen mit Unternehmern explizit angesprochen (vgl. Textbox 3-7). Auch im Hinblick auf die hohe Unzufriedenheit mit der Beteiligung an Planungsprozessen unterscheiden sich große und kleine Betriebe kaum.

Die größeren Frankfurter Unternehmen (Tabelle 3-8a) sind neben dem Weiterbildungsangebot für Mitarbeiter und dem Außenimage der Stadt Frankfurt überdurchschnittlich zufrieden mit dem Angebot an Leih- und Zeitarbeitern. Unmittelbar anschließend folgen auf der Positivliste dann die unternehmensnahen Dienstleistungen und die gute Zusammenarbeit mit regionalen Hochschulen und Forschungseinrichtungen.

Anders sieht es beim Handlungsbedarf aus, wo sich zum Teil größere Differenzen zeigen (Tabellen 3-7b und 3-8b). Bei der Gewerbesteuer liegen beide Gruppen zwar nur geringfügig auseinander, kleine Betriebe betonen aber stärker als große die daraus resultierenden Wettbewerbsnachteile gegenüber Mitbewerbern aus dem Frankfurter Umland. Gleichzeitig empfinden sie es als ungerecht, dass große Mehrbetriebsunternehmen mit verschiedenen Standorten ihre Gewinne buchhalterisch so umverteilen können, dass eine geringere steuerliche Gesamtbelastung erreicht wird, während sie selbst keine Möglichkeit haben, ähnliche Methoden der Steuerreduzierung zu nutzen.

Besonders überraschend ist, welch großen Handlungsbedarf die kleinen Betriebe bei der Zusammenarbeit mit wissenschaftlichen Einrichtungen sehen. Hier liegt der Verbesserungsbedarf hoch signifikant über dem Durchschnitt aller Befragten. Aus Gesprächen mit Unternehmern geht hervor, dass viele das Problem haben, Kontakt zu Universitäten, Fach-

Tabelle 3-8a

BETRIEBE ÜBER 10 BESCHÄFTIGTE

Größte Zufriedenheit	+
Weiterbildungsangebote für Mitarbeiter/innen	
Außenimage von Frankfurt als Wirtschaftsstandort	
Angebot an Leih-/Zeitarbeiter/innen	

Größte Unzufriedenheit	−
Beteiligung an Planungsprozessen	
Wohnraumangebot für Mitarbeiter/innen	
Gewerbesteuer	

Kleinbetriebe: hohe Zufriedenheit mit der Wirtschaftsförderung

Wissenschaft und Forschung: besonders für kleinere Unternehmen ein wichtiges Thema

---

Textbox 3-7

BERATUNG DER WIRTSCHAFTSFÖRDERUNG – POSITIONEN

„Von Seiten des regionalen Marketings passiert aus meiner Sicht nicht genug. In der Stadt, unter der Leitung der Wirtschaftsförderung, passiert insofern sehr viel, weil die sich ja mit diesen Gewerbeberatern um die Sorgen und Nöte der kleinen Unternehmen, vom Handwerk bis zu den KMU in den einzelnen Stadtteilen kümmert." (Experte für die Frankfurter Industrie)

Textbox 3-8

ZUSAMMENARBEIT MIT DER WISSENSCHAFT – POSITIONEN

„Ich habe in den letzten Jahren eine Reihe von Workshops mit Industriebetrieben gemacht. Die kleinen Betriebe sagen: ‚Wir haben keine, wir sehen keine Möglichkeit der Zusammenarbeit mit der Wissenschaft.' Warum? Das beginnt mit der Schwelle, die zu überwinden ist. Also ein Unternehmer, 50 Beschäftigte, Weltmarktführer, High-Tech-Produktion, betritt nicht das Gebäude. Die Schwelle heißt, er erwartet dort Personen, die verquarzt sprechen. Es beginnt schon damit, dass sie nur ein ganz kleines Zeitfenster anbieten. Das Zusammenkommen ist einfach schwierig." (Experte für die Frankfurter Industrie)

„Das [stärkere Zusammenarbeit von kleinen Betrieben mit der Wissenschaft] finde ich eine hoch spannende Idee, weil letztendlich glaube ich, dass die kleinen Unternehmen ja permanent auch Erfahrung haben und auch irgendwie tüfteln. ... Das irgendwie besser zu vermarkten, in einen besseren Zusammenhang zu bringen, ihnen vielleicht sogar helfen mit einer Idee, die bei ihnen entstanden ist, größer zu werden, kann ja auch ein Auftrag einer Forschungseinrichtung sein. ... Ihnen einen Anlaufpunkt zu geben, wie man das zu einer großen Idee machen kann. Das müsste von der Stadt Frankfurt aus relativ einfach zu organisieren sein, denn es ist alles da, man muss es nur schaffen, Industrie und Wissenschaft zusammen zu bringen durch ein vernünftiges Veranstaltungsformat und gezielt kleinere Unternehmen anzusprechen." (Vertreter eines Arbeitgeberverbandes)

3 Stärken-Schwächen-Analyse

öffentliche und politische Wahrnehmung: insbesondere ein Anliegen größerer Unternehmen

hochschulen und anderen Wissenschaftseinrichtungen aufzunehmen und Kooperationen anzubahnen (vgl. Textbox 3-8). Studierende und Absolventen wenden sich für Praktika und Abschlussarbeiten eher an bekannte und renommierte Konzerne, obwohl besonders kleinere Betriebe oft große Entfaltungsmöglichkeiten bieten.

Standortzufriedenheit bei kleineren Unternehmen insgesamt höher

Vom Facharbeitermangel sind kleinere Betriebe in ähnlicher Weise betroffen wie größere. Ansonsten aber fällt auf, dass über fast alle Einzelfaktoren und Themengebiete hinweg die kleineren Betriebe einen deutlich geringeren Handlungsbedarf sehen als Betriebe mit über 10 Beschäftigten, weshalb in Tabelle 3-7b auch nur ein einziges Handlungsfeld als „gruppenspezifisch" hervorgehoben wurde. Besonders signifikant ist dieser Unterschied bei Aspekten wie der Wertschätzung durch die Kommunalpolitik oder dem Wohnraum- und Kinderbetreuungsangebot für Mitarbeiter.

Große Betriebe bemängeln vor allem eine fehlende Wertschätzung der Industrie durch die Kommunalpolitik und sehen hier sogar noch einen größeren Handlungsbedarf als bei der Gewerbesteuer (Tabelle 3-8b). Sie erwarten eine stärkere öffentliche Unterstützung durch die Politik genauso wie ein größeres Interesse von Politikern an den Tätigkeiten der Unternehmen (vgl. Textboxen 3-3 und 3-4). Viele Unternehmer wünschen sich, dass häufiger Vertreter der städtischen Politik ihre Betriebe besuchen, damit ihnen ein besserer Eindruck von den Standortanforderungen industrieller Produktion vermittelt werden kann. Eine stärkere Präsenz industriebezogener Themen in der politischen Diskussion könnte außerdem eine höhere Medienpräsenz der Industrie und damit auch eine bessere Information der Bevölkerung über die tatsächliche Bedeutung der Industrie für die städtische Wirtschaft mit sich bringen.

Die großen Betriebe sehen des Weiteren besonderen Handlungsbedarf bei der Dauer von Genehmigungsverfahren. Als problematisch gelten die hohe Zahl verschiedener Verwaltungsstellen, die bei größeren Um- oder Ausbauvorhaben involviert sind, sowie restriktive Brandschutzvorschriften. An dritter Stelle des gruppenspezifischen Handlungsbedarfs größerer Unternehmen liegt das Angebot an geeigneten Lehrstellenbewerbern.

Insgesamt zeigt sich, dass kleinere und größere Betriebe den Industriestandort Frankfurt in einigen Bereichen sehr unterschiedlich bewerten. Stärker als für die Zufriedenheit und Unzufriedenheit mit einzelnen Standortfaktoren gilt dies für den Handlungsbedarf, der die Relevanzeinschätzung durch die Unternehmen selbst mit berücksichtigt. Hier werden konkrete Ansatzpunkte für eine kommunale Industriepolitik sichtbar, der es darauf ankommen muss, die Betriebsgröße als ein Differenzierungskriterium industriepolitischer Maßnahmen im Blick zu behalten.

DIFFERENZIERUNG NACH BETRIEBSTYP

Betriebsgrößen und Branchen (s. vorhergehender bzw. nächster Abschnitt) gehören zu den am weitesten verbreiteten Differenzierungskriterien von Standortanalysen. Für die vorliegende Studie wurde jedoch versucht, darüber hinaus auch die Standortbedürfnisse unterschiedlicher Typen von Betrieben zu erheben, welche als Zielgruppen für eine kommunale Industriepolitik besonders relevant sind. Kriterien dieser Typisierung waren der wirtschaftliche Erfolg, die (hypothetische) Standortmobilität, Schwierigkeiten im betrieblichen Umfeld des derzeitigen Standorts, die Aufgeschlossenheit gegenüber ressourcenschonenden Produktionsweisen, die Veränderung des Angebotsspektrums in Richtung Dienstleistungen sowie die Wissensintensität der Produktion (Tabelle 3-9). In der Unternehmensbefragung wurden entsprechende Kriterien gezielt unabhängig von den Fragen zur Standortbewertung (SWOT-Analyse) erhoben, so dass durch Korrelationen typenspezifische Standort-Bewertungsmuster sichtbar gemacht werden konnten. Die sich daraus ergebenden sechs Typen beschreiben keine sich gegenseitig ausschließenden Gruppen von Unternehmen; vielmehr ist es möglich, dass ein Betrieb mehreren Gruppen angehört oder auch keinem der Typen zuzuordnen ist. Es handelt sich also primär um eine Interventionsheuristik, welche eine stärker betriebsorientierte kommunale Industriepolitik vereinfachen soll. Eine genaue Definition der einzelnen Typen findet sich im Anhang A VI.

Im Folgenden werden die sechs Betriebstypen näher betrachtet und ihre spezifischen Standortansprüche vorgestellt. Wie bereits bei den beiden Gruppen „große" und „kleine Be-

6 Betriebstypen: potenzielle Zielgruppen städtischer Industriepolitik

Tabelle 3-8b
BETRIEBE ÜBER 10 BESCHÄFTIGTE

Gruppenspezifisch besonderer Handlungsbedarf wird bei diesen Themen gesehen:
Präsenz und Akzeptanz in Öffentlichkeit und Politik
Planungsprozesse, Transparenz und behördliche Regelungen
Angebot an geeigneten Lehrstellenbewerbern
Der höchste Handlungsbedarf wird bei diesen Themen gesehen:
Wertschätzung der Industrie durch die Frankfurter Kommunalpolitik
Dauer von Genehmigungsverfahren
Gewerbesteuer

triebe" bleiben auch hier viele Faktoren für alle Typen gleichermaßen wichtig, da es sich um zentrale Eigenschaften des Standorts Frankfurt handelt. Dazu gehört beispielsweise die Tatsache, dass unabhängig vom Betriebstyp großer Handlungsbedarf bei der Gewerbesteuer gesehen wird. Deshalb werden – wie auch im vorhergehenden Abschnitt – in kurzen Überblickstabellen einerseits jene Standortfaktoren vorgestellt, bei denen die gruppenspezifische Abweichung vom Gesamtdurchschnitt besonders hoch ist, um die entscheidenden Charakteristika jedes einzelnen Typs herauszuarbeiten. Andererseits wird aber auch aufgeführt, wo von den Betrieben einer Gruppe der absolut höchste Handlungsbedarf gesehen wird (vgl. Textbox 3-6). Auf typenspezifische Besonderheiten im Hinblick auf die Position in Wertschöpfungsketten wird in Kapitel 6 eingegangen, in Bezug auf die Integration in Netzwerke (Kapitel 5) ergaben sich keine signifikanten Unterschiede.

Die 19 Betriebe des Typs „potenzielle Abwanderer" (Tabellen 3-10a und b) denken über einen Wegzug aus Frankfurt nach. Die Gründe hierfür sind vielschichtig und gehen immer auf individuelle Problemlagen zurück. Deshalb ist es schwierig, allgemeingültige Faktoren zu identifizieren, welche die Abwanderungsneigung begründen oder verstärken. Die Ergebnisse der Unternehmensbefragung liefern hierzu verschiedene Hinweise, ohne jedoch einen unmittelbaren Zusammenhang belegen zu können. Besonders auffällig ist die Unzufriedenheit der abwanderungswilligen Betriebe mit der städtischen Industriepolitik und Verwaltung. Sie sehen einen stark überdurchschnittlichen Handlungsbedarf im Bereich der politischen Wertschätzung und vermissen die Akzeptanz der Industrie bei der Bevölkerung. Wichtiger als anderen Teilgruppen der Frankfurter Industrieunternehmerschaft ist ihnen in diesem Zusammenhang der regelmäßige Austausch mit Vertretern der städtischen Politik. Ein zweiter vorrangiger Problemkreis für die abwanderungswilligen Betriebe sind die Dauer von Genehmigungsverfahren und der Service der Kommunalverwaltung. Insgesamt entsteht allerdings der Eindruck, dass die konkreten Ursachen für das Nachdenken über eine Betriebsverlagerung entweder innerbetrieblicher Natur sind oder durch die Bildung von Durchschnittswerten in den Hintergrund treten; sie schlagen sich stattdessen indirekt in einer besonderen Unzufriedenheit mit Standortaspekten nieder, die für sich genommen sicherlich nicht zu einer Abwanderungsentscheidung führen.

Die 22 befragten standortverunsicherten Unternehmer (Tabellen 3-11a und b) sind aufgrund von ortsspezifischen Problemen und konkreten Umfeldkonflikten (vgl. Kapitel 4) in Sorge über die Zukunftsperspektiven ihrer Betriebe am derzeitigen Standort. Dies schlägt sich auch in einer charakteristischen Einschätzung des gesamtstädtischen Handlungsbedarfs nieder. So fordern sie stärker als andere eine höhere Akzeptanz durch die Bevölkerung sowie eine bessere mediale Berichterstattung über die Industrie. Ihre Unsicherheit wurzelt unter anderem auch in dem aus ihrer Sicht mangelhaften Informationsangebot über kommunale Regelungen und Vorschriften. Auch das Wohnraumangebot für Mitarbeiter sollte aus der Perspektive der standortverunsicherten Betriebe vorrangig verbessert werden.

20 der befragten Betriebe ist es in den letzten Jahren erfolgreich gelungen, Umsatz- und/oder Beschäftigtenzahl zu steigern (Tabellen 3-12a und b). Diese Gruppe setzt sich selbstver-

---

Tabelle 3-9
BETRIEBSTYPEN

große Gemeinsamkeiten in der Standortbewertung, aber auch signifikante Unterschiede

Potenzielle Abwanderer …

… planen die Verlagerung ihres Betriebs an einen anderen Standort oder haben in den letzten fünf Jahren eine Verlagerung geplant.
19 Betriebe

Standortverunsicherte …

… sehen sich Standort- und Umfeldkonflikten ausgesetzt, etwa durch eine zunehmende Flächenkonkurrenz mit anderen Nutzungen.
22 Betriebe

potenzielle Abwanderer: individuelle Problemlagen, allgemeine Unzufriedenheit mit Politik und Behörden

Erfolgreiche Betriebe …

… konnten in den letzten fünf Jahren ihren Umsatz und/oder ihre Beschäftigtenzahl um mindestens 20% steigern.
20 Betriebe

Ökologische Modernisierer …

… optimieren ihre Betriebsabläufe im Sinne einer größeren ökologischen Nachhaltigkeit.
26 Betriebe

Dynamische Hybridisierer …

… bieten zunehmend auch Dienstleistungen um ihre Produkte an und erhöhen dementsprechend den Anteil ihrer im Dienstleistungsbereich Beschäftigten.
21 Betriebe

standortverunsicherte Betriebe: höhere Akzeptanz, mehr Transparenz und Information

Wissensorientierte Innovatoren …

… beschäftigen einen großen Anteil ihrer Mitarbeiter im Forschungs- und Entwicklungsbereich. Über Patente versuchen sie, Wissensvorsprünge gegenüber ihren Mitbewerbern zu schützen.
21 Betriebe

(vgl. Anhang A VI)

3 Stärken-Schwächen-Analyse

Tabelle 3-10a
POTENZIELLE ABWANDERER

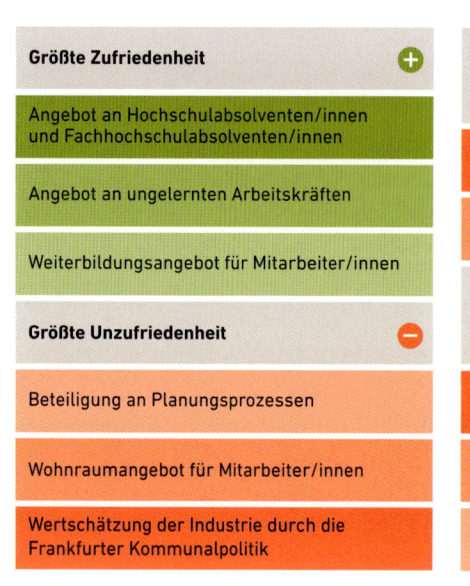

Größte Zufriedenheit ➕
Angebot an Hochschulabsolventen/innen und Fachhochschulabsolventen/innen
Angebot an ungelernten Arbeitskräften
Weiterbildungsangebot für Mitarbeiter/innen

Größte Unzufriedenheit ➖
Beteiligung an Planungsprozessen
Wohnraumangebot für Mitarbeiter/innen
Wertschätzung der Industrie durch die Frankfurter Kommunalpolitik

Tabelle 3-10b
POTENZIELLE ABWANDERER

Gruppenspezifisch besonderer Handlungsbedarf wird bei diesen Themen gesehen:
Akzeptanz/Wertschätzung der Industrie bei Politik und Bevölkerung, regelmäßiger Austausch
Service der Kommunalverwaltung, besonders bei Genehmigungsverfahren

Der höchste Handlungsbedarf wird bei diesen Themen gesehen:
Wertschätzung der Industrie durch die Frankfurter Kommunalpolitik
Dauer von Genehmigungsverfahren
Gewerbesteuer

erfolgreiche Betriebe: Engpässe bei qualifizierten Beschäftigten

ständlich aus Unternehmen vieler unterschiedlicher Branchen und Größenklassen zusammen und allgemeingültige Erfolgsfaktoren liegen der Gruppenbildung nicht zu Grunde. Sehr deutlich ist allerdings zu sehen, dass für erfolgreiche Unternehmen Standortfaktoren aus dem Themenfeld „Arbeitsmarkt/Beschäftigung" Priorität haben. Um den hohen Fachkräftebedarf zu decken, sind sie insbesondere auf ein gutes Angebot an Lehrstellenbewerbern und Hochschulabsolventen angewiesen. Deshalb spielt für sie die Attraktivität des Standortes Frankfurt für die Mitarbeiter eine zentrale Rolle und sie sehen großen

Handlungsbedarf beim Wohnraum- und Kinderbetreuungsangebot.

ökologische Modernisierer: Einbindung in Planung und Abstimmung mit der Politik

Die 26 Betriebe des Typs „ökologische Modernisierer" (Tabellen 3-13a und b) sind aufgeschlossen gegenüber neuen Entwicklungen, welche eine nachhaltigere, ressourcenschonendere oder energieeffizientere Betriebsführung ermöglichen. Sie fordern überdurchschnittlich häufig einen besseren Austausch mit der städtischen Politik und eine stärkere Beteiligung an Planungsprozessen, was auf den hohen Abstimmungsbedarf bei ökologischen Modernisierungsvorhaben und die Abhängigkeit von gesetzlichen Rahmenbedingungen hindeutet. Auch die Akzeptanz bei der Bevölkerung muss aus ihrer Sicht dringend verbessert werden. Dass sie darüber hinaus einen überdurchschnittlichen Handlungsbedarf beim Angebot an Lehrstellenbewerbern sehen, könnte auf einen besonders hohen Bedarf an jungen und spezifisch interessierten bzw. qua-

Tabelle 3-11a
STANDORTVERUNSICHERTE

Größte Zufriedenheit ➕
Außenimage von Frankfurt als Wirtschaftsstandort
Weiterbildungsangebot für Mitarbeiter/innen
Angebot an Leih-/Zeitarbeiter/innen

Größte Unzufriedenheit ➖
Wohnraumangebot für Mitarbeiter/innen
Beteiligung an Planungsprozessen
Gewerbesteuer

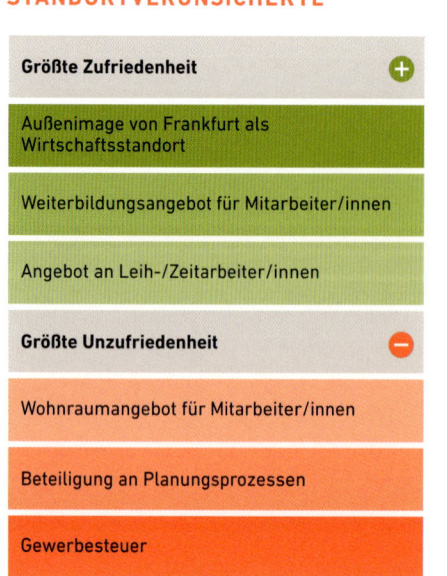

Tabelle 3-11b
STANDORTVERUNSICHERTE

Gruppenspezifisch besonderer Handlungsbedarf wird bei diesen Themen gesehen:
Akzeptanz der Industrie bei der Bevölkerung und mediale Berichterstattung
Informationsangebot über kommunale Regelungen und Vorschriften

Der höchste Handlungsbedarf wird bei diesen Themen gesehen:
Wertschätzung der Industrie durch die Frankfurter Kommunalpolitik
Gewerbesteuer
mediale Berichterstattung über die Frankfurter Industrie

Tabelle 3-12a
ERFOLGREICHE BETRIEBE

Größte Zufriedenheit ➕
Außenimage von Frankfurt als Wirtschaftsstandort
Weiterbildungsangebot für Mitarbeiter/innen
Angebot an Finanzdienstleistungen

Größte Unzufriedenheit ➖
Kinderbetreuungsangebot für Mitarbeiter/innen
Wohnraumangebot für Mitarbeiter/innen
Gewerbesteuer

Tabelle 3-12b
ERFOLGREICHE BETRIEBE

Gruppenspezifisch besonderer Handlungsbedarf wird bei diesen Themen gesehen:
Wohnraum- und Kinderbetreuungsangebot
Angebot an Lehrstellenbewerbern/innen und Hochschulabsolventen/innen

Der höchste Handlungsbedarf wird bei diesen Themen gesehen:
Wohnraumangebot für Mitarbeiter/innen
Angebot an geeigneten Lehrstellenbewerbern/innen
Angebot an Facharbeitern/innen

lifizierten Mitarbeitern hindeuten. Die Forderung nach einem besseren *E-Government* unterstreicht ebenfalls die Aufgeschlossenheit dieser Betriebe gegenüber neuen Technologien und einer entsprechenden Reorganisation betrieblicher Abläufe.

Die 21 Betriebe des Typs „dynamische Hybridisierer" (Tabellen 3-14a und b) verlagern ihren Tätigkeitsschwerpunkt besonders stark in Richtung des Angebots von Dienstleistungen oder bieten zusätzliche Dienstleistungen zu ihren Produkten an. Die Position zwischen Industrie- und Dienstleistungssektor geht einher mit spezifischen Anforderungen an den Betriebsstandort und das betriebliche Umfeld. So können komplexe Produkte in Kombination mit Serviceleistungen oft nicht von einzelnen Unternehmen konzipiert und angeboten werden und entsprechend wird bei der Kooperation zwischen Unternehmen besonderer Handlungsbedarf gesehen (vgl. auch Vereinigung der Bayerischen Wirtschaft 2011: 3). Die Brandschutzauflagen beim Bau oder Umbau der Betriebsgebäude geben besonders den hybriden Betrieben Anlass zur Kritik und betreffen oft nicht den klassischen Produktionsbereich, sondern Räumlichkeiten für Verwaltung und Dienstleistungen. Auch die Forderung nach einem besseren regelmäßigen Austausch mit der städtischen Politik ist möglicherweise auf Umbau- und Reorganisationsprozesse zurückzuführen, die in Zusammenhang mit Hybridisierungsprozessen stehen. Auffällig ist, dass die hybriden Betriebe einen viel geringeren Handlungsbedarf bei der Gewerbesteuer sehen als andere.

dynamische Hybridisierer: hohe Relevanz guter Vernetzung

Tabelle 3-13a
ÖKOLOGISCHE MODERNISIERER

Größte Zufriedenheit ➕
Außenimage von Frankfurt als Wirtschaftsstandort
Weiterbildungsangebot für Mitarbeiter/innen
Angebot an Finanzdienstleistungen

Größte Unzufriedenheit ➖
regelmäßiger Austausch mit Vertretern städtischer Politik
Gewerbesteuer
Beteiligung an Planungsprozessen

Tabelle 3-13b
ÖKOLOGISCHE MODERNISIERER

Gruppenspezifisch besonderer Handlungsbedarf wird bei diesen Themen gesehen:
regelmäßiger Austausch mit Vertretern städtischer Politik
Beteiligung an Planungsprozessen
Akzeptanz der Industrie bei der Frankfurter Bevölkerung

Der höchste Handlungsbedarf wird bei diesen Themen gesehen:
Angebot an geeigneten Lehrstellenbewerbern/innen
Gewerbesteuer
regelmäßiger Austausch mit Vertretern städtischer Politik

3 Stärken-Schwächen-Analyse

Tabelle 3-14a
DYNAMISCHE HYBRIDISIERER

Größte Zufriedenheit ⊕
Zusammenarbeit mit der TU Darmstadt
Außenimage von Frankfurt als Wirtschaftsstandort
Weiterbildungsangebot für Mitarbeiter/innen

Größte Unzufriedenheit ⊖
Wohnraumangebot für Mitarbeiter/innen
Beteiligung an Planungsprozessen
Gewerbesteuer

Tabelle 3-14b
DYNAMISCHE HYBRIDISIERER

Gruppenspezifisch besonderer Handlungsbedarf wird bei diesen Themen gesehen:
Kooperation zwischen Unternehmen
behördliche Anwendung von Brandschutzauflagen
regelmäßiger Austausch mit Vertretern städtischer Politik

Der höchste Handlungsbedarf wird bei diesen Themen gesehen:
Angebot an Facharbeitern/innen
Dauer von Genehmigungsverfahren
regelmäßiger Austausch mit Vertretern städtischer Politik

wissensorientierte Innovatoren: spezifischer Bedarf an Arbeitskräften und Dienstleistungen

Innovative Betriebe (Tabellen 3-15a und b) sichern ihre Marktposition vor allem durch einen Wissensvorsprung gegenüber Mitbewerbern und engagieren sich hierfür stark in der Forschung und Entwicklung neuer Produkte und Verfahren. Deshalb ist es nicht verwunderlich, dass die 21 wissensorientierten Innovatoren besonderen Wert auf ein besseres Angebot an Facharbeitern legen. Der aus ihrer Sicht ebenfalls große Handlungsbedarf bei Kooperationen und einem formalisierten Austausch mit anderen Unternehmen verweisen auf die hohe Bedeutung der Einbettung in ein kreatives und innovatives Milieu. Auch das Bedürfnis nach einem differenzierten Angebot an unternehmensnahen Dienstleistungen spricht für die starke Einbindung der wissensorientierten Innovatoren in das regionalwirtschaftliche Umfeld (vgl. Goebel et al. 2010)

Insgesamt zeigt die vergleichende Betrachtung der Standortbewertung durch verschiedene Typen von Betrieben zweierlei: einerseits eine relativ hohe Übereinstimmung im Hinblick auf diejenigen Faktoren, bei denen der absolut höchste Handlungsbedarf gesehen wird, und andererseits spezifische Anforderungsprofile, in denen sich die Typen durchaus voneinander unterscheiden. Stark verallgemeinernd lässt sich feststellen, dass Betriebstypen, welche sich stärker mit aktuellen Entwicklungen der industriellen Produktion beschäftigen – etwa mit der ökologischen Modernisierung, Produkt- und Prozessinnovationen oder der Hybridisierung – beziehungsweise derzeit sehr erfolgreich sind, besondere Anforderungen im Bereich Ar-

Tabelle 3-15a
WISSENSORIENTIERTE INNOVATOREN

Größte Zufriedenheit ⊕
Zusammenarbeit mit Hochschulen allgemein
Außenimage von Frankfurt als Wirtschaftsstandort
Weiterbildungsangebote für Mitarbeiter/innen

Größte Unzufriedenheit ⊖
Wohnraumangebot für Mitarbeiter/innen
Beteiligung an Planungsprozessen
Gewerbesteuer

Tabelle 3-15a
WISSENSORIENTIERTE INNOVATOREN

Gruppenspezifisch besonderer Handlungsbedarf wird bei diesen Themen gesehen:
Angebot an Facharbeitern/innen
Angebot an unternehmensnahen Dienstleistungen
Kooperationen und formalisierter Austausch zwischen Unternehmen

Der höchste Handlungsbedarf wird bei diesen Themen gesehen:
Angebot an Facharbeitern/innen
Dauer von Genehmigungsverfahren
Gewerbesteuer

beitsmarkt/Beschäftigung stellen. Sie sehen vor allem Handlungsbedarf beim Angebot von Fachkräften, Hochschulabsolventen und Lehrstellenbewerbern sowie bei der Ausrichtung der Wohninfrastruktur und des Wohnumfeldes auf die Bedürfnisse von Industriebeschäftigten. Die Zusammenarbeit zwischen Unternehmen stellt für sie ebenfalls ein wichtiges Thema dar. Betriebstypen hingegen, die sich tendenziell skeptisch zu ihren Zukunftsperspektiven am Standort Frankfurt äußern, wünschen sich primär Verbesserungen bei weichen Standortfaktoren. Stellvertretend hierfür steht die Forderung nach einer höheren Wertschätzung der Industrie durch die Kommunalpolitik, einer besseren medialen Berichterstattung und höheren Akzeptanz durch die Bevölkerung sowie allgemein Verbesserungen im Bereich der städtischen Verwaltung und Planung. Allerdings darf daraus nicht geschlossen werden, dass diese Faktoren ursächlich für Standortverunsicherung oder Verlagerungsabsichten sind.

DIFFERENZIERUNG NACH BRANCHEN

Neben der Differenzierung der Standortbewertung nach Betriebsgrößen und -typen sind vor allem branchenspezifische Unterschiede relevant für eine kommunale Industriepolitik. Für die empirische Analyse besteht hier allerdings – wie auch bei anderen Auswertungen – das Problem, dass bei einer detaillierten Aufgliederung nach einzelnen Branchen nur noch zu wenige Betriebe je Branche enthalten wären, um repräsentative und statistisch gültige Aussagen zu erlauben. Aus diesem Grund müssen die Ergebnisse der Stärken-Schwächen-Analyse auf drei aggregierte Branchencluster bezogen werden:
– Chemie-/Pharmabranche;
– Nahrungsmittelgewerbe;
– Metall-/Elektroindustrie und Fahrzeugbau.

In diesen drei Clustern sind alle wichtigen Branchen der Frankfurter Industrie enthalten, knapp zwei Drittel aller von uns befragten Betriebe finden sich darin wieder (vgl. Anhang A VII). Die nachfolgend dargestellten Ergebnisse zeigen zwar, dass sich die Branchencluster signifikant in ihrer Bewertung des Industriestandorts Frankfurt unterscheiden. Einschränkend muss dabei aber berücksichtigt werden, dass auch die innere Struktur der Cluster grundlegend verschieden ist. So handelt es sich bei den Chemie- und Pharmaunternehmen in den allermeisten Fällen um sehr große Betriebe mit internationaler Ausrichtung, während im Nahrungsmittelgewerbe vor allem kleinere Betriebe vertreten sind, die sich in erster Linie auf die Versorgung der lokalen Bevölkerung konzentrieren. Es ist deshalb davon auszugehen, dass die beobachteten Unterschiede vor allem auf die divergierende Größenstruktur und den Grad der Orientierung auf überregionale Märkte zurückzuführen sind. Dennoch werden zugleich auch Differenzierungen sichtbar, die tatsächlich auf Branchenspezifika zurückzuführen sind und helfen, branchentypische Anforderungen besser zu verstehen.

Die Chemie- und Pharmabranche (Tabellen 3-16a und b) ist historisch eng mit der Frankfurter Industrieentwicklung verbunden. Dennoch steht sie aufgrund ihrer Arbeit mit toxischen und gefährlichen Substanzen sowie mehrerer schwerer Störfälle mit Auswirkungen auf umliegende Wohngebiete in der Vergangenheit (z.B. Industriepark Griesheim 1993 und 1996) unter besonderer Beobachtung durch Politik und Öffentlichkeit. Hieraus resultieren einige der spezifischen Problemstellungen dieses Branchenclusters. So sehen die Chemie- und Pharmabetriebe besonders großen Handlungsbedarf bei der Akzeptanz durch die Bevölkerung. Um ihr öffentliches Image zu verbessern, betreiben sie selbst eine aktive Presse- und Öffentlichkeitsarbeit (z.B. Tag der offenen Tür und Gesprächskreis der Nachbarn im Industriepark Höchst) und unternehmen verstärkt Anstrengungen zur umwelttechnischen Modernisierung ihrer Anlagen (z.B. ÖKOPROFIT-Zertifizierung). Unterstützend wünschen sie sich aber einen stärkeren politischen Rückhalt (Textbox 3-9). Besonderes Augenmerk gilt hierbei dem Erhalt von Schutzflächen um die Industriegebiete; im Fall der Ausweisung dieser Areale als Wohngebiete werden erhebliche Auswirkungen auf die umweltrechtlichen Anforderungen bei möglichen zukünftigen Betriebserweiterungen befürchtet. Die restriktive Anwendung behördlicher Umwelt- und Brandschutzauflagen stellt aus ihrer Sicht in Frankfurt ein großes Problem dar (Textbox 3-10).

Das Frankfurter Nahrungsmittelgewerbe (Tabellen 3-17a und b) ist stark lokal verankert, die meisten Betriebe befinden sich in Familienhand und sind sehr klein. Viele von ihnen stellen Frankfurter Spezialitäten wie Apfelwein oder Wurst her, andere produzieren Güter des täglichen Bedarfs wie Brot und Backwa-

Differenzierung nach Branchen: zu geringe Fallzahlen

Chemie/Pharma: Öffentlichkeit, Politik und Flächennutzungsplanung sind wichtige Themen

Textbox 3-9

UMGANG MIT STÖRFÄLLEN – POSITIONEN

„Das ist ein Sprung, den muss die Politik machen. Die müssen sagen ‚Wir lassen den Unfall in Griesheim hinter uns.' Griesheim war schrecklich, wir haben vieles daraus gelernt. Wenn Sie schauen, welche Nachbarschaftsprozesse es jetzt gibt. Da muss eine Stadt das auch in die Hand nehmen und sagen: ‚Wir sehen Industrie als wichtig an.'"
(Vorstand eines internationalen Pharmaunternehmens)

3 Stärken-Schwächen-Analyse

Tabelle 3-16a
CHEMIE-/PHARMABRANCHE

Größte Zufriedenheit ⊕
Weiterbildungsangebote für Mitarbeiter/innen
Außenimage von Frankfurt als Wirtschaftsstandort
Angebot an unternehmensnahen Dienstleistungen

Größte Unzufriedenheit ⊖
Kinderbetreuungsangebot für Mitarbeiter/innen
Beteiligung an Planungsprozessen
Gewerbesteuer

Tabelle 3-16b
CHEMIE-/PHARMABRANCHE

Gruppenspezifisch besonderer Handlungsbedarf wird bei diesen Themen gesehen:
behördliche Anwendung von Brand- und Umweltschutzauflagen
Akzeptanz/Wertschätzung der Industrie bei Politik und Bevölkerung

Der höchste Handlungsbedarf wird bei diesen Themen gesehen:
Akzeptanz der Industrie in der Frankfurter Bevölkerung
Wertschätzung der Industrie durch die Frankfurter Kommunalpolitik
Gewerbesteuer

Nahrungsmittelgewerbe: hoher Anteil von lokal verankerten Kleinbetrieben, Priorität von Wohnumfeldfaktoren und Lehrstellenbewerbern

ren, die lokal vertrieben werden. Nur einige wenige Unternehmen vermarkten ihre Erzeugnisse überregional.

Die Betriebe des Nahrungsmittelgewerbes legen besonders großen Wert auf eine Verbesserung des Wohnraum- und Kinderbetreuungsangebots für sich und ihre Mitarbeiter. Diese Forderung steht in engem Zusammenhang mit ihren Problemen, geeignete Lehrstellenbewerber zu finden. Als weiteren Grund für den Mangel an qualifizierten Auszubildenden führen viele Unternehmer die geringe Attraktivität der Berufsausbildung an, insbesondere im Vergleich zu anderen Karrieremöglichkeiten in Frankfurt. Sie

haben einen höheren Bedarf an ungelernten Arbeitskräften, den sie nicht immer decken können. Da ein großer Teil der Betriebe des Nahrungsmittelgewerbes in Mischgebieten angesiedelt ist, sind sie häufiger mit Beschwerden über Lärm- und Geruchsbelästigungen konfrontiert als andere Branchen. Zur Lösung dieser Probleme wünschen sich die Unternehmen einen direkteren und regelmäßigeren Austausch mit Vertretern der Kommunalpolitik.

Die Zusammensetzung der Frankfurter Betriebe aus dem Bereich Metall-/Elektroindustrie und Fahrzeugbau (Tabellen 3-18a und b) ist sehr heterogen. Während manche primär für lokale Kunden fertigen oder industrienahe Dienstleistungen erbringen, finden sich darunter auch Zweigbetriebe internationaler Unternehmen sowie einige sogenannte *Hidden Champions*, welche mit ihren hoch spezialisierten Produkten Weltmarktführer sind.

Tabelle 3-17a
NAHRUNGSMITTELGEWERBE

Größte Zufriedenheit ⊕
Angebot an Hochschulabsolventen/innen und Fachhochschulabsolventen/innen
behördliche Anwendung von Brandschutzauflagen
Weiterbildungsangebote für Mitarbeiter/innen

Größte Unzufriedenheit ⊖
Angebot an geeigneten Lehrstellenbewerbern/innen
Gewerbesteuer
Wohnraumangebot für Mitarbeiter/innen

Tabelle 3-17b
NAHRUNGSMITTELGEWERBE

Gruppenspezifisch besonderer Handlungsbedarf wird bei diesen Themen gesehen:
Wohnraum- und Kinderbetreuungsangebot
Angebot an geeigneten Lehrstellenbewerbern/innen und ungelernten Arbeitskräften
regelmäßiger Austausch mit Vertretern der städtischen Politik

Der höchste Handlungsbedarf wird bei diesen Themen gesehen:
Wohnraumangebot für Mitarbeiter/innen
Angebot an geeigneten Lehrstellenbewerbern/innen
Gewerbesteuer

Tabelle 3-18a
METALL-/ELEKTROINDUSTRIE UND FAHRZEUGBAU

Größte Zufriedenheit ➕
Weiterbildungsangebote für Mitarbeiter/innen
Außenimage von Frankfurt als Wirtschaftsstandort
Zusammenarbeit mit der TU Darmstadt

Größte Unzufriedenheit ➖
Kinderbetreuungsangebot für Mitarbeiter/innen
regelmäßiger Austausch mit Vertretern städtischer Politik
Gewerbesteuer

Tabelle 3-18b
METALL-/ELEKTROINDUSTRIE UND FAHRZEUGBAU

Gruppenspezifisch besonderer Handlungsbedarf wird bei diesen Themen gesehen:
Angebot an Hochschulabsolventen/innen und Facharbeitern/innen
Service der Kommunalverwaltung

Der höchste Handlungsbedarf wird bei diesen Themen gesehen:
Gewerbesteuer
Angebot an Facharbeitern/innen
Dauer von Genehmigungsverfahren

Um ihre Wettbewerbsvorteile zu sichern, sind die Betriebe des Clusters Metall-/Elektroindustrie und Fahrzeugbau auf ein vielfältiges Angebot an Hochschulabsolventen sowie Facharbeitern angewiesen und sehen hier besonders großen Handlungsbedarf. Zwar ist für sie die regionale Hochschullandschaft mit ihren Aus- und Weiterbildungsangeboten ein wichtiger Standortvorteil (vgl. Ebner/Raschke 2013: 32), aber die Zusammenarbeit mit der Fachhochschule Frankfurt, die über eine starke technische Ausrichtung verfügt, müsste aus ihrer Sicht verbessert werden. Besonders wichtig ist ihnen zudem ein besserer Service der Kommunalverwaltung.

Eine abschließende Interpretation der nach Branchengruppen differenzierten Standortbewertung fällt schwer, da die Ergebnisse leider nur wenige Rückschlüsse auf die spezifischen Anforderungsprofile einzelner Branchen zulassen. Die Cluster sind dafür zu heterogen und der Einfluss von Faktoren wie unterschiedlichen Betriebsgrößen und Marktorientierungen ist zu dominant. Festgehalten werden kann dennoch, dass für die Chemie- und Pharmabranche ein intensiverer Austausch mit der Stadtgesellschaft und öffentlichkeitswirksame Maßnahmen zur Steigerung der gesellschaftlichen Akzeptanz eine besondere Rolle spielen. Für das Nahrungsmittelgewerbe, bei dem es sich zum größten Teil um kleine Handwerksbetriebe handelt, ist vor allem der Mangel an geeigneten Lehrstellenbewerbern ein Problem. Die Metall-/Elektroindustrie und der Fahrzeugbau stellen als hochtechnisiertes Branchencluster besondere Anforderungen an das Angebot an Fachkräften und Hochschulabsolventen.

ZUSAMMENFASSUNG

Die Industriebetriebe bewerten den Standort Frankfurt insgesamt als gut. Auf einer Skala von 1 (nicht zufrieden) bis 5 (sehr zufrieden) erreicht die Stadt einen Durchschnittswert von 3,47. Neben der hervorragenden Logistikinfrastruktur (Kapitel 4) werden die Stärken vor allem in dem sehr guten Angebot an unternehmensnahen Dienstleistungen, dem Image als dynamisch wachsende und zukunftsfähige Metropole sowie den Wissenschaftseinrichtungen und dem Angebot an Hochschulabsolventen gesehen. Die allermeisten Unternehmen planen

Metall-/Elektroindustrie/Fahrzeugbau: Bedarf an Hochschul- und Fachhochschulabsolventen sowie Facharbeitern

interne Heterogenität der Branchencluster macht verallgemeinernde Aussagen schwierig

Textbox 3-10

BRANDSCHUTZAUFLAGEN – POSITIONEN

„Brandschutzauflagen sind ein Thema, was hohe Nachforderungen [in Bezug auf Brandschutzmaßnahmen] macht. Was dazu führt, dass ein Großteil unserer Bürogebäude aufgegeben werden müssen." (Vorstand eines internationalen Pharmaunternehmens)

„Behördliche Anwendung von Brandschutzauflagen, da muss ich Ihnen sagen, das führt mal zu der Situation dass wir hier alle wegziehen. ... Also das geht völlig ins Kleinteilige, das geht wirklich auf die Frage, wie Sie ihre Möbel im Büro hinzustellen haben und wo Sie was machen. Wo auch die Mitarbeiter sagen, das ist völliger Irrsinn. Völliger Irrsinn. ... Also kein Unternehmer lässt doch seine Mitarbeiter verbrennen. Keiner!" (Bereichsleiter eines großen Nahrungsmittelunternehmens)

keine Verlagerung an einen anderen Ort, sondern ihr primäres Anliegen ist es, integraler Bestandteil der wirtschaftspolitischen Entwicklungsstrategie Frankfurts zu werden. Dazu gehört der Anspruch, eigene Interessen und Anliegen in direktem Kontakt mit Vertretern der Kommunalpolitik und der Stadtverwaltung verhandeln zu können. Dies kommt in den Forderungen nach Wertschätzung, Akzeptanz und regelmäßigem Austausch mehr als deutlich zum Ausdruck.

Beim Blick auf die einzelnen Standortfaktoren, die eine industrieorientierte Entwicklungsstrategie zu adressieren hat, zeigt sich, dass eine Vielzahl unterschiedlicher Politikbereiche wie Beschäftigungspolitik, Sozialpolitik und Planungspolitik einbezogen werden müssen. Natürlich hängt die Attraktivität der Stadt als Industriestandort stark von der Gewerbesteuer, der Identität als Industriestadt sowie der Vernetzung des verarbeitenden Gewerbes mit Politik und Behörden ab. Daneben hat aber auch die Gewinnung neuer Mitarbeiter, insbesondere Lehrstellenbewerber und Facharbeiter, hohe Priorität. Neben der unmittelbaren Attraktivität der Arbeitsplätze spielen in diesem Bereich auch die Versorgung mit erschwinglichem Wohnraum und Kindertagesstätten in Betriebsnähe sowie Wohnumfeldfaktoren im weitesten Sinn eine wichtige Rolle. Ein ganz anderes Politikfeld, das eine industrieorientierte Entwicklungsstrategie ebenfalls unmittelbar tangiert, ist die Stadtplanung. Transparenz, Kommunikation, Partizipation, Zuständigkeiten bzw. Ansprechpartner und teilweise auch die Dauer von Verfahren müssen aus Sicht der Industrievertreter vorrangig verbessert oder besser vermittelt werden. Die Arbeit der Wirtschaftsförderung wird in diesem Zusammenhang als hilfreich und adäquat empfunden, ist aber offensichtlich in erster Linie für kleinere Betriebe relevant. Die Zusammenarbeit mit Hochschulen und anderen wissenschaftlichen Einrichtungen ist grundsätzlich für alle Betriebe ein wichtiger Baustein der Zukunftssicherung, wobei kleinere Betriebe aufgrund der als hoch empfundenen Zugangsschwelle Kontakte und Kooperationen vermissen.

Gewerbeflächen

Mit der höchsten Arbeitsplatzdichte aller deutschen Großstädte ist Frankfurt das herausragende Arbeitsmarktzentrum der Region. Wirtschaftliche Prosperität und anhaltendes Bevölkerungswachstum verschärfen auf lange Sicht den Wettbewerb um knapper werdende Flächen der Stadt. Insbesondere auf traditionelle Industriegebiete erhöht sich der Druck durch die Nachfrage nach Wohnimmobilien. Eine wichtige Aufgabe vorausschauender Standortpolitik wird es sein, dem verarbeitenden Gewerbe qualitativ hochwertige Flächen langfristig zu sichern.

4 Gewerbeflächen

Flächenkonkurrenz und Bestandsschutz

GEWERBEFLÄCHEN IN FRANKFURT

Frankfurt ist das herausragende Arbeitsmarktzentrum der Region Frankfurt/Rhein-Main. Mit 620 000 Erwerbstätigen bei 700 000 Einwohnern besitzt die Stadt mit weitem Abstand die höchste Arbeitsplatzdichte (92/100) aller deutschen Großstädte. Sie ist auf einen Einpendlerüberschuss von rund 260 000 Beschäftigten zurückzuführen (vgl. Prognos 2010). Darüber hinaus zeigen die Frankfurter Einwohnerzahlen seit 2005 dynamische Wachstumsraten, die gleichermaßen auf natürliches Bevölkerungswachstum wie auf einen positiven Wanderungssaldo zurückzuführen sind (Stadt Frankfurt am Main 2012). Sollte dieses Wachstum unvermindert anhalten, so wird sich die Konkurrenz um die knapper werdenden Flächen der Stadt eher noch verschärfen. Insbesondere industriell geprägte Gewerbegebiete geraten durch die Erfordernisse des Wohnungsbaus unter Druck. Da Industrieunternehmen hinsichtlich der Flächenentwicklung auf dauerhaft verlässliche Rahmenbedingungen angewiesen sind und Wirtschaftsförderung in hohem Maße immer auch Pflege des Bestands ist, wird die Sicherung der Funktionalität bestehender Produktionsstandorte zu einer wichtigen Aufgabe vorausschauender Industrie- und Flächenpolitik. Es gilt, Bestandsunternehmen des verarbeitenden Gewerbes in Einklang mit übergeordneten Zielen der Stadtentwicklung vor heranrückenden, nicht industrieverträglichen Nutzungen zu schützen.

Das Gewerbeflächenkataster weist 51 Gewerbe- und Industriegebiete unterschiedlichster Größe und heterogener Nutzung aus (Stadt Frankfurt am Main 2009). Insgesamt nehmen diese Gebiete ca. 9% der Stadtfläche (2 176 ha von 24 830 ha) und knapp 18% der bebauten Fläche ein (ohne Wald- und Wasserflächen, Erholungsflächen und landwirtschaftliche Flächen). Kleinsten Gebieten mit nur 2 ha im Nordend stehen sehr große

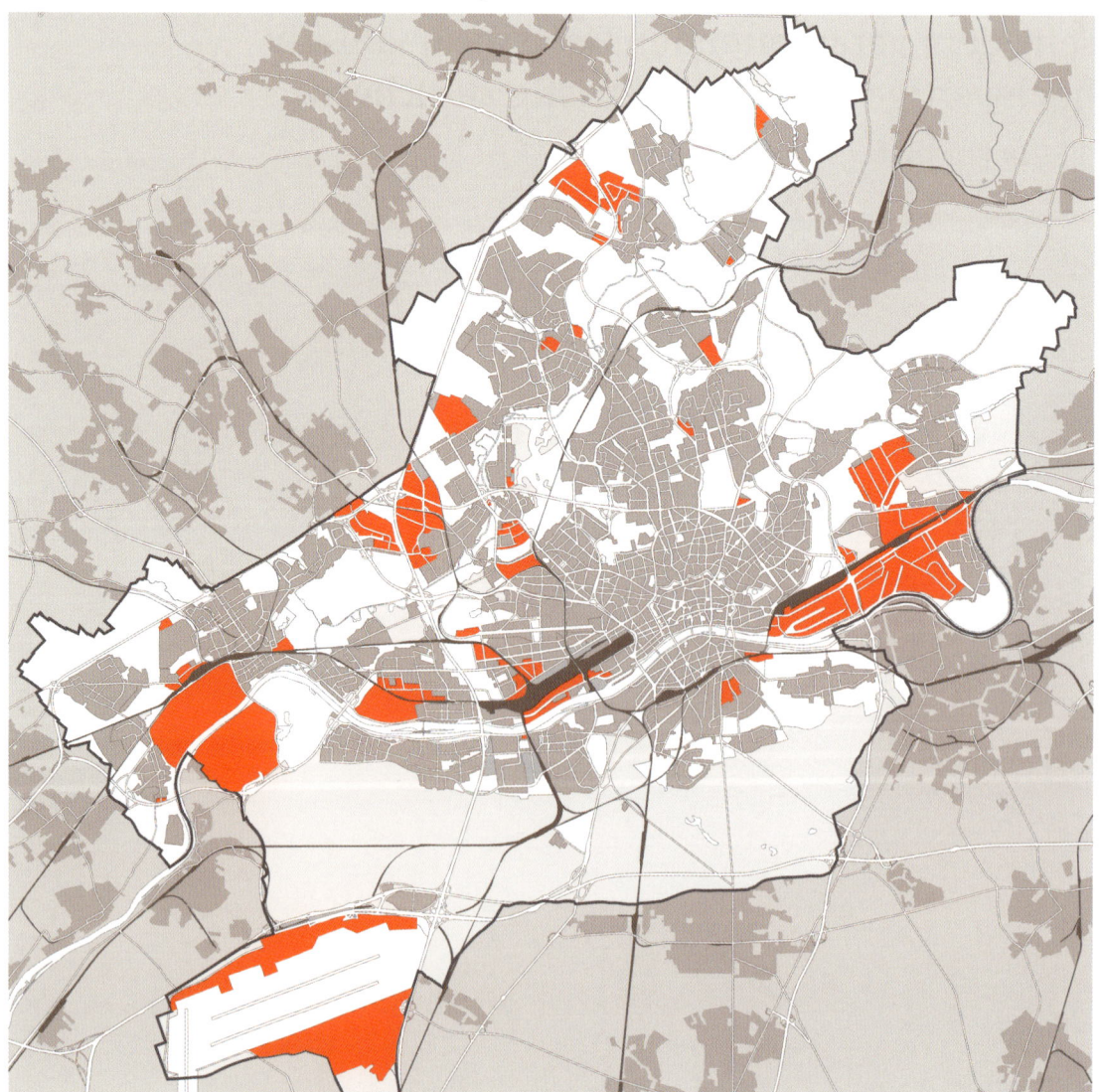

Abbildung 4-1: Frankfurter Gewerbegebiete gemäß Gewerbeflächenentwicklungsprogramm 2006 (Quelle: eigene Darstellung nach Magistrat der Stadt Frankfurt am Main/Stadtplanungsamt 2006)

NUTZUNGSARTEN
2002/2003 und 2008/2009 (in ha) ■ 2002/2003 ■ 2008/2009

Abbildung 4-2: Wandel der Nutzungsarten (Quelle: Gewerbeflächenkataster der Stadt Frankfurt a.M. 2009)

Gewerbegebiete mit 290 ha wie die Cargo City oder der Industriepark Höchst Nord mit 200 ha gegenüber. Die südlichen und nördlichen Teile des Industrieparks Höchst umfassen zusammen 393 ha und damit fast 20% aller Gewerbeflächen der Stadt (Abbildung 4-1).

Eine grundstücksweise Bestandsaufnahme der Flächennutzung durch das Stadtplanungsamt unterscheidet aus städtebaulicher Sicht als Hauptnutzungsarten Produktion, Lager, Werkstatt, Büro, Verkauf, Dienstleistung und (Betriebs-)Wohnen. Insgesamt gelten 85% der begutachteten Gewerbeflächen als ihren Nutzungsarten entsprechend angemessen genutzt. Weitere 5% stehen betriebsintern als Expansionsflächen zur Verfügung. Folglich sind 90% der Frankfurter Gewerbeflächen sinnvoll genutzt. Die wenigen mindergenutzten und brach gefallenen Flächen verteilen sich nicht gleichmäßig über die Stadt, sondern konzentrieren sich in wenigen Gebieten, beispielsweise in Teilen Rödelheims und Fechenheims (Stadt Frankfurt am Main 2009).

Im Verlauf der letzten fünf Jahre zeigt sich ein wenig überraschender Trend. Zwar dominiert mit Blick auf den Flächenanspruch noch immer die Lagerhaltung, doch der Anteil der Lagerflächen ist deutlich gesunken. Ebenso ist die Zahl der Produktionsflächen im engeren Sinn zurückgegangen und umfasst nur noch ca. 350ha (Abbildung 4-2). Im Gegenzug zeigt sich eine deutliche Steigerung bei den Verkaufs-, Büro- und Dienstleistungsflächen. Der allgemeine Trend zur Tertiärisierung spiegelt sich also auch in der Nutzung der Frankfurter Gewerbegebiete wider. Für produzierende Betriebe stellt diese Situation ein doppeltes Problem dar. Erstens stehen immer weniger Expansionsflächen für erfolgreiche Betriebe sowie Neuansiedlungen zur Verfügung und zweitens steigt mit dem Anteil tertiärer Nutzungen die Gefahr von Umfeldkonflikten mit nicht industrieverträglichen Nutzungsarten.

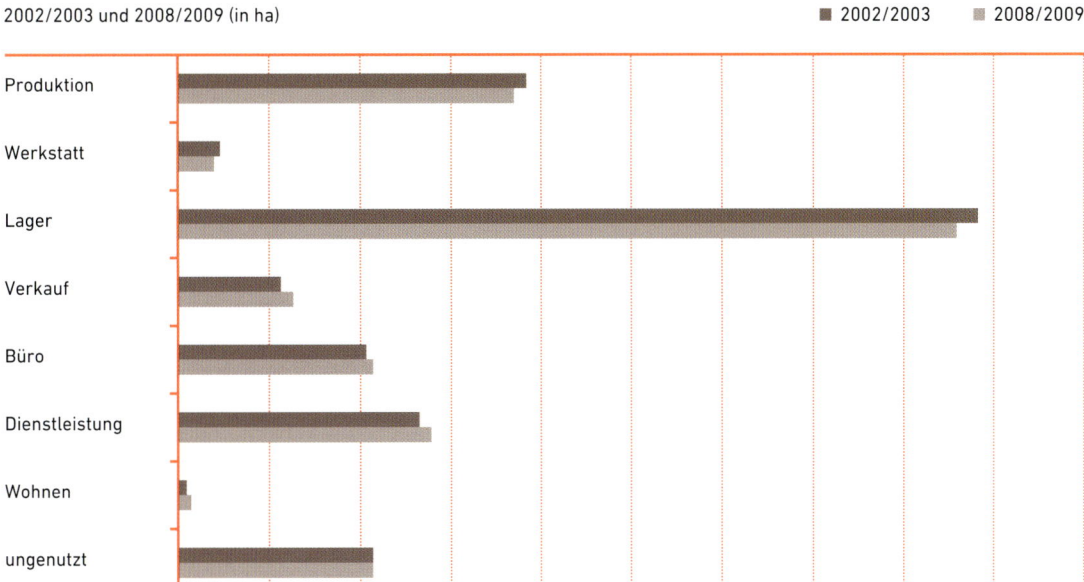

STANDORTTYPEN

Die Hälfte der befragten Betriebe befindet sich in so genannten Mischgebieten, die im oben zitierten Gewerbeflächenkataster nicht enthalten sind. Deshalb wurden für die Industriestudie die Gewerbe- *und* Mischnutzungsgebiete in vier neue Standorttypen differenziert. Mit dieser Typisierung werden erstens die heterogenen Gewerbegebiete nach inhaltlichen Kriterien in zwar großräumige, dafür aber homogenere und übersichtlichere Flächentypen unterteilt und zweitens können die Befragungsergebnisse räumlich interpretiert und raumbezogene Schlüsse für die Stadtentwicklung gezogen werden. Die Standorttypisierung orientiert sich an den räumlich-funktionalen Kriterien „Bodenrichtwerte aus dem Jahr 2012", „Siedlungstypik einschließlich aktueller Erweiterungen (z.B. Europaviertel)" und „stadträumliche Zäsuren (z.B. Hauptverkehrsstraßen, Gleistrassen)". Sie folgt zwar keinen bestehenden planerischen oder administrativen Abgrenzungen, ist aber aufgrund ihrer Verallgemeinerbarkeit und Übertragbarkeit ein geeignetes Konzept, um flächenbezogene Potentiale und Hemmnisse für die Frankfurter Industrieentwicklung zu analysieren (Textbox 4-1; Abbildung 4-3 und Abbildung 4-4):

hoher Anteil angemessen genutzter Flächen, Zunahme von Nutzung für Verkauf, Büro und Dienstleistungen

große Unterschiede zwischen Standorttypen

4 Gewerbeflächen

Zufriedenheit mit der qualitativen Ausstattung der Flächen

Handlungsbedarf: Kosten, Expansionsmöglichkeiten und Planungssicherheit

- Typ I „Sonderstandorte": ca. 20% der befragten Unternehmen, Dominanz von Großbetrieben mit hohem Flächenanspruch.
- Typ II „Industrie-/Gewerbefläche": ca. 20% der befragten Unternehmen, überwiegend Großbetriebe.
- Typ III „integrierter Standort/verdichtetes innerstädtisches Mischgebiet": ca. 20% der befragten Unternehmen, überwiegend kleine Betriebe mit geringem Flächenanspruch.
- Typ IV „integrierter Standort/übrige Mischgebiete der Stadt": ca. 40% der befragten Unternehmen, heterogene Größenstruktur.

STANDORTZUFRIEDENHEIT

Die qualitative Ausstattung der eigenen Betriebsflächen und die infrastrukturelle Anbindung des Betriebsstandorts bewerten die Frankfurter Industriebetriebe unabhängig von der Lage des Betriebs als überwiegend zufriedenstellend (Abbildung 4-5). Die zentrale Lage Frankfurts im europäischen Städtesystem, der Frankfurter Flughafen als internationales Drehkreuz sowie die hervorragende multimodale Anbindung an die verschiedenen Verkehrsträger Straße, Schiene und Wasser sind ein herausragender Standortvorteil für die Region Frankfurt/Rhein-Main. Auch die Ver- und Entsorgungsleistungen (Entwässerung, Abfallentsorgung) geben keinen Anlass zur Kritik (zu Bedeutung und Präferenz einer ökologischen Modernisierung vgl. Anhang A V-3).

Als problematisch erweisen sich hingegen drei Faktorenbündel: Kosten, Flächenverfügbarkeit und Planungssicherheit. Für nahezu alle Frankfurter Industriebetriebe stellen die Standort- und Energiekosten eine hohe Belastung dar. Die Immobilienpreise (Grunderwerb, Miete, Pacht) sind eine direkte Folge des marktgesteuerten Immobilienmarkts im wirtschaftlich prosperierenden Großraum Frankfurt/Rhein-Main und auch die Energiekosten entziehen sich nach der Liberalisierung des Strom- und Gasmarktes weitgehend dem steuernden Einfluss der Stadt. Anders verhält es sich bei Realsteuern und Kostenbelastungen aus Gebühren und Abgaben.

Die Kommunen können über den jeweiligen Hebesatz die Realsteuern (Gewerbesteuer und Grundsteuern) selbst bestimmen, müssen dabei aber gleichermaßen und abwägend die Wirkung auf Unternehmen, die Wettbewerbsfähigkeit des Standorts wie auch die Haushaltseffekte der Steuereinnahmen berücksichtigen. Die Grundsteuer errechnet sich durch Multiplikation des Grundsteuermessbetrages (vom Finanzamt berechnet) mit dem jeweils maßgebenden Hebesatz, der von der Gemeinde eigenverantwortlich festgelegt wird. Die Hebesätze in Frankfurt zählen mit 460% für die Gewerbesteuer und 500% für Grundsteuer B zu den höchsten in Hessen (Rüsselsheim 800% Grundsteuer B). Im Vergleich mit Metropolen ähnlicher Größe unterscheiden sie sich aber nicht wesentlich (vgl. Kap. 3). Im intraregionalen Standortwettbewerb stellen sie dennoch einen Nachteil dar wie nicht zuletzt der Umzug der Deutschen Börse nach Eschborn gezeigt hat. Problematisch sind hierbei weniger die Frankfurter Hebesätze als vielmehr diejenigen der

Abbildung 4-3: Standorttypen und Betriebsgrößen nach Fläche (Quelle: eigene Erhebungen)

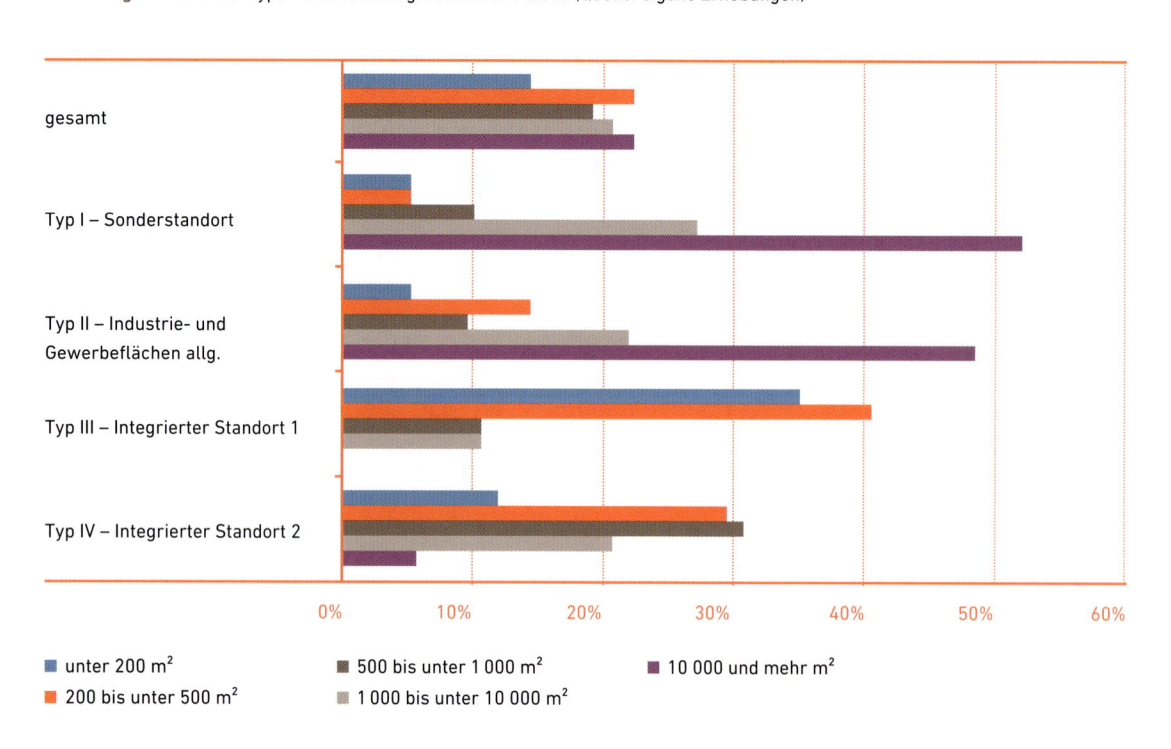

Abbildung 4-4: Standorttypen (Quelle: Stadtplanungsamt Frankfurt/eigene Darstellung)

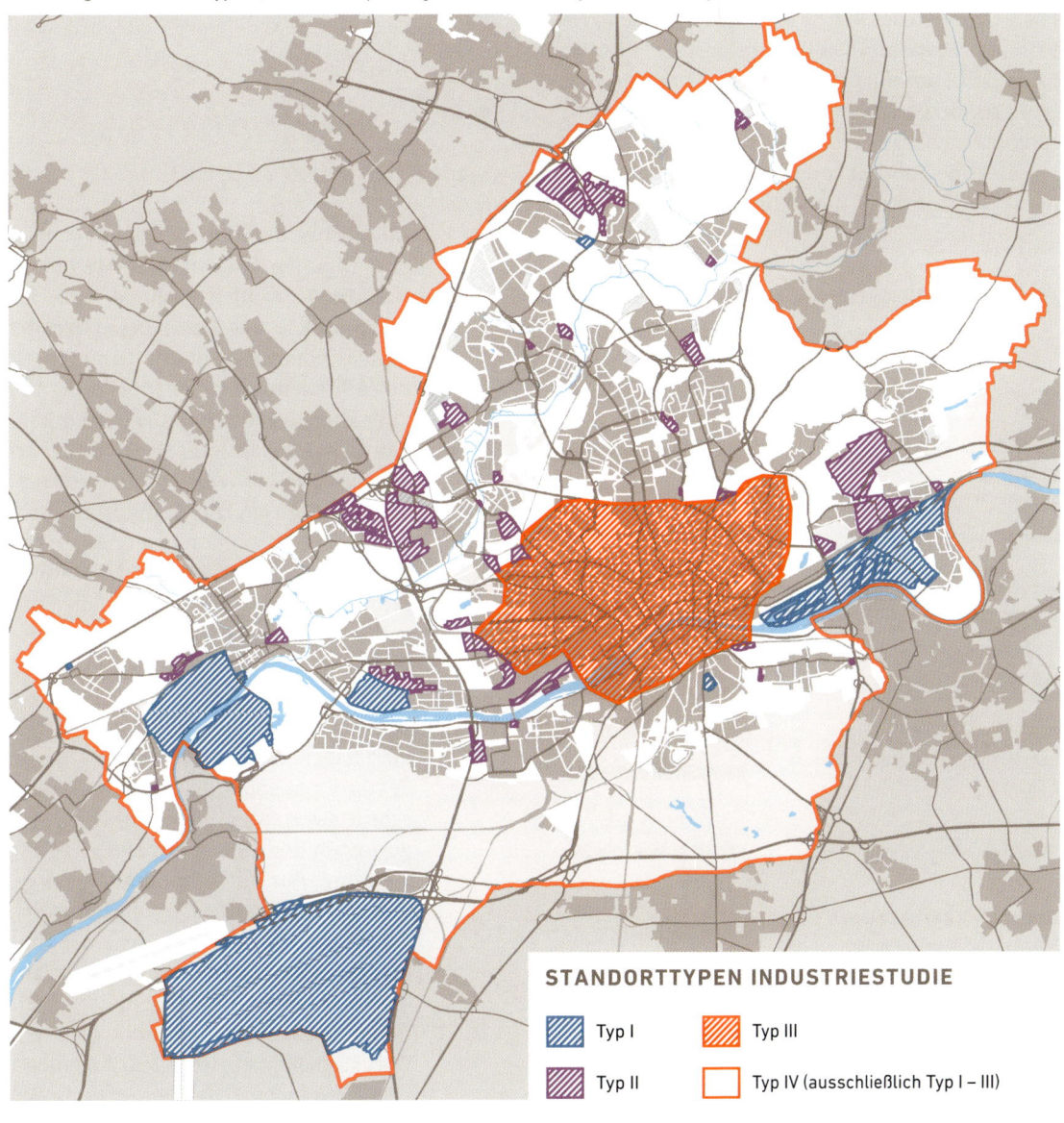

STANDORTTYPEN INDUSTRIESTUDIE

- Typ I
- Typ II
- Typ III
- Typ IV (ausschließlich Typ I – III)

Textbox 4-1

STANDORTTYPEN

Typ I: *Sonderstandorte* sind die Industrieparks (Höchst, Griesheim) und die Betriebsstätten der Unternehmen Allessa GmbH (Cassella), Carbone AG sowie die Binding-Brauerei AG. Die Hafenareale (Unter- und Oberhafen) gehören ebenfalls zu diesen traditionell gewachsenen Standorten. Diese Standorte sind durch großflächige Grundstückszuschnitte und industrielle Strukturen geprägt. Sie werden überwiegend von Managementgesellschaften (Infraserv, Infrasite, Hafenmanagementgesellschaft GmbH) bzw. Konzernen verwaltet, welche auf Grund der Eigentumsverhältnisse und Organisationsstruktur maßgeblichen Einfluss auf die Standortentwicklung besitzen. Regionalplanerisch handelt es sich um gewerbliche Bauflächen und die Sondergebiete Häfen. In diesen Gebieten befinden sich auch Störfallbetriebe (SEVESO II).

Typ II: Auf den übrigen *Industrie- und Gewerbeflächen* sind die Standortstrukturen heterogen. Sie sind im gesamten Stadtgebiet verteilt. Der Status der Flächen ist planerisch als gewerbliche Baufläche einzustufen. Häufig haben sich hier zusätzlich Einzelhandel und andere Nutzungen angesiedelt.

Typ III: Bei den *integrierten Standorten* des Typ III handelt es sich um gemischte Bauflächen bzw. Gemengelagen, die überwiegend zentral gelegen und hoch verdichtet sind.

Typ IV: Diese Kategorie fasst alle übrigen Mischbauflächen im Stadtgebiet zusammen. Ihre Prägungen sind heterogen, so dass von historisch gewachsenen Gemengelagen bis zu jüngeren Ansiedlungen entlang von Ausfallstraßen unterschiedliche Formen vertreten sind. Wenige Betriebe sind auf Wohnbauflächen ansässig.

4 Gewerbeflächen

Umfeldkonflikte: an einzelnen Standorten wichtig, insgesamt aber zweitrangig

umliegenden Kommunen (Eschborn 280% Gewerbesteuer, 140% Grundsteuer B – die niedrigsten Sätze in Hessen), deren primärer Standortvorteil darin besteht, unmittelbar an die Kernstadt Frankfurt anzugrenzen. Hier muss dringend über neue regionale Strukturen des Finanzausgleichs und der interkommunalen Flächenpolitik nachgedacht werden.

Direkt beeinflussbar durch städtische Politik sind zwei andere Problemfelder – mangelnde Planungssicherheit sowie die Verfügbarkeit von Expansionsflächen – auf die im Folgenden näher eingegangen wird.

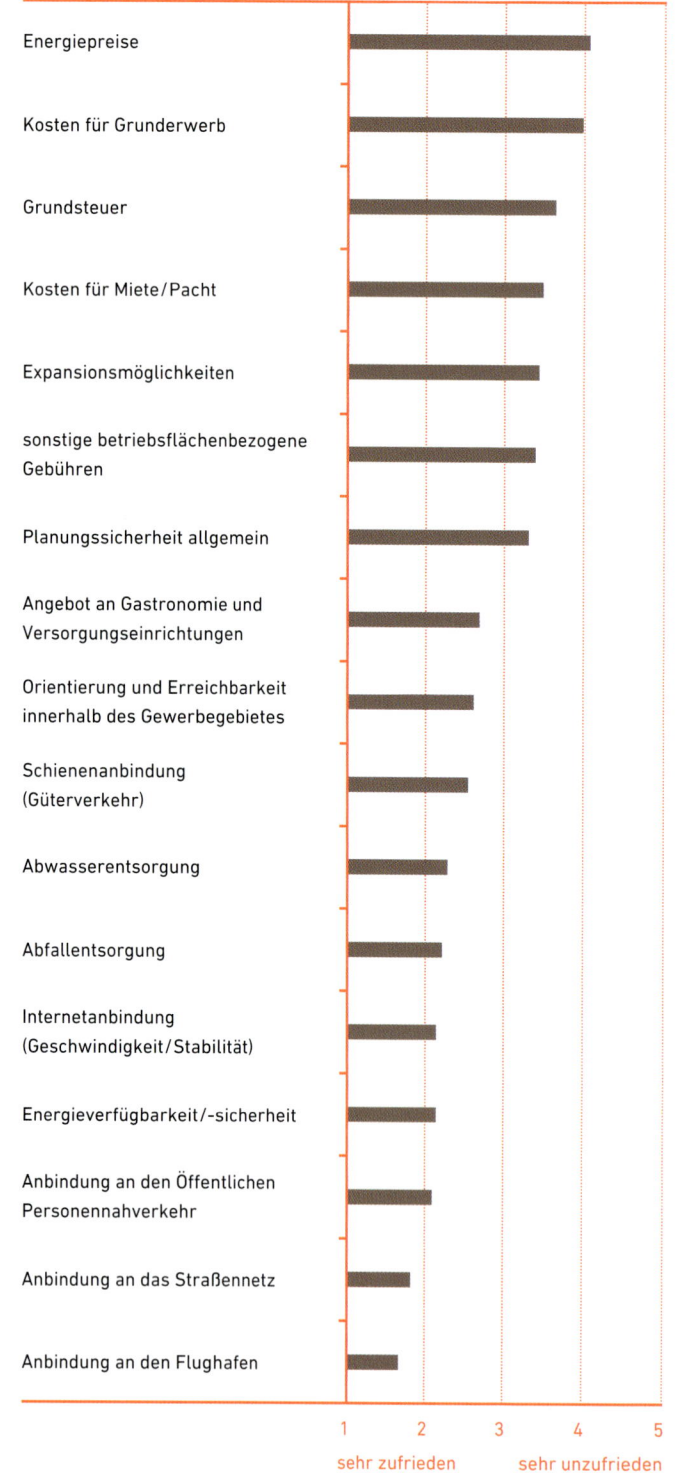

UMFELDKONFLIKTE UND PLANUNGSSICHERHEIT

Angesichts der hohen Flächenkonkurrenz zwischen Wohnen und gewerblicher Nutzung ist es überraschend, dass Umfeldkonflikte aus der Perspektive der Industriebetriebe ein eher untergeordnetes Problem darstellen (Abbildung 4-6). Zwar können Lärm- und Geruchsemissionen als Konfliktauslöser eine Rolle spielen, alles in allem sehen sich die Unternehmen an ihren jetzigen Standorten durch potenzielle Auseinandersetzungen mit Anliegern jedoch wenig bedroht. Interessanterweise trifft dies auch auf die hoch verdichteten innerstädtischen Mischlagen zu, in denen sich Wohnbevölkerung und verarbeitendes Gewerbe in einem historischen Prozess wechselseitig arrangiert haben. Wie die Interviewauszüge in Textbox 4-2 zeigen, gelten die auf Durchschnittswerten beruhenden Schlussfolgerungen der quantitativen Befragung allerdings nur mit Einschränkungen.

Schwierigkeiten treten vor allem in den verschiedenen Mischbauarealen (Standorttyp IV) sowie in Gewerbegebieten auf, die von Chemie- und Pharmaunternehmen dominiert werden (Abbildung 4-7). Dort können historische Störfälle möglicherweise auch zu einer besonders hohen Sensibilisierung der angrenzenden Wohnbevölkerung geführt haben. Schwerlastverkehr fällt störend vor allem in ausgewiesenen Industriegebieten (Typ I und Typ II) ins Gewicht. In Anbetracht der hohen Zahl großer, auf intensiven Lieferverkehr angewiesener Betriebe ist dies allerdings kaum vermeidbar. Einzelne verkehrliche Engpässe verstärken das Problem, werden jedoch teilweise durch Straßenbaumaßnahmen bereits in Angriff genommen.

Für betroffene Gebiete und Unternehmen können Umfeldkonflikte zwischen Industriebetrieben und der Wohnbevölkerung durchaus bedrohliche Züge annehmen. Als Hauptgründe sind zum einen die zunehmende Siedlungsverdichtung auszumachen – Unternehmen sprechen davon, wie ihnen „die Wohnbevölkerung auf die Pelle rückt" oder wie

Flächenkonkurrenz mit Wohnnutzung bedingt Verunsicherung

Abbildung 4-5: Standortzufriedenheit (Quelle: eigene Erhebungen)

Kriterium	Bewertung (1 sehr zufrieden – 5 sehr unzufrieden)
Energiepreise	4,2
Kosten für Grunderwerb	4,0
Grundsteuer	3,7
Kosten für Miete/Pacht	3,6
Expansionsmöglichkeiten	3,5
sonstige betriebsflächenbezogene Gebühren	3,4
Planungssicherheit allgemein	3,2
Angebot an Gastronomie und Versorgungseinrichtungen	2,7
Orientierung und Erreichbarkeit innerhalb des Gewerbegebietes	2,6
Schienenanbindung (Güterverkehr)	2,5
Abwasserentsorgung	2,3
Abfallentsorgung	2,2
Internetanbindung (Geschwindigkeit/Stabilität)	2,1
Energieverfügbarkeit/-sicherheit	2,1
Anbindung an den Öffentlichen Personennahverkehr	2,1
Anbindung an das Straßennetz	1,8
Anbindung an den Flughafen	1,6

sie „von Wohngebäuden umzingelt" wurden – und zum anderen Konversionsflächen, die als frühere Gewerbegebiete heute zu Wohnvierteln umgenutzt werden und in unmittelbarer Nachbarschaft zu fortbestehenden Industriegebieten liegen. In wenigen Fällen kann auch die Stadtpolitik selbst verantwortlich gemacht werden, wenn sie Flächen zur Wohnbebauung frei gibt, die sich ebenso gut für Gewerbe eignen würden (vgl. Textbox 4-2). Wenn Betriebe bereits konkrete rechtliche Auseinandersetzungen mit der angrenzenden Wohnbevölkerung erfahren haben, werden Umfeldkonflikte zu einem standortrelevanten Problem und üben einen deutlichen Einfluss auf Verlagerungsentscheidungen aus.

Das gleiche gilt für die Stabilität rechtlicher Rahmenbedingungen (vgl. Textbox 4-3). Insbesondere große Betriebe an Traditionsstandorten der Stadt sind für die grundsätzliche

rechtliche Rahmenbedingungen: Zweifel an langfristiger Kontinuität

Abbildung 4-6: Umfeldkonflikte (Quelle: eigene Erhebungen)

Umfeldkonflikte mit umliegender Wohnbevölkerung...	
... aufgrund von Lärmemissionen	5.0
... aufgrund von Geruchsemissionen	4.5
... aufgrund von Partikelemissionen	3.5
... aufgrund von Schwerlastverkehr	3.8
... aufgrund von ruhendem Verkehr	3.5
Flächenkonkurrenz mit Wohnnutzung	5.5
Umfeldkonflikte mit umliegenden Gewerbetreibenden	2.8

keine Bedrohung — starke Bedrohung

Abbildung 4-7: Flächenkonkurrenz und Verunsicherung durch sich ändernde Rahmenbedingungen (Quelle: eigene Erhebungen)

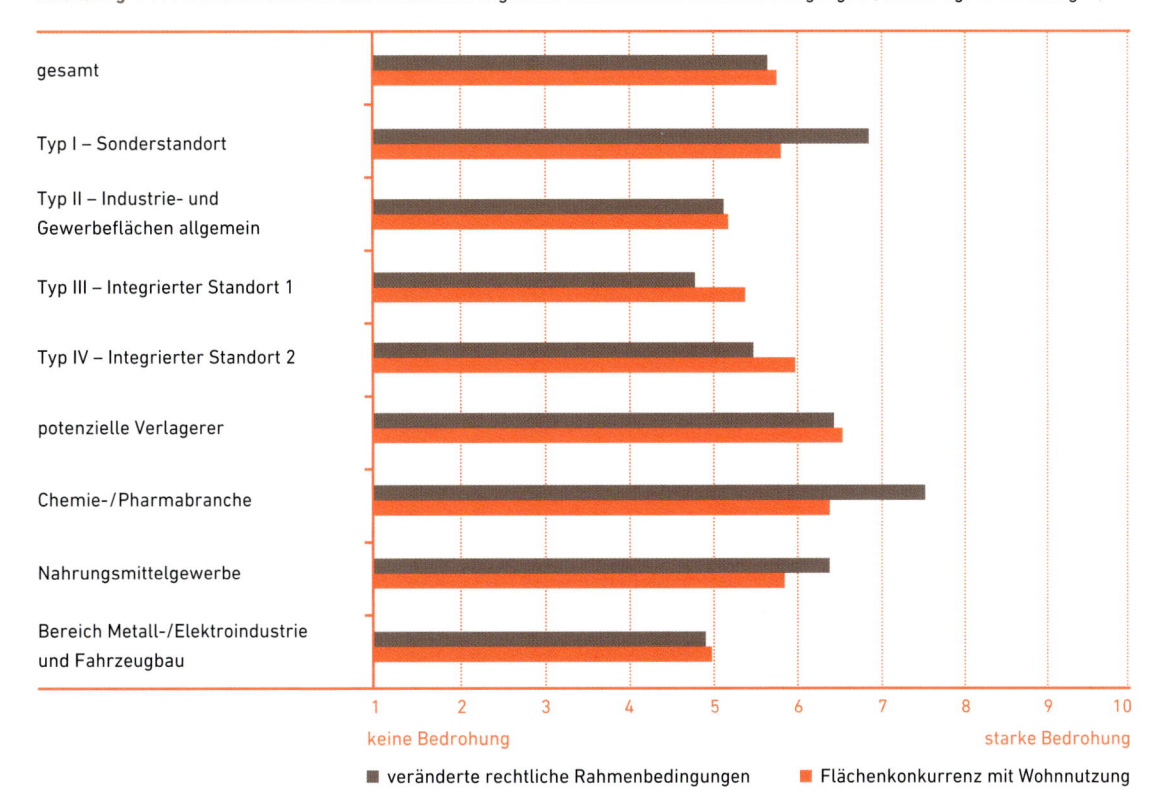

	veränderte rechtliche Rahmenbedingungen	Flächenkonkurrenz mit Wohnnutzung
gesamt	5.6	5.7
Typ I – Sonderstandort	6.8	5.8
Typ II – Industrie- und Gewerbeflächen allgemein	5.1	5.1
Typ III – Integrierter Standort 1	4.8	5.3
Typ IV – Integrierter Standort 2	5.5	5.9
potenzielle Verlagerer	6.4	6.5
Chemie-/Pharmabranche	7.5	6.3
Nahrungsmittelgewerbe	6.3	5.8
Bereich Metall-/Elektroindustrie und Fahrzeugbau	4.9	5.0

keine Bedrohung — starke Bedrohung

4 Gewerbeflächen

Textbox 4-2

FLÄCHENKONKURRENZ UND UMFELDKONFLIKTE AUS DER INNENPERSPEKTIVE – POSITIONEN

„Umfeldkonflikte haben wir auch, aufgrund von Lärmemissionen. Ja, immer wieder. Die Wohnbevölkerung beschwert sich ... Und die Stadt hat das hier als Mischgebiet jetzt ausgewiesen, früher war das ein reines Gewerbegebiet. Und jetzt fragen alle, ob sie nicht das Gelände hier kriegen für Wohnungsbau. ... Aber man muss das so sehen: Als wir hierher gekommen sind, da war hier noch nichts, nur Land. So langsam haben uns die Gebäude hier umzingelt. ... Wir sind natürlich nicht gern gesehen. Die Leute hier würden uns gerne weg haben. Und mit Wohnbebauung können Sie heute mehr Geld verdienen." (Standortleiter eines internationalen Maschinenbauunternehmens)

„Früher gab es hier eine größere Gießerei, die wurde abgerissen, dann gab es Wohnungsbau, Eigentumswohnungen. Jetzt laufen die Sturm, wenn es hier laut ist. ... Das ist gar kein reines Industriegebiet mehr. Sie kriegen da Schwierigkeiten." (Geschäftsführer eines mittelständischen Maschinenbaubetriebs)

„Für uns ist das natürlich nicht unproblematisch. Das ist der Punkt. ... Speziell hier in dem Bereich der Westseite, wo Gärten sind, steht durchaus die Überlegung, dort auch Mietwohnungen zu bauen. Die rücken uns dann auch, sag ich mal, ziemlich auf die Pelle." (Standortleiter eines internationalen Maschinenbauunternehmens)

„Die haben jetzt hier irgendwann mal beschlossen, vielleicht ein bisschen Wohnsiedlung hier zu machen. Jetzt haben sie da drüben schon mal so ein Nobelwohnhaus gebaut, mit dem Ergebnis, dass ... erst mal die Polizei kam, weil die Leute nicht schlafen können. Das ist ein Gewerbegebiet, ja? Das ist ein Gewerbegebiet! Also ich weiß nicht, ob die die Planung so richtig im Griff haben. Letztlich ist es vielleicht richtig, aber dann muss ich ein Konzept haben ... Ich kann nicht einfach irgendwo was machen. Und das ist so in Frankfurt ein bisschen typisch. Man findet noch eine Grünfläche und baut noch ein bisschen was." (Vorstand eines internationalen Nahrungsmittelkonzerns)

„Die Stadt Frankfurt bebaut die Pfaffenwiese innerhalb des Seveso-Riegels. Das ist mir völlig unverständlich. Beschwert sich, sie hat kein Gewerbegebiet und das, was sie als Gewerbegebiet nutzen könnte, baut sie mit Wohnhäusern zu. Schwierige Geschichte." (Vorstand eines internationalen Chemie- und Pharmaunternehmens)

„Und das zweite Problem ist die Nähe zum Wohnen. Da wurde in Frankfurt nie drauf geachtet. Man hat keine Abstandsflächen frei gehalten. Also sei es durch Grünzüge, sei es durch Mischnutzung. Auf dem Flächennutzungsplan gibt es diese Flächen, die sind aber überwiegend mit Wohnen belegt, das heißt, da gibt es Leute, die beschweren sich. Da beschwert sich eine neu hinzugekommene Wohnbevölkerung. ‚Wir haben hier viele Tausend Euro bezahlt für unsere Eigentumswohnung und jetzt stören die uns, weil sie den ganzen Tag Krach machen. Und außerdem kommt auch manchmal ein bisschen Geruch rüber.' Das heißt, man hat keine Versuche oder fast keine Versuche gestartet, Abstand zu halten und hat Wohngebiete ausgewiesen, wo es halt gerade passte und wo man sich eine hohe Rendite erhoffte." (Experte für die Frankfurter Industrie)

„Also diesen Flächenkonflikt, Industrie gegen Wohnraum, diesen Flächenkonflikt, oder Flächenkonkurrenz, das ist vielleicht ein schönerer Ausdruck, diese Flächenkonkurrenz, die müssen wir moderieren in irgendeiner Form." (Experte für die Frankfurter Industrie)

---

der Osthafen: Beispiel für Verunsicherung und Neuinvestitionen

Dynamik von Flächenplanung und Gesetzgebung sensibilisiert. Die Änderung von Richtlinien des Immissionsschutzes kann zusammen mit einer herannahenden Wohnbevölkerung schnell zu einer Bedrohung des aktuellen Standorts werden. Dass insbesondere in den alten, traditionellen Industriegebieten, zu denen auch die begehrten und lange Zeit umkämpften Hafenflächen zählen, Umfeldkonflikte als starke Bedrohung im Kontext sich möglicherweise ändernder rechtlicher Rahmenbedingungen gesehen werden, ist ein wichtiger Hinweis für das zukünftige Flächenmanagement der Stadt.

Das zu erarbeitende räumlich-funktionale Entwicklungskonzept muss betroffenen Unternehmen an gewachsenen innerstädtischen Standorten einen verlässlichen Planungshorizont gewährleisten, denn standortspezifische Anlageinvestitionen sind nur bei stabilen Rahmenbedingungen zu erwarten, die eine Investitionsplanung über mehrere Jahrzehnte erlauben. Dies zeigt nicht zuletzt die Erfahrung mit den umkämpften innerstädtischen Flächen des Osthafens. Aufgrund unklarer Zukunftsperspektiven fand hier über Jahre hinweg ein Desinvestitionsprozess statt, der die Begehrlichkeiten der Immobilienwirtschaft vor dem Hintergrund der Ansiedlung der neuen Europäischen Zentralbank weiter

Textbox 4-3

PLANUNGSSICHERHEIT UND RECHTLICHE RAHMENBEDINGUNGEN

Quer durch alle mit Unternehmensvertretern geführten Interviews zieht sich das Thema der Planungssicherheit und es wird deutlich, dass Änderungen rechtlicher Rahmenbedingungen zum Wegzug von Betrieben führen können.

Frage: „Haben Sie mal über eine Verlagerung nachgedacht?"
Antwort: „Aber ganz gewaltig. Wir hatten in den letzten eineinhalb Jahren Probleme mit der Stadt Frankfurt wegen der Bebauung. Wir hatten eine Grundflächenzahl von 0,7 bei allen Baugenehmigungen. In der Zwischenzeit wurde der Bebauungsplan auf 0,6 geändert. Und wir hätten bebaut und 0,7 gehabt. Hat die Stadt Frankfurt gesagt: Interessiert uns nicht. Wir waren auf dem Bauamt, wir wollten einen Antrag stellen für wirtschaftliche Erweiterung. Das heißt, wir wollen Leute einstellen. Wollen hier bleiben. Da hat die Dame auf dem Bauamt uns eindeutig gesagt: Wirtschaftliche Interessen interessieren uns nicht. Dann müssen wir uns halt umgucken im Umland. Bad Vilbel oder Dorfelden haben ja interessante Gebiete. Gehen wir halt da hin. Da war selbst ein Mitarbeiter der Wirtschaftsförderung dabei. Der hat dann auch nur den Kopf geschüttelt. Und das ist das Problem von Frankfurt."*

Der Betrieb ist nur deswegen (vorläufig) in Frankfurt geblieben, weil noch kein Käufer für die Flächen gefunden wurde.

---

steigerte. Nach dem Abschluss neuer Pachtverträge hat sich die Situation jedoch grundlegend geändert. Über 180 Mio. Euro wurden in wenigen Jahren investiert.

EXPANSIONSFLÄCHEN

Im Rahmen der Standortbewertung wurden neben den Kosten und der Planungsunsicherheit vor allem die fehlenden Expansionsmöglichkeiten bemängelt (Abbildung 4-8). Expansionsabsichten sind ein interessanter Hinweis auf die Zukunftserwartungen der befragten Betriebe. Zwar lässt sich auch mit diesem Indikator die ökonomische Entwicklung nicht prognostizieren, aber es ist davon auszugehen, dass Unternehmen mit Expansionsabsichten auf der Grundlage ihrer aktuellen Wettbewerbssituation eine erfolgreiche wirtschaftliche Zukunft am Standort Frankfurt erwarten. Dabei zeigt sich, dass Expansionsabsichten und Flächenverfügbarkeit miteinander korrelieren.

Insgesamt stehen weniger als 40% der befragten Betriebe an ihrem Standort Expansionsflächen zur Verfügung. Diese sind mit Blick auf die räumlich-funktionale Gliederung in Standorttypen sehr unterschiedlich verteilt. Die Mehrheit der Großbetriebe in Gewerbegebieten des Typs I hat entweder die Option, Flächen zuzukaufen (40%) oder ist bereits im Besitz von Expansionsflächen (25%). In Mischgebieten stellt sich die Situation weniger günstig dar, hier klagen fast 90% der Betriebe über fehlende Erweiterungsmöglichkeiten.

Mehr als ein Drittel aller Betriebe denkt über eine Vergrößerung nach, zu etwa gleichen Teilen inner- oder außerhalb be-

Verfügbarkeit von Expansionsflächen stark nach Standorttypen differenziert

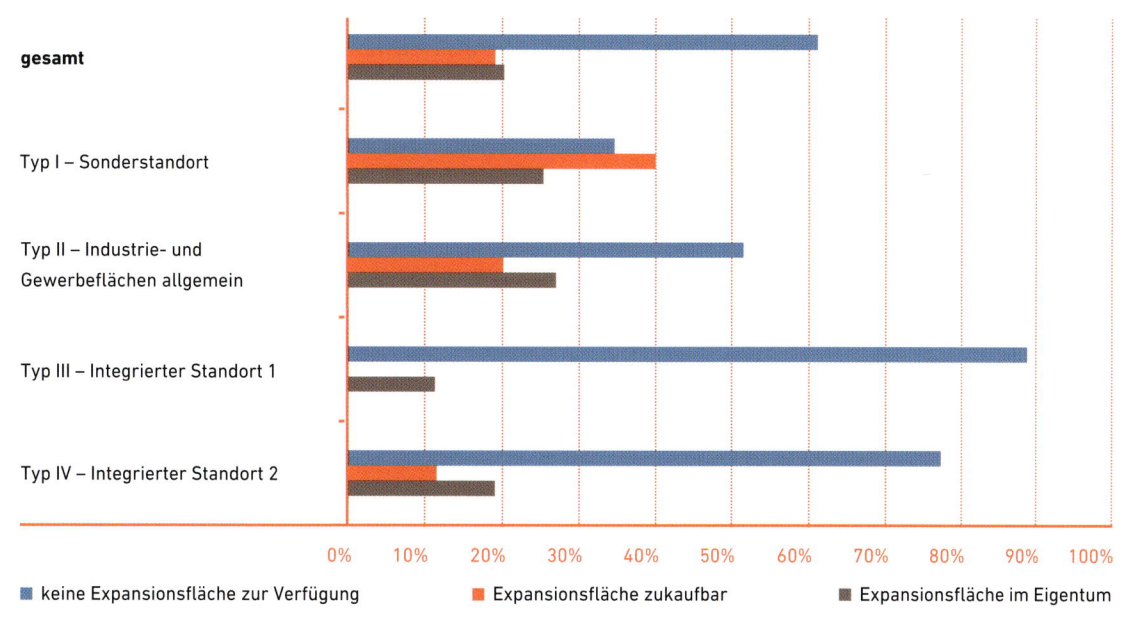

Abbildung 4-8: Verfügbarkeit von Expansionsflächen nach Standorttypen (Quelle: eigene Erhebungen)

■ keine Expansionsfläche zur Verfügung   ■ Expansionsfläche zukaufbar   ■ Expansionsfläche im Eigentum

4 Gewerbeflächen

Tabelle 4-1

GRÜNDE FÜR DIE VERLAGERUNG EINES BETRIEBS

Gewerbegebiete (Typ I, II)	Mischgebiete (Typ III, IV)
Kosten, Pachtzins, zu hohe Mietpreise, Grundstückskosten, Gewerbesteuer, Kosten der Mitarbeiter (Lohn, Wohnung)	räumliche Enge, Raumnot, zu wenig Platz am Standort, fehlende Expansionsmöglichkeiten
Ablauf eines Erbbaurechtsvertrages	zu hohe Mieten, Gewerbeflächen zu teuer, Kosten in Frankfurt, Standortkosten verringern
Nachbarschaftsprobleme	Kostenersparnis, Effektivität
Verkehrssituation	fehlende Parkplätze, Laufkundschaft
Probleme bei der Bebauung	Probleme mit der Anlieferung im Ortskern durch LKW
Produktionskosten, Industriepolitik, Energiepolitik	Streit mit Hauseigentümern
Wohngebiet, obwohl ursprünglich in ein Gewerbegebiet gebaut	planrechtliche Schwierigkeiten, Betrieb befindet sich heute in einem später ausgewiesenen Grüngürtel
Fördermittel an neuem Standort, Investitionshilfen und -zuschüsse, bessere Infrastruktur vor Ort etc., mehr Fachkräfte	

(Quelle: eigene Erhebungen)

mehr als zwei Drittel aller Betriebe erwägen Erweiterungen

triebseigener Flächen. Dabei sind es überwiegend größere Betriebe in klassischen Gewerbegebieten (Typ I), die sich expansionswillig zeigen. Hier plant fast jeder zweite Betrieb eine Erweiterung, meist innerhalb der vorhandenen Betriebsflächen. Lediglich 5% der hier ansässigen Betriebe beanspruchen zusätzliche Flächen. Allerdings ist infolge der Flächenintensität dieser Unternehmen der Gesamtbedarf nicht zu vernachlässigen. An allen anderen Standorten sind die Expansionsabsichten geringer ausgeprägt. Im Fall der innerstädtischen verdichteten Areale (Typ 3) dürften aufgrund der geringen Flächenverfügbarkeit Expansionsabsichten mit Betriebsverlagerungen einhergehen. Interessanterweise ist es vor allem das Nahrungsmittelgewerbe, das am ehesten eine Betriebserweiterung an neuen Standorten in Betracht zieht (knapp 30% der befragten Unternehmen). Zusätzliche Flächen in nennenswertem Umfang für die Erweiterung der Produktion benötigt die Chemie-/Pharmabranche. In allen anderen Fällen richtet sich der Bedarf eher auf Lagerflächen, Parkplätze und Werkstätten. In den verdichteten innerstädtischen Mischlagen planen die ansässigen Betriebe in erster Linie die Errichtung von Verkaufsräumen sowie Büro- und Verwaltungsgebäuden. Insgesamt ist eine abschließende Beurteilung der Flächennachfrage aufgrund der kleinräumig hochgradig differenzierten Ausgangssituation sowie betriebsspezifisch stark unterschiedlicher Standortansprüche erst im Zuge der Erhebungen für ein räumlich-funktionales Entwicklungskonzept möglich.

VERLAGERUNG

knapp ein Drittel aller Betriebe hat in den letzten Jahren über Verlagerung nachgedacht

Die Analyse von Verlagerungstendenzen zeigt, dass Flächenknappheit bei Betrieben mit Expansionswunsch durchaus die Absicht beeinflussen kann, den Betrieb innerhalb des Stadtgebiets oder über die Stadtgrenzen hinaus zu verlegen. Weitere signifikante Gründe für die Verlagerung eines Betriebs sind Nachbarschaftskonflikte, mangelhafte Verkehrsanbindung sowie hohe Grundstückskosten.

Unabhängig von Größe und Standort hat insgesamt fast ein Drittel der Frankfurter Industriebetriebe in den vergangenen fünf Jahren über eine Verlagerung nachgedacht. Die meisten haben diese Pläne in der Zwischenzeit allerdings wieder verworfen. Immerhin noch 9% halten jedoch an dem Vorhaben fest. Lediglich wenige Großbetriebe arbeiten an einem Offshoring von Teilen der Produktion und sind dafür auf der Suche nach geeigneten Standorten außerhalb Deutschlands. Allerdings sind davon fast 7% aller Beschäftigten im verarbeitenden Gewerbe betroffen. Da in diesen Fällen kosten- oder marktgetriebene Faktoren den Ausschlag geben und es sich überwiegend um spezifische Problemlagen einzelner Unternehmen handelt, ist der Gestaltungsspielraum für die kommunale Politik eher gering. Bisweilen können Verlagerungen auch auf rational-renditeorientierte Überlegungen zurückgeführt werden, wie ein mittelständischer Betrieb ausführt: *„Die Rendite für dieses Grundstück mit einem Produktionsunternehmen zu erwirtschaften ist spätestens seit dem Beginn des Neubaus der EZB eigentlich fast unmöglich geworden. Und deswegen macht es halt marktwirtschaftlich überhaupt keinen Sinn mehr,* *mit der Produktion hierzubleiben. Das ist ökonomisch völliger Unsinn. Insbesondere dadurch, dass wir im Moment relativ niedrige Zinsen haben, ... müsste eigentlich heute schon irgendwo in Eschborn oder irgendsowas eine Produktionsstätte gebaut werden. Also es gibt eigentlich keinen einzigen Grund in Frankfurt zu bleiben."* Ein klares räumliches Muster besonders verlagerungsaffiner Areale lässt sich jedoch nicht identifizieren.

Der überwiegende Teil der kleineren Betriebe mit Verlagerungsintention möchte in Frankfurt oder in der Region Rhein-Main bleiben. Dies gilt insbesondere für Betriebe in Mischgebieten. Die Verlagerungsentscheidung ist somit kein Ausdruck grundsätzlicher Unzufriedenheit mit dem Standort Frankfurt, sondern auf einzelne betriebsflächenspezifische Problemkonstellationen zurückzuführen, wie sie in Tabelle 4-1 auf der Grundlage der Interviews mit Betriebsleitern exemplarisch zusammengestellt wurden.

FLÄCHENMANAGEMENT

Strategisches Flächenmanagement ist ein in hohem Maße auf konsensuale Abstimmungsprozesse zwischen den betroffenen und beteiligten Akteuren auf unterschiedlichen Maßstabsebenen angewiesener Prozess. Mit Blick auf die städtische Verwaltung verlangt ein erfolgreiches Flächenmanagement eine ressortübergreifende Koordination zwischen Planung, Bodenordnung, Bodenwirtschaft sowie Wohnungsbau-, Städtebau- und Wirtschaftsförderung. Wie jüngere Entwicklungen in anderen Städten eindrucksvoll gezeigt haben, sind städtebauliche Projekte nur dann langfristig erfolgreich, wenn sie auf eine intensive, ehrliche und ernsthafte Bürgerbeteiligung aufbauen. Dazu sind auch private Investoren, Eigentümer und Nutzer auf breiter Basis mit einzubeziehen.

Im Fall des in Vorbereitung befindlichen Masterplans Industrie sind die Kommunikationsinstrumente zwischen dem verarbeitenden Gewerbe Frankfurts und der Wirtschaftsförderung (z.B. Beirat Masterplan Industrie) ein erster erfolgreicher Schritt in diese Richtung. Zahlreiche weitere Maßnahmen des Flächenmanagements werden derzeit – nicht zuletzt im Zuge der Erarbeitung eines räumlich-funktionalen Entwicklungskonzepts – intensiv diskutiert. Ein operatives Flächenmanagement mit professioneller Gewerbeflächenentwicklung als Angebotsplanung der Stadt für produzierende, industrielle Unternehmen, in Verbindung mit einem digitalisiertem Flächenkataster und ausgelagertem ganzheitlichem Standortmanagement ist in Frankfurt zum gegenwärtigen Zeitpunkt jedoch kaum realisierbar. Daher soll im Folgenden abschließend auf zwei ganz andere Ansätze zur Minderung von Umfeld- und Nutzungskonflikten hingewiesen werden.

AKZEPTANZPOLITIK

Forderungen von Industrievertretern nach einem klaren Bekenntnis der Politik zur Industrie und zur Sicherung von Industriearealen sind nachvollziehbar, reichen aber nicht aus, um Akzeptanzproblemen angesichts zunehmend verdichteter Mischnutzungen von Gewerbe und Wohnen im Stadtgebiet zu begegnen. Zwar ist auf der einen Seite die Stadt gefordert, durch klare und stabile Regelungen rechtlichen Auseinandersetzung zuvorzukommen. Andererseits ist auch von Seiten des verarbeitenden Gewerbes eine transparentere Informationspolitik durchaus möglich und wünschenswert.

In vielen historisch gewachsenen und in der Zwischenzeit verdichteten Gewerbegebieten kam es zu zeit- und sozial-räumlichen Entkoppelungen. Überspitzt formuliert wohnten die Beschäftigten früher in unmittelbarer Nähe zu den Fertigungsstandorten der Betriebe, waren über betriebliche Vorgänge der Produktion im Bilde und zeigten in der Regel eine gewisse Solidarität zu ihren Arbeitgebern. Heute hat sich diese räumliche und soziale Nähe von Wohnen und Arbeiten aufgelöst. Die angrenzende Wohnbevölkerung ist mit den Betrieben weitgehend unverbunden und hat daher wenig Kenntnis von den Produktionsabläufen und -erfordernissen in den Betrieben.

Die Unternehmen sind daher stärker als früher auf eine verbesserte Informationspolitik angewiesen, um auf Prozesse hinter den Mauern ihrer Fertigungsstandorte, auf mögliche Lärm- und Geruchsquellen, aber auch auf den gesellschaftlichen Nutzen des Unternehmens aufmerksam zu machen (vgl. Textbox 4-4). Mit regelmäßigen Betriebsbegehungen und digitalen Informationsangeboten, in denen die angrenzende Wohnbevölkerung über die Erfordernisse der standortspezifischen Produktionsprozesse aufgeklärt wird, können Unterstützung und Verständnis – beispielsweise für gelegentliche Lärm- und Geruchsbelästigungen – gewonnen werden wenn. Die Industriearchitektur der Zukunft im Sinne einer „gläsernen Fabrik" ist sicherlich nicht für alle Branchen gleichermaßen geeignet, könnte aber als Leitmotiv der Öffnung der Betriebe dienen.

REGIONALE KOOPERATION

Ein räumlich-funktionales Entwicklungskonzept mit einer eventuellen Neuordnung der Flächennutzung im Stadtgebiet sollte Möglichkeiten der regionalen Kooperation beim Gewerbeflächenmanagement in Betracht ziehen. Ein konkreter Ansatzpunkt wäre die Einrichtung von interkommunalen Gewerbegebieten, an deren Planung, Entwicklung und Vermarktung

Zukunftsaufgabe strategisches Flächenmanagement

Trennung von Wohnen und Arbeiten: Akzeptanzpolitik als industriepolitische Herausforderung

Leitbild gläserne Fabrik

4 Gewerbeflächen

mehrere Kommunen beteiligt sind, gegebenenfalls auch unter Mitwirkung Dritter (König/ Wuschansky 2006: 8). Dabei ist nicht nur an die gemeinsame Ausweisung neuer Areale zu denken, sondern auch an den Umgang mit Brach- und die Betreuung von Bestandsflächen. Die Vorteile einer Kooperation im Bereich des Gewerbeflächenmanagements sind vielfältig. Neben der Bündelung finanzieller und personeller Ressourcen bieten sich Chancen, akute Flächenengpässe zu beheben (Asche/Krieger 1990: 32) und die Flächeninanspruchnahme zu reduzieren, da eine übermäßige Flächenausweisung infolge der verschärften interkommunalen Konkurrenz vermieden wird (Fachkommission Städtebau der Bauministerkonferenz, Arbeitsgruppe Gewerbeflächenentwicklung 2004). Hinsichtlich der Beanspruchung von Flächen können aber nicht nur quantitative, sondern auch qualitative Verbesserungen erreicht werden.

Gleichwohl bestehen auf Seiten der Kommunen oft Vorbehalte gegenüber einer solchen Zusammenarbeit, da hierin eine Beschneidung der eigenen Autonomie gesehen wird. Weitere Kooperationshemmnisse können in mangelndem Vertrauen oder nicht zu überwindendem Standortkonkurrenzdenken, aber auch in Fragen der organisatorischen Umsetzung (Organisationsform, Gewerbesteuerhebesätze etc.) und der Verteilung von Nutzen und Lasten bestehen (Götz 1999: 224ff). Werden diese Hindernisse jedoch erfolgreich überwunden, kann der Anstoß zur Erarbeitung eines regionalen Gewerbeflächenpools gegeben sein. Bei dieser weiter reichenden Kooperationsform bringen die beteiligten Kommunen ihre Gewerbeflächen in eine gemeinsame Datenbank ein und verständigen sich auf einen Katalog von Bewertungskriterien zur Monetarisierung der einzelnen Flächen. Somit lässt sich der Anteil jeder Kommune am Flächenpool bestimmen und als Richtschnur für die Aufteilung von Kosten und Erlösen heranziehen (Murschel et al. 2010: 190).

ZUSAMMENFASSUNG

Aus der Perspektive der Frankfurter Industriebetriebe lässt sich festhalten, dass die infrastrukturelle Anbindung sowie die qualitative Ausstattung der Industrie- und Gewerbegebiete – von einzelnen Standorten abgesehen – zufriedenstellend sind. Angesichts der zunehmenden, oft ergänzenden Nutzung der Flächen als Verkaufs- und Büroräume oder zu Dienstleistungszwecken sind im Bereich der klassischen industriellen Infrastruktur auch zukünftig kaum Engpässe zu erwarten; vielmehr gewinnt die Ausstattung mit Informations- und Telekommunikationsinfrastruktur an Bedeutung.

Demgegenüber sind hohe Standortkosten, fehlende Flächenverfügbarkeit, Planungsunsicherheiten und in einigen Fällen auch Umfeldkonflikte für die Frankfurter Industrieunternehmen die wichtigsten Probleme und Investitionshemmnisse in Bezug auf Gewerbeflächen und Betriebsstandorte. Handlungsspielräume für eine vorausschauende kommunale Flächen- und Industriepolitik, die diesen Problemen beggenet, bestehen unter anderem in einem strategischen Flächenmanagement, einer gezielten Informations- und Akzeptanzpolitik sowie in verstärkter Bürgerbeteiligung und aktiver Konfliktmoderation. Besondere, wenn auch nicht einfach zu realisierende Potenziale liegen in einer intensiveren regionalen Kooperation, beispielsweise in Form von interkommunalen Gewerbegebieten oder sogar eines gemeinsam administrierten Flächenpools.

Optionen für die Zukunft: interkommunale Gewerbegebiete und Kooperation

---

Textbox 4-4

INFORMATIONSPOLITIK – POSITIONEN

„Früher war der Stadtteil und der Betrieb deckungsgleich, weil hier gewohnt wurde… Aufeinander zugehen, das funktioniert ganz gut. Der Betrieb öffnet sich da, versucht im Prinzip Impulse aus dem Stadtteil aufzunehmen, auch wieder auf den Stadtteil zuzugehen, sich auch wieder mehr … im Stadtteil zu engagieren. … Wenn man den Feind Industrie kennt, dann ist man dem besser gesonnen, als wenn man einfach so die Mauern sieht und die traurigen Schornsteine und da keinen Bezug zu hat." (Vorsitzender eines Frankfurter Gewerbevereins)

„Oder wenn hier irgendwelche Abwasserreinigungsanlagen vor sich hin stinken, an bestimmten Tagen, und der Wind ungünstig ist, aber es muss trotzdem sein, dass das austrocknen kann…, dann gibt es Pressemitteilungen an die Nachbarn, die wissen, wenn es jetzt stinken wird am Wochenende, dann liegt es daran. Es tut uns leid, wir können es nicht ändern. Also solche kleinen Sachen. Und so eine proaktive Art der Erläuterung…" (Experte für die Frankfurter Industrie)

„Ein optimaler Gewerbestandort … der wird von der Bevölkerung und der Politik positiv wahrgenommen, weil er vielleicht auch ein Stück weit transparenter ist und besser in den Stadtraum eingebunden ist… Im Moment sieht man hohe Mauern, Zäune, es gibt keine Vorzeigeobjekte, 'die gläserne Fabrik' oder so etwas, wo man mal reingucken kann. Das ist sicherlich auch ein Punkt, der an einem optimalen Gewerbestandort besser laufen könnte." (Mitarbeiter des Frankfurter Stadtplanungsamtes)

Netzwerk Industrie

Industrielle Wertschöpfung und Innovationen finden nicht in voneinander isolierten Unternehmen statt, sondern sind auf Netzwerke mit Zulieferern, Abnehmern und Dienstleistern angewiesen. Vor diesem Hintergrund soll der Industriestandort Frankfurt im Folgenden nicht als eine nach außen hin hermetisch abgeschottete Einheit, sondern als Knoten regionaler, transregionaler und globaler Netzwerkbeziehungen betrachtet werden. Aus Sicht einer kommunalen Industriepolitik rücken damit Fragen nach der Substituierbarkeit oder regionalen Verankerung von Verflechtungen, der Verlagerbarkeit von Unternehmensfunktionen innerhalb dieser Strukturen oder auch nach dem Verbundeffekt von Industrie und Dienstleistungen in den Blickpunkt.

5

5 Netzwerk Industrie

AUSGANGSPUNKTE

Netzwerke aus Wissen, Kapital, Gütern und Personen sind zu einem grundlegenden Prinzip wirtschaftlicher Organisation geworden. Sie sind theoretisches Konzept, Metapher, Paradigma, Methode und soziale Praxis zugleich (Grabher 2009: 405). So gehört es mittlerweile zum Standardrepertoire von Wirtschaftsförstrategien, die Bedeutung regionalisierter Netzwerkstrukturen für die Wettbewerbsfähigkeit von Stadtregionen hervorzuheben. Auch zahlreiche wissenschaftliche Studien (z.B. Brandt et al. 2007) versuchen zu zeigen, wie Innovationsimpulse aus Netzwerken zwischen verschiedenen Unternehmen, aber auch zwischen Unternehmen und Forschungseinrichtungen heraus generiert werden. Die Mehrzahl der Unternehmen der deutschen Industrie, insbesondere im Maschinenbau, erwartet, dass die Bedeutung von (internationalen) Netzwerken in den kommenden Jahren weiter zunehmen wird (IW Consult 2012: 38, 46).

Zugleich ermöglicht der Netzwerkbegriff aber auch eine erweiterte Sichtweise auf die Industrie selbst. So argumentieren Utikal/Walter (2012: 33f), dass die Bedeutung der Industrie insofern über den Sektor als solchen hinausgeht, als unternehmensinterne wie -externe Dienstleistungen an Relevanz gewinnen. Eine hessenweite Studie zeigt, dass die Industrie zunehmend in Industrie-Dienstleistungsverbünden organisiert ist, deren kollektive Wertschöpfung über die von der amtlichen Statistik registrierten Zahlen hinausgeht (Initiative Industrieplatz Hessen 2011). Eine zeitgemäße Erfassung industrieller Strukturen, Dynamiken und der Mehrwertproduktion, auch auf städtischer Ebene, muss solchen Verflechtungen Rechnung tragen.

In anderen Kontexten gewonnene Befunde dürfen dabei nicht einfach übertragen werden, sondern erfordern eine fallspezifische Überprüfung. Dies wird im Folgenden im Rahmen einer Netzwerkanalyse geleistet, die lokale, regionale und transregionale Verflechtungsstrukturen zwischen Frankfurter Industrieunternehmen, Zulieferern, Abnehmern und Dienstleistern analysiert und visualisiert. Die folgenden Netzwerkgrafiken (Abbildungen 5-1 bis 5-4) stellen diese Beziehungen als sogenannte aggregierte Ego-Netzwerke (vgl. Textbox 5-1) dar.

Denken in Netzwerken wird immer wichtiger

industrielle Wertschöpfung wird zunehmend in Netzwerken generiert

zentrale Fragen: lokale, regionale und transregionale Einbettung

Textbox 5-1

VON UNTERNEHMENSBEZIEHUNGEN ZU AGGREGIERTEN EGO-NETZWERKEN

Netzwerkanalysen stellen eine relativ neue Methode regionalökonomischer Forschung dar (Ter Wal/Boschma 2008). In der schriftlichen Unternehmensbefragung wurde dieses Verfahren aufgegriffen, indem die Betriebe um Angabe der Standorte ihrer fünf wichtigsten Zulieferer, Abnehmer und Dienstleister gebeten wurden (Frankfurt, Rhein-Main, Deutschland, übrige Welt). Dabei wurde auch die Branche der Unternehmenspartner als WZ-2-Steller erfasst (vgl. Anhang A VIII). Zudem wurde abgefragt, seit wann und wie häufig der Kontakt besteht und als wie problematisch ein mögliches Wegfallen des Kontaktes bewertet wird, um Aussagen über Intensität und Kritikalität der Beziehungen treffen zu können. Auf dieser Grundlage konnte eine so genannte Ego-Netzwerkanalyse durchgeführt werden, die allerdings folgender Einschränkung unterlag: Um die Beteiligungsschwelle zu senken, wurden die Unternehmen nicht nach den Namen der Kontaktpartner, sondern lediglich nach deren Standorten gefragt. Dies hat zur Folge, dass keine Beziehungen zwischen den Unternehmenspartnern, den so genannten Alteri, untersucht werden können. Ziel war also nicht die Abbildung eines „Gesamtnetzwerkes Frankfurter Industrie" mit seiner inneren Struktur und Wertschöpfung im Verbund (vgl. Brandt et al. 2007), sondern lediglich eine ego-zentrierte Darstellung von Kontaktpartnern, die häufig gar nicht Bestandteil der Stichprobe sind, welche sich ja ausschließlich auf Frankfurter Betriebe beschränkt. Als weitere Einschränkung muss berücksichtigt werden, dass vorwiegend formalisierte und marktbasierte, nicht aber informelle Beziehungen in die Darstellung eingehen. Für die Auswertung wurden die Angaben der Unternehmen aggregiert (vgl. Pfeffer 2013), um branchenspezifische Verflechtungsstrukturen darzustellen. Diese wurden mit dem Programm „VennMaker" visualisiert, um die spezifisch räumliche Dimension der Unternehmensbeziehungen sichtbar zu machen. Die Ergebnisse der Netzwerkanalyse wurden schließlich in Experteninterviews qualitativ vertieft.

Folgende Fragen können im Zuge einer aggregierten Ego-Netzwerkanalyse beleuchtet werden: Zu welchen anderen Branchen haben Unternehmen einer bestimmten Branche der Frankfurter Industrie Kontakt? Wie wichtig und wie intensiv sind diese Kontakte? Welche Unterschiede bestehen dabei zwischen Zulieferern, Abnehmern und Dienstleistern? Inwieweit sind die Unternehmensbeziehungen einzelner Branchen der Frankfurter Industrie regionalisiert oder globalisiert? In vertiefenden Experteninterviews wurden dann weiter reichende Fragen erörtert, die das deskriptive Verfahren der Netzwerkanalyse aufwirft: Inwiefern kann von einem regionalen Industrie-Dienstleistungsverbund gesprochen werden? Wie stabil oder verlagerungsanfällig sind diese Strukturen und welche Folgen ergeben sich daraus für die Arbeitsmarktentwicklung, insbesondere auch im Hinblick auf an die Industrie gekoppelte Arbeitsplätze aus dem Dienstleistungssektor?

In Abbildung 5-1 ist das aggregierte Ego-Netzwerk für die Gesamtheit der befragten Unternehmen dargestellt. Darin wird

Abbildung 5-1:
Die Netzwerkbeziehungen der Frankfurter Industrie
(Quelle: eigene Erhebungen)

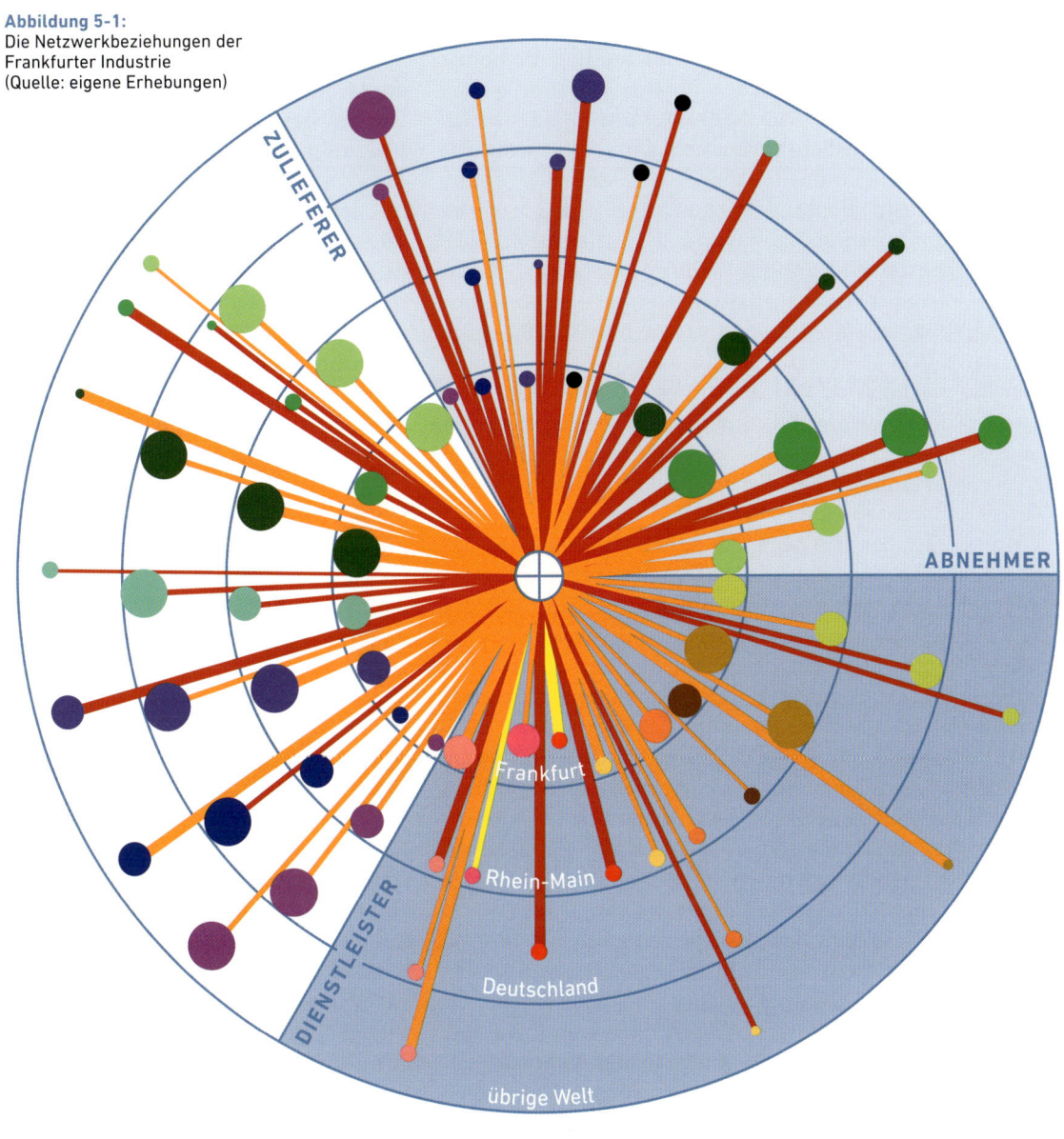

Zulieferer-/Abnehmer-Branchen

- Chemie / Pharma
- Metall
- Maschinen- / Fahrzeugbau und Elektro
- Baubranche
- Lebensmittel
- Groß- und Einzelhandel
- Dienstleistungsbranchen
- sonstige

Dienstleister-Branchen

- technische Instandhaltung
- Versorgung / Entsorgung
- Logistik
- IT / Telekommunikation
- Finanz- / Rechtsdienstleistungen
- Personaldienstleistungen
- Facility Management
- sonstige

Anzahl der Branchenkontakte

- > 10
- 6 – 10
- 2 – 5
- 1

Intensität
- niedrig
- mittel
- hoch

Kritikalität
- niedrig
- mittel
- hoch

geographische Verflechtung

Zulieferer — Abnehmer — Dienstleister

Frankfurt — Rhein-Main — Deutschland — übrige Welt

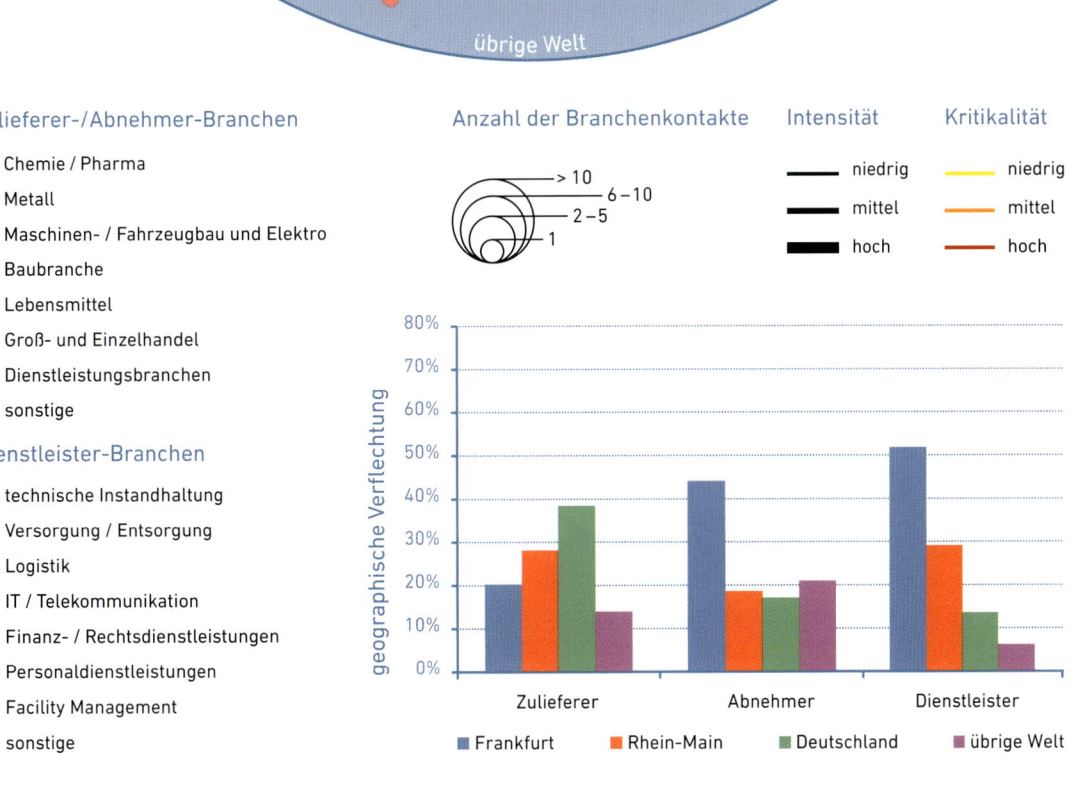

hoher Regionalisierungsgrad bei Dienstleistungen

die große Bandbreite und Heterogenität der Frankfurter Industrie sichtbar, die über vielfältige Zuliefer- und Abnehmerbeziehungen zu den Branchen Chemie/Pharma, Metall, Maschinen-/Anlagenbau, Bau, Nahrungsmittel, Groß- und Einzelhandel sowie Dienstleistungen verfügt und dabei selbst wiederum zahlreiche Dienstleistungen in Anspruch nimmt (technische Instandhaltung, Ver- und Entsorgung, Logistik, IT/Telekommunikation, Finanz- und Rechtsdienstleistungen, Personaldienstleistungen und *Facility Management*). Dabei fällt vor allem bei den Dienstleistern der hohe Regionalitätsgrad auf: Über 80% werden von Unternehmen aus Frankfurt oder der Region Rhein-Main bezogen, was die These eines regionalisierten Industrie-Dienstleistungsverbundes stützt. Aber auch bei den Zuliefer- und Abnehmerbeziehungen werden hohe Werte von 48% beziehungsweise 62% erreicht. Diese Zahlen dürfen allerdings nicht über die Bedeutung überregionaler Verflechtungen hinwegtäuschen.

Hinsichtlich der Kritikalität der Beziehungen fällt auf, dass die Kontakte zu Abnehmern – vorwiegend zu überregionalen – tendenziell wichtiger bewertet werden als die Zuliefer- und Dienstleisterbeziehungen. Dies trifft beispielsweise auf Abnehmer aus den Bereichen Chemie und Pharmazie sowie Maschinen- und Anlagenbau zu. Die Abnehmerbeziehungen deuten zudem darauf hin, dass im Rahmen des Industrie-Dienstleistungsverbundes nicht nur die Industrie als Auftraggeber für Unternehmen des Dienstleistungssektors auftritt, sondern dass auch umgekehrt Dienstleister besonders häufig industrielle Produkte abnehmen. Dies lässt sich exemplarisch anhand der Verflechtungen zwischen dem Nahrungsmittelgewerbe und Dienstleistungsbranchen wie dem Lebensmitteleinzelhandel oder dem Gastgewerbe verdeutlichen. Dienste, die auch von Anbietern außerhalb der Region bezogen werden, beschränken sich auf wenige Branchen. Es handelt sich hierbei um Personaldienstleistungen, IT- und Telekommunikationsdienstleistungen, die technische Instandhaltung sowie in deutlich geringerem Maße auch Ver- und Entsorgungsleistungen. Bei den Zulieferern sind derartige Schwerpunktbildungen hingegen nicht auszumachen.

Kontakte zu Abnehmern kritischer als zu Zulieferern

Um im Folgenden differenziertere Aussagen treffen zu können, werden die drei Branchenaggregate Chemie/Pharma, Nahrungsmittel und Metall-/Elektroindustrie/Fahrzeugbau separat betrachtet (zur Zusammensetzung vgl. Anhang A VII). Eine detaillierte Analyse einzelner Branchen ist aufgrund der geringen Fallzahlen nicht möglich.

CHEMISCHE UND PHARMAZEUTISCHE INDUSTRIE

Chemie/Pharma: starke Einbettung in überregionale Strukturen

Die Branchen Chemie und Pharmazie am Standort Frankfurt sind stark in überregionale und globale Strukturen eingebettet: Über 71% der Zulieferer und 64% der Abnehmer haben ihren Sitz außerhalb Deutschlands (Abbildung 5-2). Insbesondere gilt dies für die Beschaffung von Produktionsmitteln sowie chemischen und pharmazeutischen Vorprodukten, wobei bei technischen Anlagen das Vertrauen in europäische Qualitätsstandards eine große Rolle spielt. Eine starke Ausrichtung auf asiatische Zulieferer sei vor allem bei Rohstoffen zu beobachten, so ein Branchenvertreter in einem Experteninterview. Dieser hohe Internationalisierungsgrad der Produktions- und Absatzbeziehungen deckt sich weitgehend mit den Befunden der regionalen Clusterstudie von Ebner/Raschke (2013: 44), wobei die dort ermittelten starken regionalen Zulieferverflechtungen zumindest für die in Frankfurt ansässigen Unternehmen der Branche so nicht bestätigt werden können.

Auch bei den Abnehmerbeziehungen zeichnet sich nur ein geringer Regionalitätsgrad ab, der Kontakt zu internationalen Kunden wird hier als besonders intensiv und wichtig eingestuft. Die bedeutendsten Abnehmer stammen wiederum aus den Branchen Chemie und Pharmazie, gefolgt vom Nahrungsmittelgewerbe sowie dem Groß- und Einzelhandel. Angesichts einer tendenziell stagnierenden Inlandsnachfrage gewinnt in den letzten Jahren die Erschließung neuer Absatzmärkte in Asien, Osteuropa und Lateinamerika an Bedeutung (Ebner/Raschke 2013: 44). In den Expertengesprächen wurde deutlich, dass sich die einzelnen Abnehmerbranchen stark in ihrer räumlichen Organisationsweise unterscheiden. Wo beispielsweise ganze Wertschöpfungsketten in Richtung Asien verlagert werden, wie etwa in den Bereichen Textilien und Möbel, da sei es auch für die chemische Industrie attraktiv, nachzuziehen. Hinsichtlich Produktevaluierung, Nachhaltigkeit, Produktlebenszyklen und ähnlichem wird sowohl mit Zulieferern wie auch mit Abnehmern immer öfter zusammengearbeitet.

Völlig anders verhält es sich jedoch mit Dienstleistungen, die zu 70% direkt am Standort Frankfurt bezogen werden. Die größte Bedeutung wird dabei dem Bereich Ver- und Entsorgung beigemessen, was auch der Energieintensität der Branche geschuldet ist. Da zahlreiche Unternehmen der chemischen und pharmazeutischen Industrie in Industrieparks ansässig sind, kommt hier dem Standortbetreiber eine zentrale Rolle zu. Nach Auskunft eines Branchenexperten dürfte sich der Trend zu solchen Standortgemeinschaften fortsetzen, zumal sich hierdurch die Möglichkeit biete, Umfeldkonflikte und Akzeptanzprobleme zentral zu regeln. Auch IT- und Telekom-

Abbildung 5-2:
Die Netzwerkbeziehungen der
Frankfurter chemischen
und pharmazeutischen Industrie
(Quelle: eigene Erhebungen)

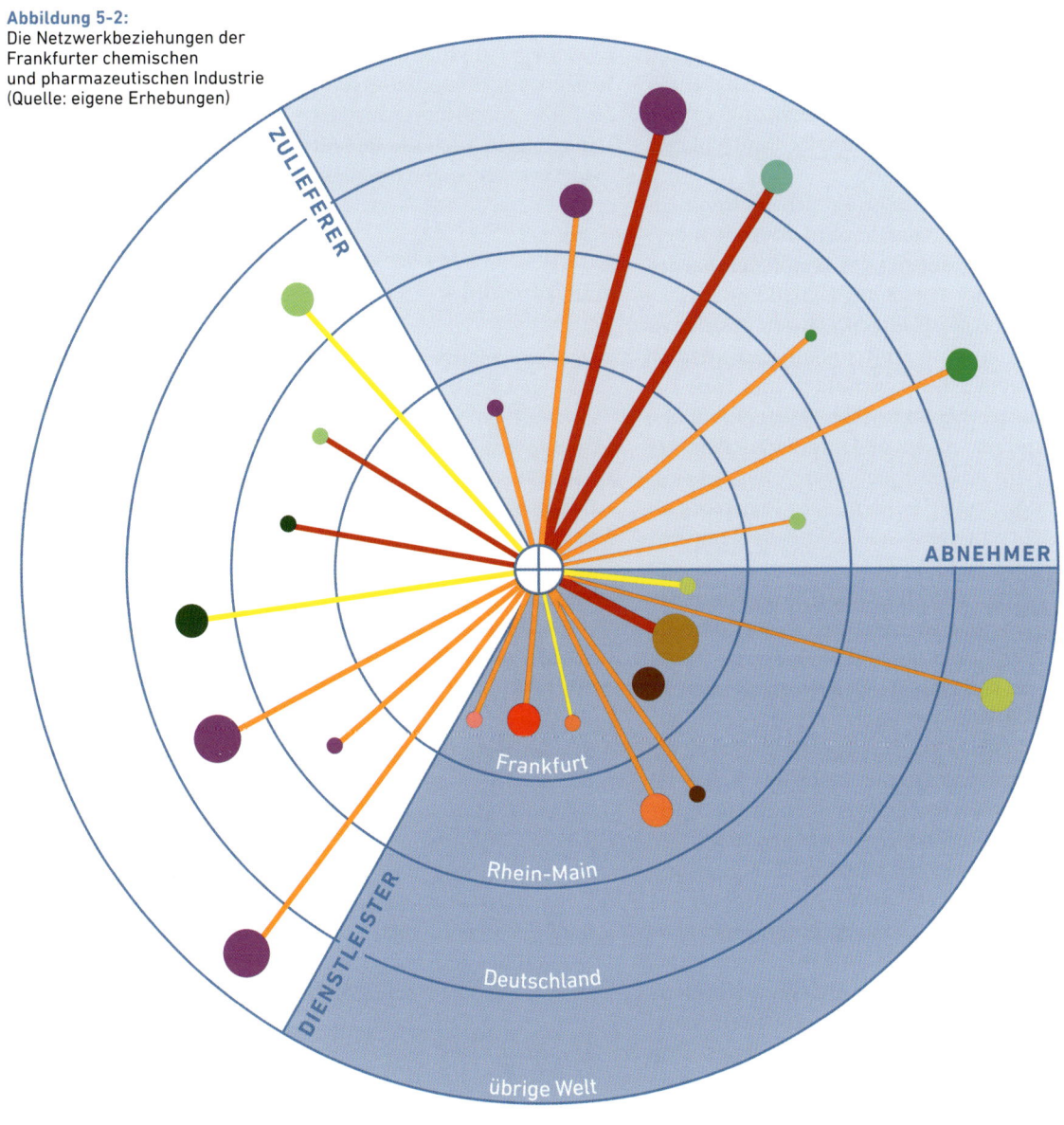

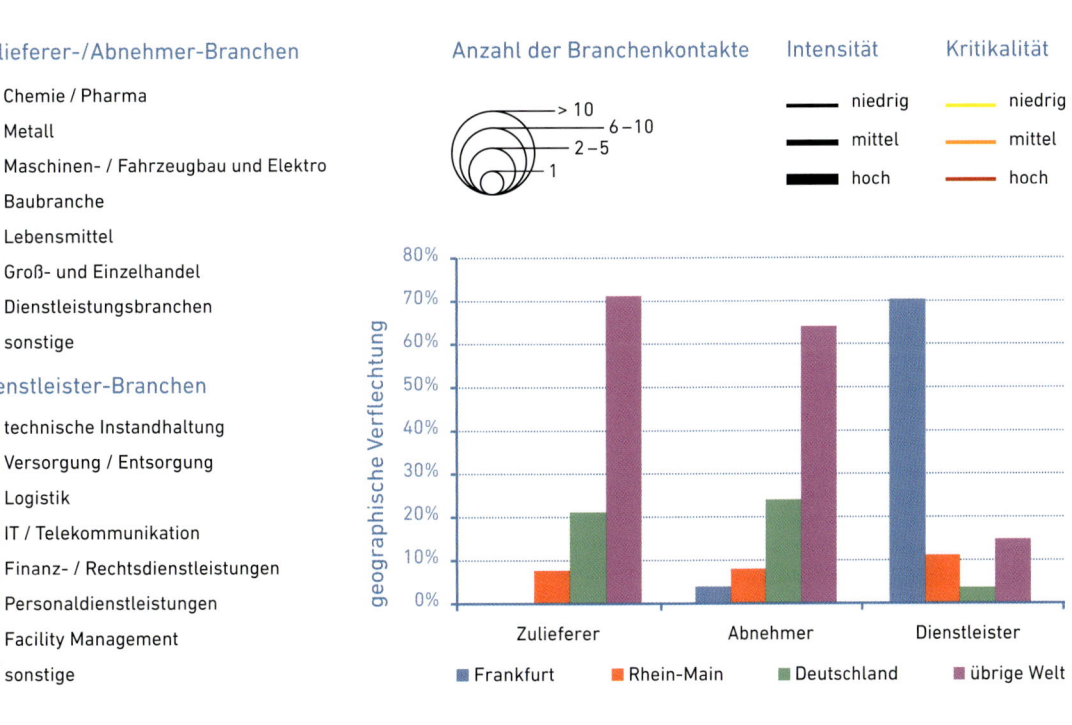

ZULIEFERER

ABNEHMER

Frankfurt

Rhein-Main

Deutschland

übrige Welt

DIENSTLEISTER

Zulieferer-/Abnehmer-Branchen
- Chemie / Pharma
- Metall
- Maschinen- / Fahrzeugbau und Elektro
- Baubranche
- Lebensmittel
- Groß- und Einzelhandel
- Dienstleistungsbranchen
- sonstige

Dienstleister-Branchen
- technische Instandhaltung
- Versorgung / Entsorgung
- Logistik
- IT / Telekommunikation
- Finanz- / Rechtsdienstleistungen
- Personaldienstleistungen
- Facility Management
- sonstige

Anzahl der Branchenkontakte
- > 10
- 6 – 10
- 2 – 5
- 1

Intensität
- niedrig
- mittel
- hoch

Kritikalität
- niedrig
- mittel
- hoch

geographische Verflechtung

Zulieferer — Abnehmer — Dienstleister

■ Frankfurt ■ Rhein-Main ■ Deutschland ■ übrige Welt

5   Netzwerk Industrie

munikationsdienste, Personaldienstleistungen und Logistik werden vorwiegend lokal oder regional bezogen. Lediglich für die technische Instandhaltung spielen Dienstleister außerhalb Deutschlands eine größere Rolle.

Kritisch äußerten sich mehrere Gesprächspartner bezüglich einer möglichen Förderung der regionalen Vernetzung von Forschungsaktivitäten im Rahmen eines *House of Pharma*, da Innovationen an Schnittstellen und nicht in einem „Silo" stattfänden und viele Unternehmen in Forschungskooperationen mit nationalen und internationalen Partnern eingebunden seien. Dies muss jedoch nicht heißen, dass Frankfurt als Forschungsstandort an Bedeutung einbüßt. So bündelt beispielsweise Clariant seine Forschung künftig im Industriepark Höchst und auch Sanofi betreibt hier Forschung und Entwicklung. Aussagen von Branchenvertretern, wonach die Bedeutung des Schutzes von geistigem Eigentum am Standort Deutschland die Vorteile von näher an den asiatischen Absatzmärkten gelegenen, günstigen Forschungsstandorten aufwögen, bestätigen dies – eine Einschätzung, die bundesweit in der Branche so nicht unbedingt geteilt wird (Prognos 2013: 33). Demgegenüber sei eine enge Kooperation mit Hochschulen der Region zwar durchaus vorteilhaft, aber angesichts deutschlandweiter und globaler Forschungskooperationen nicht wesentlich für Standortentscheidungen (vgl. Textbox 5-3).

Die spezifischen Verflechtungsmuster der Branchen Chemie und Pharmazie sind somit in zweierlei Hinsicht bemerkenswert: Erstens stellt sich die Frage, inwiefern die Unternehmen aufgrund ihrer Einbettung in stärker globale als regionale Strukturen potenziell eine höhere Mobilität oder Verlagerungsaffinität aufweisen. Dagegen sprächen die historische Kontinuität etwa am Standort Höchst und die damit verbundenen *sunk costs*. Zugleich gehen aber auch hohe Energiekosten und Vorteile aus der Nähe zu den Abnehmern, die bei bestimmten Produktlinien vermehrt aus dem asiatischen Raum stammen, in Standortentscheidungen ein.

Zweitens stellen die Branchen Chemie und Pharmazie somit gute Beispiele für ein Cluster im Sinne von Bathelt/Malmberg/Maskell (2004) dar. Aus Sicht dieser Autoren zeichnen sich Cluster nicht nur durch *local buzz* aus, sondern gerade auch durch transregionale *global pipelines* (vgl. Textbox 5-2). Eine zukunftsfähige kommunale Industriepolitik, die für regionalisierte Clusterstrukturen sensibilisiert ist, muss also zugleich auch die Bedeutung überregionaler Unternehmensverflechtungen im Blick haben.

Chemie-/Pharmacluster baut stark auf global pipelines auf

weder Cluster noch Netzwerke sind „von oben" planbar

Textbox 5-2

CLUSTER UND NETZWERKE

Ausgehend von der Beobachtung erfolgreicher regionalisierter Produktionssysteme und innovativer Milieus – etwa in Norditalien, Baden-Württemberg oder im Silicon Valley – betonen zahlreiche regionalökonomische Studien seit den 1980er Jahren die Bedeutung der Region und räumlicher Nähe für Innovationen und wirtschaftlichen Erfolg in einer flexibilisierten, post-fordistischen Ökonomie. Sowohl für die wissenschaftliche Debatte als auch für die politische Praxis ist dabei Michael Porters (1990) Cluster-Konzept besonders einflussreich. Cluster bezeichnen eine regionale Konzentration von Unternehmen, die miteinander konkurrieren, zugleich aber auch kooperieren. Die räumliche Nähe innerhalb eines Clusters ermögliche enge Verbindungen zu Zulieferern, Abnehmern und weiteren Partnern und wirke sich somit positiv auf die Innovativität und Produktivität der Unternehmen aus. Von zentraler Bedeutung sind dabei nach Storper (1995) sogenannte *untraded interdependencies*. Diese charakterisieren jede Art von Beziehung, die über ein reines Input-Output-Verhältnis hinausgeht und daher *untraded*, also nicht marktvermittelt ist. Hierzu zählen beispielsweise Konventionen, eine gemeinsame Sprache sowie geteilte Regeln für die Entwicklung, Kommunikation und Interpretation von Wissen, die einem evolutionären Entwicklungspfad folgen. Demgegenüber betonen Bathelt/Malmberg/Maskell (2004), dass es nicht nur auf diesen *local buzz* ankommt, sondern auch auf *global pipelines*, also transregionale Verbindungen, durch die Entwicklungsimpulse und Innovationsanreize in eine Region hineingetragen werden. Diese Kritik wird von Vertretern netzwerktheoretischer Ansätze insofern geteilt, als sie die Priorisierung einzelner räumlicher Ebenen wie der Region ablehnen. Ausgangspunkt muss aus dieser Perspektive nicht ein abgrenzbares Territorium, sondern eine relationale Analyse der Beziehungen zwischen Unternehmen, aber auch mit Hochschulen, Politik und anderen Kooperationspartnern sein. Cluster müssen dann als regionalisierte Knoten von globalen Netzwerkbeziehungen verstanden werden. Für politisch initiierte Cluster- und Netzwerkinitiativen bringt dies die Herausforderung mit sich, auch der Bedeutung solcher überregionalen Verflechtungen gerecht zu werden. Relevant ist aber auch, ob formelle oder informelle Netzwerke im Fokus stehen (Brandt 2007: 157) und ob diese „von unten" gewachsen sind oder „von oben" initiiert werden sollen. In der Rhein-Main-Region gibt es bereits zahlreiche formelle industrielle Cluster- und Netzwerkinitiativen. Ihren Sitz in Frankfurt haben beispielsweise das „rhein-main-cluster chemie & pharma" und die „Frankfurt Bio Tech Alliance", die mit der Förderung der Clusters Integrierte Bioindustrie (CIB) betraut ist (Hessen Agentur 2012; vgl. Kap. 2). Wichtig ist, dass weder Cluster noch Netzwerke vollständig planbar, sondern das Ergebnis komplexer ökonomischer Prozesse sind.

NAHRUNGSMITTELGEWERBE

Während im Bereich Chemie/Pharma die räumliche Konfiguration der Zuliefer- und Abnehmerbeziehungen ein ähnliches Bild abgibt, zeigt die Netzwerkgrafik für das Nahrungsmittelgewerbe hier größere Unterschiede (Abbildung 5-3). So kommen 77% der Abnehmer, aber nur 9% der Zulieferer aus Frankfurt (wenngleich immerhin etwa jeder zweite seinen Sitz in der Region Rhein-Main hat). Der vergleichsweise hohe Regionalitätsgrad des Nahrungsmittelgewerbes spiegelt nach Angaben eines Branchenvertreters unter anderem auch die gestiegene Nachfrage nach regionalen Produkten wider, während die Verderblichkeitsproblematik angesichts der heutigen logistischen Möglichkeiten von geringerer Bedeutung ist. Die wichtigsten Zulieferbetriebe stammen selbst aus dem Nahrungsmittelgewerbe, gefolgt vom Groß- und Einzelhandel. Ähnlich verhält es sich bei den Abnehmern, wobei hier auch Dienstleister eine Rolle spielen. Da es sich bei Nahrungsmitteln im Hinblick auf Qualität und Reputation um sehr sensible Produkte handelt, kann es aus Unternehmenssicht sinnvoll sein, insbesondere auf Zuliefererseite eine engere Zusammenarbeit mit wenigen langfristigen Partnern anzustreben.

Bei der Interpretation der Ergebnisse für das Nahrungsmittelgewerbe müssen ferner unterschiedliche Beziehungsstrukturen in Abhängigkeit von der Unternehmensgröße berücksichtigt werden. Dies geht nicht nur aus den Befragungsergebnissen hervor, sondern wurde auch in den Experteninterviews von Vertretern großer Unternehmen betont: *„Lebensmittel sind grundsätzlich recht lokal organisiert. Das ist so. Und (...) dann ist das auch richtig für Lebensmittel insgesamt. Also wenn Sie hier zu dem Willi gehen, der seine Wurst hier macht, dann exportiert der die nicht nach Italien. Vielleicht nach Mallorca oder so. So kleine Beziehungen. Sonst ist das so. Bei [uns] sieht das komplett anders aus. Wir haben hier keine internationalen Abnehmer, aber Deutschland würde ich mal sagen. Und das sind die großen Ketten hier und so."*

Insbesondere für große Betriebe sei dabei in den letzten Jahrzehnten eine starke Konzentration auf wenige Abnehmer prägend gewesen. Auslöser hierfür

---

Textbox 5-3

VERNETZUNG MIT WISSENSCHAFT UND FORSCHUNG

Die Unternehmensbefragung zeigt deutlich, dass vor allem kleinere Unternehmen großen Handlungsbedarf bei der Verbesserung der Zusammenarbeit mit Hochschulen und Forschungseinrichtungen sehen. Die Defizite können sich einerseits auf produktnahe Forschung und Entwicklung beziehen (IW Consult 2012: 39), andererseits aber auch auf die Gewinnung von gut ausgebildeten Beschäftigten und Spezialisten, wobei kleinere Betriebe letztlich für beides weniger eigene Ressourcen zur Verfügung haben und somit stärker auf Kooperationen angewiesen sind als große. Unabhängig vom jeweiligen Kooperationsbereich bestätigen Experten aus unterschiedlichen Branchen aber übereinstimmend, dass das Herantreten etwa an einen universitären Fachbereich für kleinere Betriebe eine große Hürde darstellt: *„Gerade bei den Kleinbetrieben, zu sagen, ich bin ein Kleinbetrieb mit zehn Beschäftigten, ich wende mich an die Uni, das hört sich an, wie wenn ich eine Audienz beim Papst will. (...) Da krieg ich es mit der Angst zu tun, obwohl ich weiß, da gibt es Leute, die können mir weiterhelfen."* An dieser Stelle werden Wünsche nach einem stärkeren Entgegenkommen der Hochschulen, aber auch nach einer initiierenden und moderierenden Rolle der Stadt geäußert. Ein Vorschlag, der diesbezüglich genannt wird, ist die Einrichtung einer *Search-and-Find*-Plattform im Internet, auf der Unternehmen und Hochschulen Gesuche und Angebote einstellen können. Gleichwohl sind Defizite im Bereich der Vernetzung mit der Wissenschaft nicht auf Klein- und Mittelbetriebe beschränkt, wie in den Interviews deutlich wurde. Auch ein Vertreter eines großen Nahrungsmittelkonzerns berichtet etwa, dass an technologieintensiveren Produktionsstandorten seines Unternehmens oft eine enge Kooperation zu Forschungsinstituten bestehe, während es in Frankfurt zu wenig Austausch in den Bereichen Marketing und Administration gebe. Von Seiten der chemischen Industrie wird ebenfalls die geringe Wahrnehmung durch wirtschafts- und finanzwissenschaftliche Institute bemängelt. Aber nicht nur die Zusammenarbeit mit Forschungsinstituten scheint in diesem Bereich schwächer ausgeprägt, sondern auch die unmittelbare Kooperation zwischen Unternehmen, wie die Ergebnisse einer deutschlandweiten Erhebung der IW Consult (2012: 42ff) zeigen. Demzufolge kooperieren Unternehmen in Innovationsnetzwerken untereinander insbesondere hinsichtlich der drei Felder Prozessoptimierung, Produktmodifikation und Auslandsmärkte, aber eher selten in Themenbereichen wie Finanzierung, Personal oder Nachhaltigkeit.

---

war der Strukturwandel im Einzelhandel: Laut Bundeskartellamt (2011) vereinen die vier größten Unternehmen im Lebensmitteleinzelhandel bereits 85% des Absatzmarktes auf sich. Dies deckt sich mit der Beobachtung, dass nahezu alle Abnehmerbeziehungen von den Befragten als hoch kritisch bewertet werden, was im Übrigen auch für die Zuliefererbeziehungen gilt. Hingegen zeichne sich in den letzten Jahren mit dem wachsenden *Out-of-Home*-Geschäft, sei es in Form von (System-)Gastronomie oder der Belieferung von Events, Freizeitparks, Sportveranstaltungen usw., ein gegenläufiger Trend ab. Hierdurch könne eine Diversifizierung der Abnehmerbeziehungen gelingen.

---

im Nahrungsmittelgewerbe hoher Regionalitätsgrad

Logistik-Infrastruktur: wichtige Voraussetzung für die Stabilität von Netzwerken

5 Netzwerk Industrie

Abbildung 5-3:
Die Netzwerkbeziehungen des Frankfurter Nahrungsmittelgewerbes (Quelle: eigene Erhebungen)

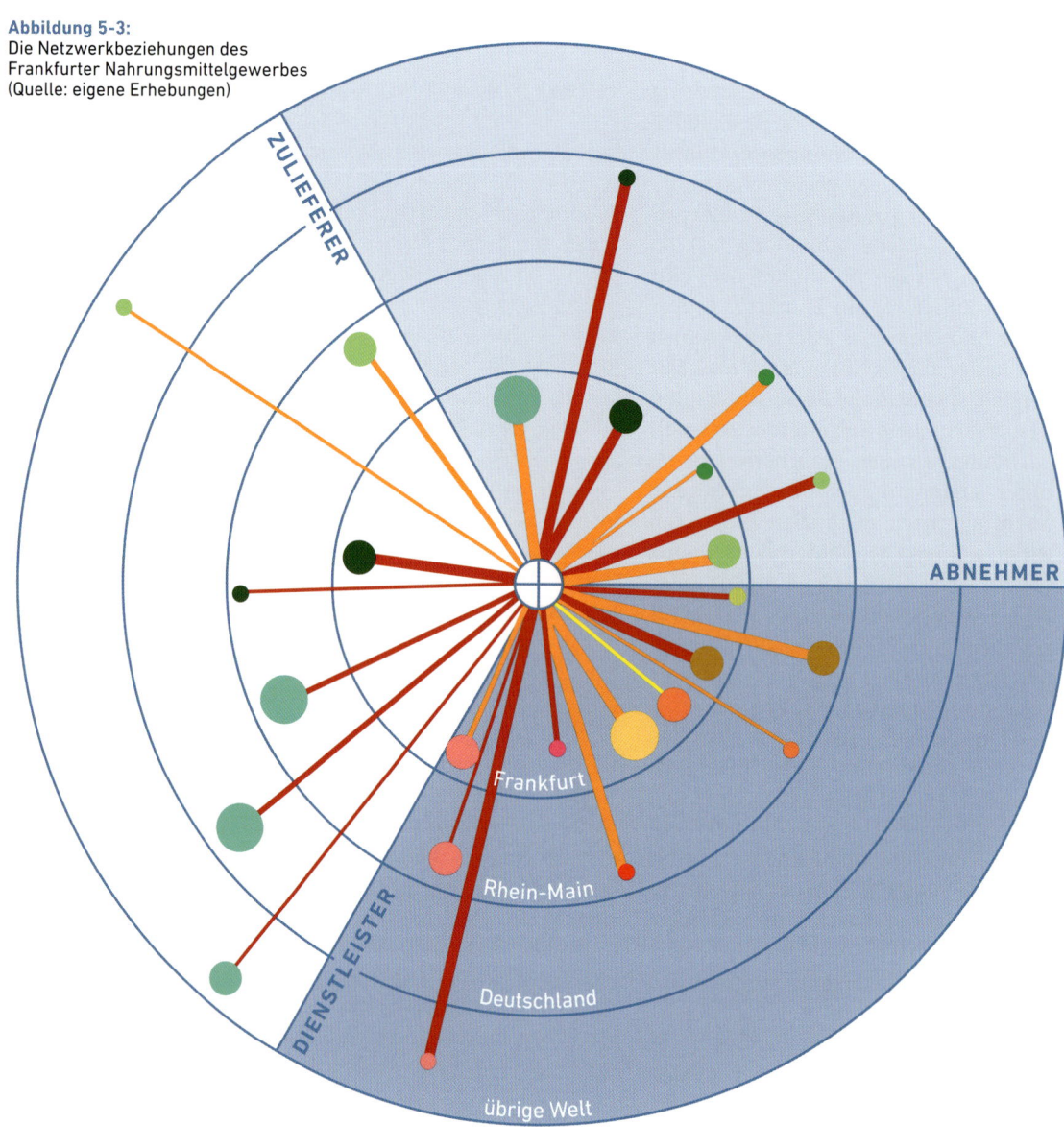

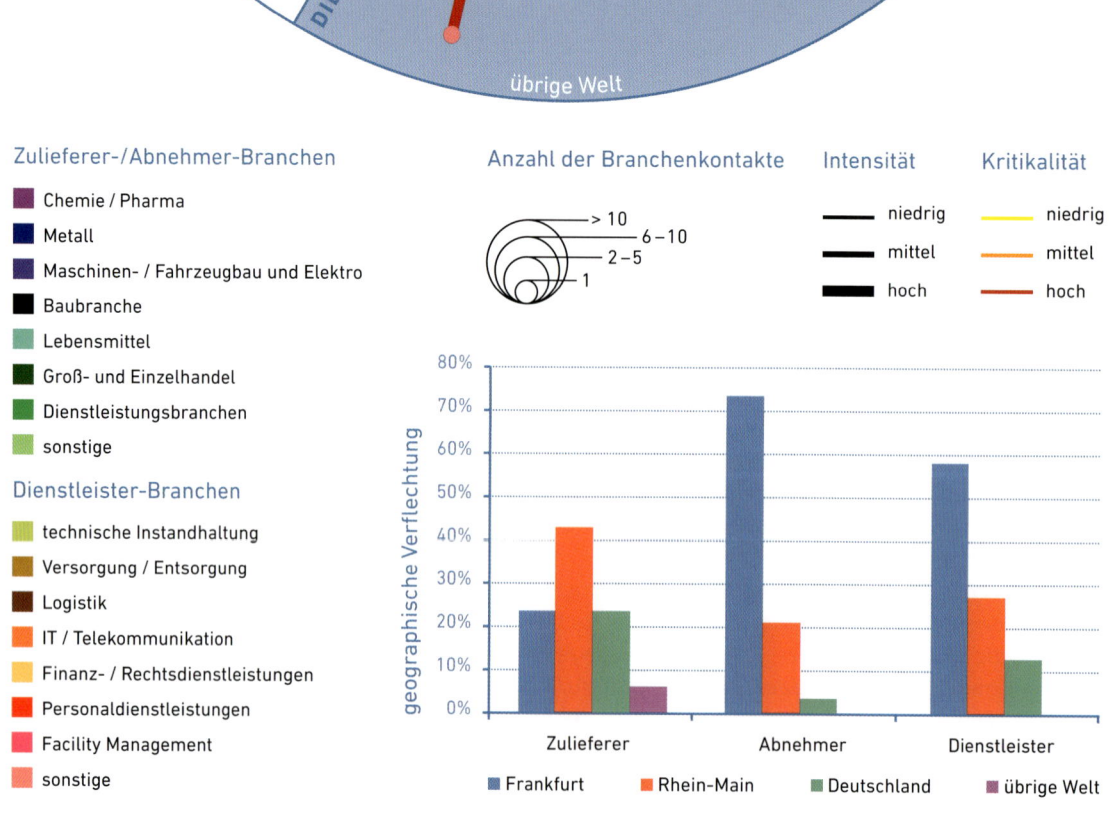

ZULIEFERER

ABNEHMER

Frankfurt
Rhein-Main
Deutschland
übrige Welt

DIENSTLEISTER

Zulieferer-/Abnehmer-Branchen

- Chemie / Pharma
- Metall
- Maschinen- / Fahrzeugbau und Elektro
- Baubranche
- Lebensmittel
- Groß- und Einzelhandel
- Dienstleistungsbranchen
- sonstige

Dienstleister-Branchen

- technische Instandhaltung
- Versorgung / Entsorgung
- Logistik
- IT / Telekommunikation
- Finanz- / Rechtsdienstleistungen
- Personaldienstleistungen
- Facility Management
- sonstige

Anzahl der Branchenkontakte

- > 10
- 6–10
- 2–5
- 1

Intensität
- niedrig
- mittel
- hoch

Kritikalität
- niedrig
- mittel
- hoch

geographische Verflechtung

Zulieferer | Abnehmer | Dienstleister

■ Frankfurt ■ Rhein-Main ■ Deutschland ■ übrige Welt

Von den Anbietern der in Anspruch genommenen Dienstleistungen kommen knapp 59% aus Frankfurt und weitere 28% aus dem Umland, der Rest stammt überwiegend aus Deutschland. Am wichtigsten sind dabei die Bereiche Ver- und Entsorgung, aber auch die technische Instandhaltung und das *Facility Management* werden – trotz geringerer Häufigkeiten – als kritisch bewertet. Oft wurden auch Finanzdienstleistungen genannt.

METALL-/ELEKTROINDUSTRIE UND FAHRZEUGBAU

Die Metall-/Elektroindustrie (einschließlich Anlagen- und Maschinenbau) sowie der Fahrzeugbau sind Branchen, deren Netzwerke sich stärker als die der anderen Branchenaggregate auf ganz Deutschland konzentrieren (Abbildung 5-4). Im Vergleich zum Nahrungsmittelgewerbe sind sie weniger lokal und regional aufgestellt, weisen gleichzeitig aber einen geringeren Internationalisierungsgrad auf als etwa die chemische und pharmazeutische Industrie. Knapp 84% der Zulieferer kommen aus Deutschland, davon etwas weniger als die Hälfte aus der Region Frankfurt/Rhein-Main. Die wichtigsten Zulieferbranchen sind die Metallindustrie, der Maschinen- und Anlagenbau sowie der Groß- und Einzelhandel. Als Gründe für den hohen Anteil an Zulieferern aus Deutschland werden von Branchenexperten die einfachere und flexiblere Kommunikation sowie „kulturelle und rechtliche Aspekte" angeführt. Oft gibt es einen festen Stamm an Zulieferern, die abwechselnd den Zuschlag für einen Auftrag erhalten. Teilweise bestehen aber auch langfristige Kooperationen mit denselben Partnern über Generationen hinweg. Bei den Produkten, die im Ausland eingekauft werden, handelt es sich häufig um einfache Vorprodukte, die man aus Kostengründen nicht von deutschen Partnern bezieht.

Bei den Abnehmern zeigt sich ein räumlich relativ ausgewogenes Bild, wobei globale Verbindungen fast doppelt so stark vertreten sind wie bei den Zulieferern, was auch als Ausdruck der Wettbewerbsfähigkeit der Frankfurter Betriebe mit ihren qualitativ hochwertigen und innovativen Produkten gewertet werden

---

Textbox 5-4

LOGISTIK – POSITIONEN DER FRANKFURTER INDUSTRIE

In den Expertengesprächen wurde eines immer wieder hervorgehoben: Grundlegende Voraussetzung zur Pflege von Unternehmensnetzwerken ist eine gut ausgebaute Logistik-Infrastruktur. Im Zuge der Reorganisation von Wertschöpfungsketten (vgl. Kap. 6) wird dieser Standortfaktor noch weiter an Bedeutung gewinnen (Ebner/Raschke 2013: 74). Ein Vertreter eines großen Nahrungsmittelkonzerns beschreibt dies folgendermaßen: *„Manche sind sowieso ununterbrochen unterwegs. Ich ja auch, ich habe drei oder vier Flüge jede Woche, irgendwohin. Bin am Abend wieder zu Hause. Also das fällt heute gar nicht mehr so als Reise auf, da fliegst du morgens weg, bist abends wieder da, machst das Ganze. Also da braucht man diese Verkehrsinfrastruktur. Nicht nur, muss ich sagen, hier im Rhein-Main-Gebiet, Flughäfen, also das ist schon eine tolle Sache, aber, also ich würde mal sagen, die Hälfte von dem, was ich hier mache, fahre ich mit den Zügen."* Face-to-Face Kontakte, so wird deutlich, spielen trotz Digitalisierung und neuen Kommunikationstechnologien weiterhin eine zentrale Rolle. Für den Maschinenbau eröffnen sich durch den Flughafen insbesondere auch Möglichkeiten der Hybridisierung, wie der Vertreter eines mittelständischen Unternehmens erläutert: *„Und die andere Seite ist natürlich, dass unsere Vertriebsmitarbeiter, aber insbesondere auch unsere Montagetrupps, weil unsere Handwerker fliegen ja in die ganze Welt, um unsere Produkte aufzubauen und zu installieren, da auch einen Riesen-Vorteil davon haben."* Angesichts der mit der Verkehrsinfrastruktur verbundenen Akzeptanzprobleme sehen manche Interviewpartner aber auch eine Bringschuld der Industrie. Ähnlich wie im Dialog zwischen Betreiber und Unternehmen des Industrieparks Höchst mit der umliegenden Bevölkerung gelte es auch hier, nicht von oben herab aus einer rein technokratischen Perspektive zu argumentieren, sondern die konkreten Anforderungen an den Produktionsstandort zu veranschaulichen und sich der politischen Debatte zu stellen.

---

kann. Trotzdem stellen Unternehmen aus Frankfurt selbst mit gut 31% den größten Anteil der Abnehmer. Diese kommen aus dem Dienstleistungssektor, dem Maschinen- und Anlagenbau, dem Baugewerbe und der Metallindustrie. In den Experteninterviews wurde allerdings deutlich, dass das Geschäft mit Abnehmern auf internationaler Ebene zunehmen wird, da in Folge des bereits heute feststellbaren Rückgangs regionaler Kunden ein Überleben vieler Unternehmen anders nur schwer möglich sein wird. Eine solche geographische Verlagerung ist in erster Linie bei standardisierten Produkten denkbar, bei denen Kundennähe weniger wichtig ist und der Kontakt telefonisch oder digital abgewickelt werden kann. In dieser Hinsicht kann eine digitale Profilierung gerade für mittelständische Unternehmen, die keine permanenten Vertriebsstrukturen im Ausland aufrecht erhalten können, zusätzliche Aufträge erschließen, da sie auch dazu führt, dass Kunden verstärkt von sich aus an die Unternehmen herantreten. Was indessen als Vorteil für alle Frankfurter Unternehmen angesehen werden kann und von Unternehmen auch immer wieder genannt wird, ist die aus Kundensicht ideale verkehrstechnische Anbindung des Standortes (vgl. Textbox 5-4). Dies ist wiederum

Netzwerkstrukturen stark auf ganz Deutschland konzentriert

globale Verbindungen bei Abnehmern doppelt so stark wie bei Zulieferern

Dienstleistungen werden in vergleichsweise geringem Umfang aus Frankfurt bezogen

5 Netzwerk Industrie

Abbildung 5-4:
Die Netzwerkbeziehungen der Frankfurter Metall-/Elektroindustrie und des Fahrzeugbaus
(Quelle: eigene Erhebungen)

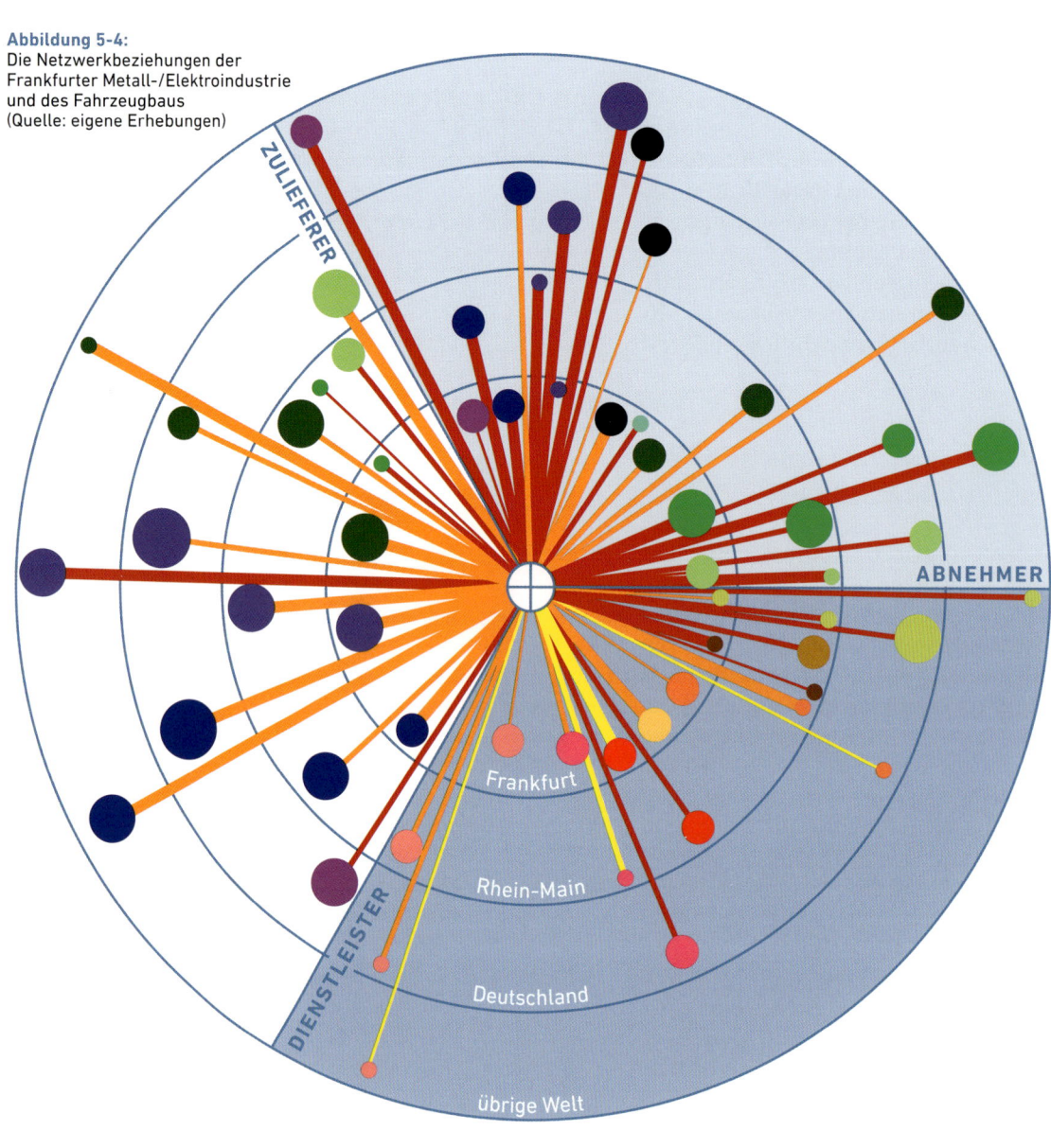

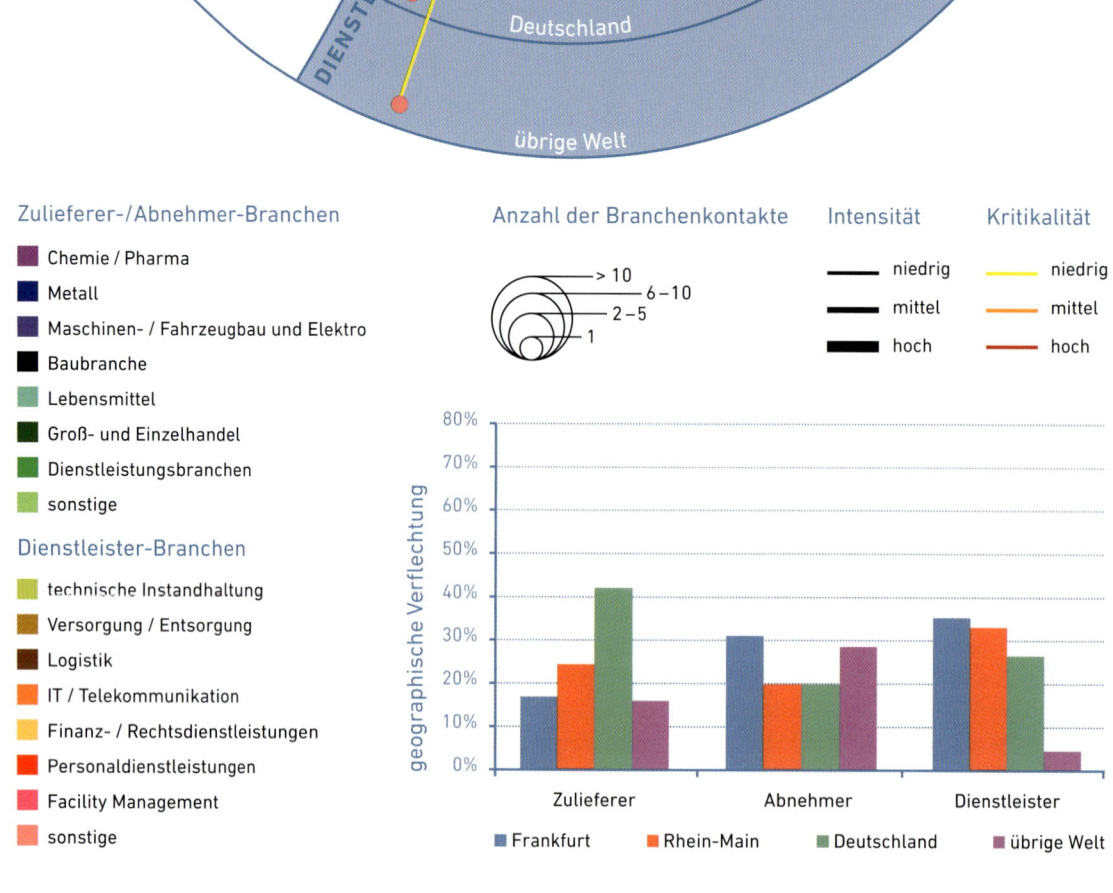

ZULIEFERER

ABNEHMER

DIENSTLEISTER

Frankfurt
Rhein-Main
Deutschland
übrige Welt

Zulieferer-/Abnehmer-Branchen
- Chemie / Pharma
- Metall
- Maschinen- / Fahrzeugbau und Elektro
- Baubranche
- Lebensmittel
- Groß- und Einzelhandel
- Dienstleistungsbranchen
- sonstige

Dienstleister-Branchen
- technische Instandhaltung
- Versorgung / Entsorgung
- Logistik
- IT / Telekommunikation
- Finanz- / Rechtsdienstleistungen
- Personaldienstleistungen
- Facility Management
- sonstige

Anzahl der Branchenkontakte
> 10
6 – 10
2 – 5
1

Intensität
- niedrig
- mittel
- hoch

Kritikalität
- niedrig
- mittel
- hoch

geographische Verflechtung

Zulieferer — Abnehmer — Dienstleister

■ Frankfurt   ■ Rhein-Main   ■ Deutschland   ■ übrige Welt

eine gute Voraussetzung für den Ausbau und die Pflege internationaler Abnehmerbeziehungen.

Die benötigten Dienstleistungen werden zwar hauptsächlich aus Frankfurt bezogen, allerdings in weit geringerem Umfang als dies beim Nahrungsmittelgewerbe und der chemischen/ pharmazeutischen Industrie der Fall ist; Dienstleister aus dem Rhein-Main-Gebiet oder dem übrigen Deutschland sind zahlenmäßig fast genauso bedeutsam. IT-Services werden beispielsweise zum Teil über Fernwartung geleistet und nicht von Anbietern am Standort in Anspruch genommen. Insbesondere wenn es sich um Betriebsstätten größerer nationaler oder internationaler Konzerne handelt, werden Dienstleistungen, die nicht zwingend die Präsenz vor Ort erfordern, von Unternehmen an anderen Standorten bezogen oder im Rahmen der internen Konzernorganisation abgewickelt. Andererseits wird der Vorteil kurzfristiger Verfügbarkeit von lokalen Dienstleistern durchaus betont. Ein Vertreter eines Unternehmens aus der Luftfahrtindustrie beschreibt die Situation folgendermaßen: *„Natürlich haben wir die Bewachung und die Reinigung und solche Sachen hier an Frankfurter Unternehmen vergeben. Das macht keinen Sinn, dass man da irgendwo anders etwas holt. Aber [es sind] jetzt weniger, sagen wir mal, hochtechnische Dinge, die hier im Großraum Frankfurt bleiben. [...] Die Kernaussage stimmt nach wie vor: Die Industrie hat eine bestimmte Anzahl von Arbeitsplätzen und sorgt dafür, dass im Dienstleistungsbereich auch Arbeitsplätze entstehen."*

Eine flexible Reorganisation ist im Bereich der Dienstleistungen am einfachsten möglich, da hier die bestehenden Geschäftsbeziehungen leichter substituierbar sind als bei den Abnehmern. Sie werden viel seltener als „kritisch" eingestuft und sind zudem weniger intensiv. Diese Angaben sind allerdings insofern zu relativieren, als die Betriebe zum Teil stark spezialisiert und in ein spezifisches Marktumfeld eingebettet sind, so dass verallgemeinernde Aussagen nur bedingt möglich sind.

ZUSAMMENFASSUNG

Der Branchenvergleich zeigt, dass die Unternehmen der Chemie-/Pharmaindustrie stark in transnationale Unternehmensnetzwerke eingebunden sind, während beispielsweise das Nahrungsmittelgewerbe vor allem regional verankert ist. Bei der Interpretation dieser Ergebnisse muss aber die zum Teil sehr heterogene Betriebsgrößenstruktur der einzelnen Branchen berücksichtigt werden. So ergab die Auswertung der Unternehmensbefragung, dass kleinere Betriebe mit bis zu zehn Beschäftigten ungeachtet der Branche bei den Abnehmerbeziehungen stärker lokal orientiert sind. Während dafür beim Nahrungsmittelgewerbe sicher auch die Nachfrage nach regionalen Produkten eine Rolle spielt, dürfte dies in anderen Branchen vor allem den geringeren Kapazitäten kleiner Betriebe geschuldet sein, Netzwerke über die Grenzen der Region hinaus aufzubauen und zu pflegen. Besonders auffällig ist die Situation im Maschinen- und Fahrzeugbau: Deutschlandweit steht die Internationalisierung in diesem Bereich – bezogen auf die Zahl der Beschäftigten, nicht der Unternehmen – keinesfalls hinter der chemischen Industrie zurück (IW Consult 2012: 39). Dass dies in Frankfurt nicht so ist, dürfte ebenfalls der kleinteiligeren Betriebsgrößenstruktur in der Region geschuldet sein (Ebner/Raschke 2013: 32).

Auch im Hinblick auf die Frage nach der Ausprägung eines Industrie-Dienstleistungsverbundes müssen die Befunde der Heterogenität der Betriebsgrößen Rechnung tragen. So wurde in Expertengesprächen darauf hingewiesen, dass Mehrbetriebsunternehmen ab einer bestimmten Größe für manche Dienstleistungen *In-House*-Lösungen favorisieren und für andere auf internationale Anbieter zurückgreifen (z.B. im Bereich Consulting), die nicht standortgebunden sind. Gleichwohl kann festgehalten werden, dass der Großteil der Dienstleistungen unmittelbar in der Region nachgefragt wird. Dies stützt die These von der unterschätzen regionalwirtschaftlichen Bedeutung der Industrie auch unter den Rahmenbedingungen fortschreitender Globalisierung. Allerdings muss dabei berücksichtigt werden, dass viele Beziehungen zu Dienstleistern aus Frankfurt und der Region nicht als hoch kritisch bewertet werden (vgl. Abbildung 5-1). Hierbei kann es sich um einfachere, potenziell substituierbare Leistungen handeln, die aus arbeitsmarktpolitischer Sicht durchaus wichtig sind, aber nur bedingt auf einen Industrie-Dienstleistungsverbund im Sinn hybrider Wertschöpfung hindeuten.

Insgesamt ist in den Interviews deutlich geworden, dass vor allem für kleine Unternehmen eine bessere Vernetzung mit Hochschulen und Forschungseinrichtungen wünschenswert wäre. Dabei sollten zweitens – und dies richtet sich nun wiederum stärker an größere Unternehmen – nicht nur produkt-/produktionsinnovationsnahe Themen, sondern verstärkt auch Kooperationen in Bereichen wie Finanzen und Administration angeregt werden. Drittens zeigt das Beispiel der chemischen und pharmazeutischen Industrie, dass eine kommunale Industriepolitik, die für regionalisierte Clusterstrukturen sensibilisiert ist, die Relevanz von überregionalen Verflechtungen nicht außer Acht lassen darf. Wendland/ Ahlfeld (2013: 6) argumentieren in diesem Zusammenhang, dass zu stark regional orientierte Wirtschaftsfördermaßnahmen be-

Einbindung in transregionale Netzwerke stark von Betriebsgröße abhängig

differenzierter Blick auf regionalen Industrie-Dienstleistungsverbund

kommunale Industriepolitik muss sowohl für regionale wie auch für globale Vernetzungen sensibel sein

stehende Interaktionen und Entwicklungschancen sogar schwächen können. Viertens schließlich stellt sich angesichts des im bundesweiten Vergleich geringen Internationalisierungsgrades des Maschinenbaus die Frage, inwiefern insbesondere für KMU der Zugang zu ausländischen Märkten erleichtert werden kann.

Wertschöpfungsketten

Mit der zunehmenden Komplexität der industriellen Produktion hat die Organisation, Steuerung und Sicherung von Wertschöpfungsketten stark an Bedeutung gewonnen. Die Anforderungen an Vorprodukte sind sowohl im Hinblick auf deren Qualität wie auch auf spezifische Produkteigenschaften gestiegen und die zeitgenaue Verfügbarkeit ist wichtiger denn je. Gleichzeitig bringt der hohe Kostendruck die Notwendigkeit mit sich, Zulieferketten global auszuweiten und neue Abnehmer auf ausländischen Wachstumsmärkten zu suchen. Für Städte und Regionen kann dies bedeuten, dass lokale Entwicklungspotenziale und -risiken immer stärker von der Positionierung ihrer Schlüsselindustrien in globalen Wertschöpfungsketten abhängen. Deren Kenntnis wird für die regionale Wirtschaftspolitik dementsprechend zunehmend wichtiger.

6 Wertschöpfungsketten

AUSGANGSPUNKTE

Wertschöpfungsketten: anhaltende Aktualität und neue Dynamiken

Industrielle Wertschöpfungsketten sind spätestens seit den 1980er Jahren im Zuge der Reduktion der Lagerhaltung und der Umstellung auf Lean- bzw. Just in Time-Produktion zu einem zentralen Aufgabenbereich effizienter Produktionsorganisation geworden. Entsprechend ist ein systematisches *Supply Chain Management* zumindest in großen Betrieben seit fast drei Jahrzehnten fest etabliert. Doch in jüngster Zeit erfahren Wertschöpfungsketten erneut verstärkte Aufmerksamkeit. So hat Gereffi (2013) die Finanz- und Wirtschaftskrise mit einer globalen Reorganisation von Wertschöpfungsketten in Zusammenhang gebracht, die UNCTAD (2013) hat Policy-Empfehlungen für eine gezielte Konzentration auf Wertschöpfungsketten zur Förderung regionaler Wirtschaftsentwicklung veröffentlicht und EUROSTAT arbeitet an neuen Erfassungsmethoden, welche internationale Verflechtungen in Form von Wertschöpfungsketten besser widerspiegeln sollen (Sturgeon 2013). Für die deutsche Industrie hat sich vor allem IW Consult (2012) intensiv mit dem Thema industrielle Wertschöpfungsketten befasst.

Gründe für das neuerliche Interesse an Wertschöpfungsketten

Die Gründe für dieses neuerliche Interesse an Wertschöpfungsketten sind vielfältig. Die fortschreitende Globalisierung als ein zwar keineswegs neuer, aber dennoch anhaltend dynamischer Prozess, der eine permanente Reorganisation von Zulieferer- und Abnehmerbeziehungen mit sich bringt, bildet dafür den wichtigsten Ausgangspunkt. Konkret sind es vor allem drei Entwicklungen, von denen in den nächsten Jahren Auswirkungen auf die Konfiguration von Wertschöpfungsketten erwartet werden: Erstens die zunehmende Bedeutung neuer Märkte v.a. in Osteuropa, Asien, und Lateinamerika, welche durch die Finanzkrise und die damit verbundenen Nachfrageausfälle auf traditionell wichtigen Absatzmärkten nochmals zunahm. Zweitens die Reorganisation und Konsolidierung zu komplex gewordener Ketten mit zu vielen Beteiligten, welche mit neuen Formen strategischer Kooperation insbesondere mit Schlüsselzulieferern einhergeht. Drittens und damit eng verbunden eine Verschiebung der Verhandlungsmacht in Wertschöpfungsketten hin zu Schwellenländern, wo wichtige Lieferanten einerseits aufgrund von Konsolidierungsprozessen und andererseits durch ihre Integration in neu entstehende, regionale Märkte an Unabhängigkeit gewinnen. Selbstverständlich sind von allen drei Entwicklungen Betriebe verschiedener Größe, Branche, Spezialisierung und Position in ihren jeweiligen Wertschöpfungsketten in völlig unterschiedlicher Weise betroffen.

Unabhängig von aktuellen weltwirtschaftlichen Dynamiken gibt es einen zweiten Impuls für die jüngste Fokussierung auf

---

Textbox 6-1

STEUERUNGSFORMEN IN WERTSCHÖPFUNGSKETTEN

Wie Unternehmen einerseits selbst in Wertschöpfungsketten eingebunden sind und andererseits die Beziehungen zu ihren Zulieferern und Abnehmern gestalten, kann entscheidenden Einfluss auf die unternehmerische Unabhängigkeit, das Risiko von Produktionsausfällen und die Gewinnmargen haben. Je nach Branche, Spezialisierung und gesamtwirtschaftlichen Rahmenbedingungen sind hier völlig unterschiedliche Strategien sinnvoll beziehungsweise realisierbar. Die am weitesten verbreitete Typisierung von Gereffi/Humphrey/Sturgeon (2005) unterscheidet in Abhängigkeit von den drei Kriterien „Komplexität der Produkt- und Prozessanforderungen", „Kodifizierbarkeit und Umsetzbarkeit dieser Anforderungen" und „Know-how, Kompetenzniveau und Leistungsfähigkeit der beteiligten Unternehmen" fünf verschiedene Steuerungsformen. Das eine Extrem stellt der Markt als Form der Transaktion dar, die kaum gegenseitige Bindungen zwischen den Tauschpartnern voraussetzt und durch leichte Austauschbarkeit der Beteiligten gekennzeichnet ist. Diese Form herrscht vor allem dann vor, wenn die Produkte leicht spezifiziert werden können und die Transaktion selbst wenig komplex ist, d.h. mit nur geringen Transaktionskosten einhergeht. Das andere Extrem ist eine hierarchische Form der Beziehung mit vollständiger Abhängigkeit der Beteiligten, wie sie idealtypisch innerhalb eines Unternehmens als Folge vertikaler Integration anzutreffen ist. Diese Form bildet sich oft in Fällen heraus, wo die Transaktion sehr spezifisch ist, nur schlecht kodifiziert werden kann und wo es dem Produzenten aufgrund der geringen Anforderungen relativ einfach möglich ist, Zulieferer zu integrieren oder die Herstellung von Vorprodukten selbst zu übernehmen. Dazwischen liegen die drei mit unterschiedlich engen Abhängigkeitsverhältnissen und Machtasymmetrien einhergehenden Typen einer gebundenen („*captive*") Beziehung (hochgradig abhängige Zulieferer), einer relationalen Beziehung (Zulieferer mit eigenständigen Kompetenzen, die ihre Produktion aber spezifisch an einen Abnehmer anpassen) sowie einer modularen Beziehung (Zulieferer mit eigenständigen Kompetenzen, die trotz komplexer Transaktionen mehrere Endproduzenten beliefern können wie es beispielsweise häufig in der Elektronik- und Computerbranche der Fall ist; vgl. UNCTAD 2013: 143, 144, 160).

Wertschöpfungsketten. Nachdem deren Analyse aus sozialwissenschaftlicher Sicht bislang vor allem ein vertieftes Verständnis von Globalisierungsprozessen versprach und aus betrieblicher Perspektive die Optimierung von Produktionsprozessen ermöglichte, kommt nun eine dritte Dimension hinzu: Wertschöpfungsketten werden als Ansatzpunkt und Instrument regionaler Wirtschaftsentwicklung gesehen. Dieser Ansatz hat seine Wurzeln in der Entwicklungszusammenarbeit und wurde jüngst im World Investment Report (UNCTAD 2013) als verallgemeinerbare wirtschaftspolitische Strategie formuliert. Er bezieht sich bislang allerdings primär auf die nationalstaatliche Ebene und es ist völlig offen, inwieweit angesichts der Heterogenität der eine konkrete Region ,durchlaufenden' Wertschöpfungsketten sowie der Begrenztheit regionalpolitischer Instrumente zur Intervention in Wertschöpfungsketten eine Umsetzung auf der Maßstabseben einzelner Städte überhaupt möglich ist.

Dem anhaltenden wissenschaftlichen, entwicklungs- und wirtschaftspolitischen Interesse an Wertschöpfungsketten steht die Tatsache gegenüber, dass in den Unternehmen das Bewusstsein sowohl für die Chancen wie auch für die aus der Organisation der eigenen Wertschöpfungskette resultierenden Risiken extrem unterschiedlich ausgeprägt ist. Dies zeichnete sich auch im Verlauf unserer Erhebungen deutlich ab. Während in einigen Branchen und Betrieben das *Supply Chain Management* seit Jahren einen hohen Stellenwert einnimmt, kennen viele andere nicht einmal die Zulieferer ihrer Zulieferer (*2nd tier supplier*). Bezeichnend für letzteres ist vielleicht auch die Tatsache, dass ein deutscher Arbeitskreis *Supply Chain Risk Management* unter Beteiligung namhafter großer Industrieunternehmen erst vor kurzem gegründet wurde. Dabei ist selbstverständlich zu berücksichtigen, dass kleine Unternehmen und Handwerksbetriebe ihren Bedarf an Vorprodukten fast vollständig im Rahmen von Marktbeziehungen decken und auf eng koordinierte Wertschöpfungsketten verzichten können (vgl. Textboxen 6-1 und 6-2).

STANDORTE UND POSITIONEN

Der Blick auf zeitliche Veränderungen bei den Standorten der mit den Frankfurter Industriebetrieben verbundenen Unternehmen zeigt auf den ersten Blick ein vertrautes Muster (Abbildung 6-1): Der Anteil der aus Frankfurt stammenden Zulieferer und Abnehmer geht zwischen 2007 und 2017 stetig zurück während das Rhein-Main-Gebiet, das übrige Deutschland und die übrige Welt an Bedeutung gewinnen. Dabei deutet einiges darauf hin, dass diese Veränderungen primär endogener Natur, also auf strategische Entscheidungen der Frankfurter Unternehmen zurückzuführen sind und nicht Reaktionen auf externe Schocks darstellen (vgl. auch IW Consult 2012: 25ff). Auf den zweiten Blick allerdings stellt sich dieses Bild differenzierter dar:
- Eine echte Globalisierungsdynamik verstanden als Intensivierung der Verflechtung mit der „übrigen Welt" lässt sich den Ergebnissen der Befragung nur vage entnehmen. Zwar erwarten die befragten Unternehmen eine Zunahme transnationaler Geschäftsbeziehungen, aber die Entwicklung der Jahre 2007 bis 2012 stützt diese Einschätzung nicht.
- Deutschland und die Region Rhein-Main spielen für die Frankfurter Industrie als Standort von Abnehmern und Zulieferern eine anhaltend wichtige Rolle. Zu diesem Ergebnis kommen zwar auch andere Studien (IW Consult 2012: 25, 56), in seiner Eindeutigkeit überrascht es angesichts des in der Befragung zu Grunde gelegten langen Zeitraums von 10 Jahren aber doch.

WICHTIGSTE ZULIEFERER (IN %)

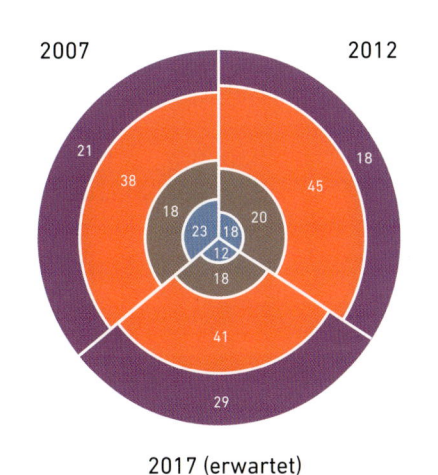

Wertschöpfungsketten als Ansatzpukte nationaler Wirtschaftspolitik

WICHTIGSTE ABNEHMER (IN %)

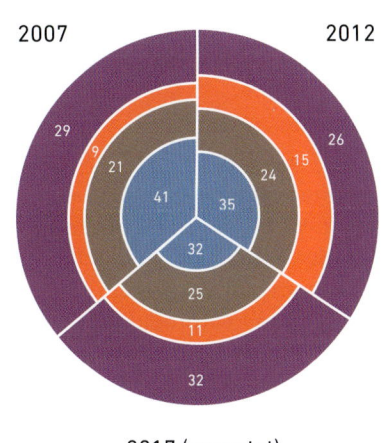

- Frankfurt
- Rhein-Main-Gebiet
- übriges Deutschland
- übrige Welt

Abbildung 6-1: Zuliefer- und Abnehmerbeziehungen der Frankfurter Industrieunternehmen; nur Betriebe mit mehr als 10 Beschäftigten, Angaben in Prozent (Quelle: eigene Erhebungen)

moderate Globalisierungsdynamik und hohe Bedeutung innerdeutscher Zuliefer- und Abnehmerbeziehungen

6 Wertschöpfungsketten

Abbildung 6-2: Haupt- und Nebenbeschäftigungsfelder der Frankfurter Industrieunternehmen – Positionen in Wertschöpfungsketten (Quelle: eigene Erhebungen)

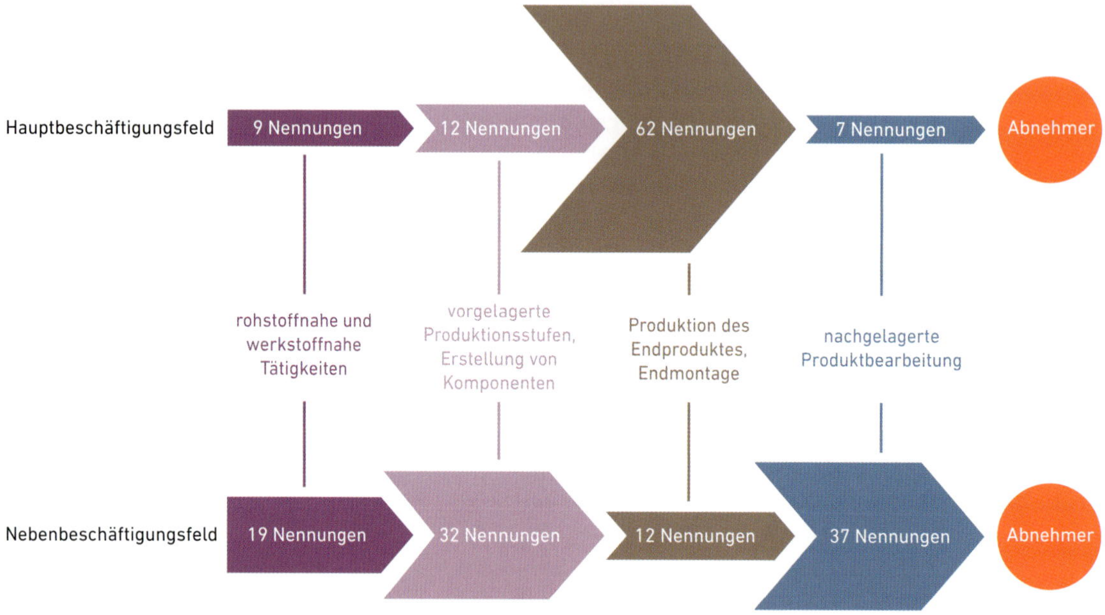

Hauptbeschäftigungsfeld	9 Nennungen	12 Nennungen	62 Nennungen	7 Nennungen	Abnehmer
	rohstoffnahe und werkstoffnahe Tätigkeiten	vorgelagerte Produktionsstufen, Erstellung von Komponenten	Produktion des Endproduktes, Endmontage	nachgelagerte Produktbearbeitung	
Nebenbeschäftigungsfeld	19 Nennungen	32 Nennungen	12 Nennungen	37 Nennungen	Abnehmer

Endmontage als dominierender Tätigkeitsbereich und geringe Differenzierungen

– Im Hinblick auf Zulieferer und Abnehmer sind die Wertschöpfungsketten der Frankfurter Industrie stark asymmetrisch ausgeprägt: Für den Bezug von Vorprodukten spielen Frankfurt und die Rhein-Main-Region eine wesentlich geringere Rolle als für den Absatz.

Welche Position nehmen die Frankfurter Industrieunternehmen in ihren Wertschöpfungsketten ein? Zwei Ergebnisse zeichnen sich besonders deutlich ab: Erstens – wenig überraschend – ist der stark überwiegende Teil aller Betriebe im Bereich der Endmontage/Endproduktion tätig (Abbildungen 6-2 und 6-3). Zweitens ist die Varianz in Bezug auf Differenzierungskriterien wie die Betriebsgröße, den Standort des Betriebs (Gewerbe- oder Mischgebiet) oder den Betriebstyp (vgl. Kap. 3) ausgesprochen gering. Lediglich zwischen den einzelnen Branchen zeichnen sich Unterschiede ab.

enge Einbindung in Ketten: Chance und Risiko zugleich

Ihr Hauptbeschäftigungsfeld sehen knapp 70% der Unternehmen im Bereich der Endmontage wobei bei größeren Betrieben der Anteil von Tätigkeiten in den oberen Segmenten der Kette (rohstoffnahe Tätigkeiten und Komponentenerstellung) leicht höher ist, was vor allem am Gewicht der chemischen Industrie liegt. In Frankfurt ist dieser Schwerpunkt noch stärker ausgeprägt als im Bundesdurchschnitt; die Erstellung von Komponenten spielt hier hingegen eine deutlich geringere Rolle (IW Consult 2012: 74). Er wird sich in Zukunft tendenziell eher noch verstärken, da Betriebe, die über eine Verlagerung nachdenken oder sich an ihrem Standort verunsichert fühlen, zu einem leicht höheren Anteil im oberen Bereich der Kette aktiv sind. In der Nahrungsmittelbranche sind rohstoffnahe Tätigkeiten signifikant stärker vertreten, in der chemischen Industrie rohstoffnahe Tätigkeiten zusammen mit der Erstellung von Komponenten während in der Metall-/Elektroindustrie und dem Fahrzeugbau die Endmontage und die nachgelagerte Produktbearbeitung eine wichtigere Rolle spielen. Letztere – ein Indikator für Hybridisierungsprozesse – taucht bei den Hauptbeschäftigungsfeldern aller befragten Betriebe zwar nur mit 8% auf, ist aber für immerhin 37% der Unternehmen ein Nebenbeschäftigungsfeld.

KOORDINATION UND DYNAMIKEN

Je enger die Koordination (vgl. Textbox 6-1) der an einer Wertschöpfungskette beteiligten Unternehmen untereinander ist, desto schwerwiegender kann sich der Ausfall einzelner Kettenglieder auswirken. Allerdings sind auch bei enger Koordination die Abhängigkeitsverhältnisse keineswegs symmetrisch und entsprechend ungleich verteilt können auch die Folgen für die einzelnen Unternehmen sein. Generell aber steigt das aus der Integration in Wertschöpfungsketten resultierende betriebliche Risiko mit deren zunehmender Komplexität und Dynamik. In jüngster Zeit sind deshalb Bemühungen zu beobachten, dem *Supply Chain Risk Management* verstärkt Beachtung zu schenken (vgl. Textbox 6-2).

In der Befragung wurde die Abstimmung mit Zulieferern und Abnehmern sowie mit Zulieferern von Zulieferern und Abnehmern von Abnehmern erhoben (Abbildung 6-4). „Abstim-

Abbildung 6-3: Positionen in Wertschöpfungsketten (Quelle: eigene Erhebungen)

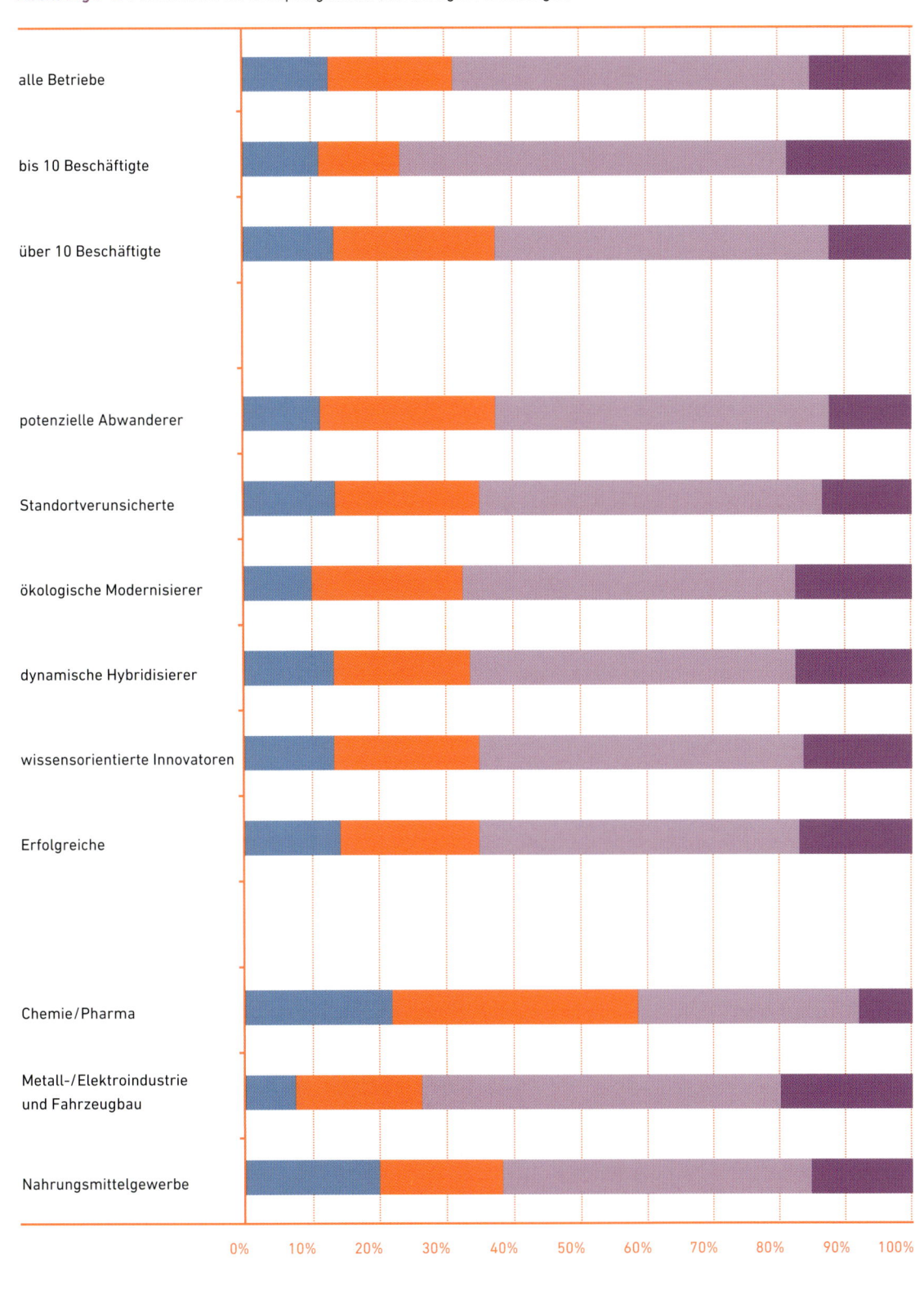

alle Betriebe	
bis 10 Beschäftigte	
über 10 Beschäftigte	
potenzielle Abwanderer	
Standortverunsicherte	
ökologische Modernisierer	
dynamische Hybridisierer	
wissensorientierte Innovatoren	
Erfolgreiche	
Chemie/Pharma	
Metall-/Elektroindustrie und Fahrzeugbau	
Nahrungsmittelgewerbe	

- rohstoffnahe und werkstoffnahe Tätigkeiten
- vorgelagerte Produktionsstufen, Erstellung von Komponenten
- Produktion des Endproduktes, Endmontage
- nachgelagerte Produktbearbeitung

6 Wertschöpfungsketten

enge Koordination, Priorität der Abnehmerbeziehungen

mung" wurde dabei konkretisiert als „enge Verbindung zu Zulieferern oder Abnehmern, die sich in der Anpassung von Vorprodukten, flexibler Anpassung der eigenen Produkte an Kundenwünsche, wechselseitigen Abhängigkeiten, informellem Wissensaustausch und Absprachen sowie in guter Kenntnis innerbetrieblicher Abläufe bei Zulieferern/Abnehmern äußern kann". Drei Ergebnisse sind besonders auffallend: Erstens sehen sich die Frankfurter Industriebetriebe selbst eng in koordinierte Wertschöpfungsketten eingebunden; der Durchschnittswert für den Grad der Abstimmung mit Abnehmern liegt auf einer Skala von 1 bis 7 immerhin bei 6,3. Zweitens bezieht sich die Koordination primär auf unmittelbare Geschäftspartner und kann deshalb nicht als Koordination einer gesamten Wertschöpfungskette im engeren Sinn bezeichnet werden. Drittens schließlich ist die Koordination nach ‚unten' in Richtung Abnehmer deutlich intensiver als die Abstimmung mit Zulieferern (Durchschnittsbewertung: 4,8). Dieses Ergebnis deckt sich mit der Tatsache, dass die Beziehungen zu Abnehmern viel öfter als „kritisch" bewertet werden als diejenigen zu Lieferanten, länger bestehen und mit häufigeren Kontakten einhergehen (vgl. Kap. 5); es spiegelt auch die Trends zu einer an individuelle Kundenwünsche angepassten Produktion sowie zum kundenspezifischen Angebot von Dienstleistungen wider, die höheren Abstimmungsbedarf mit sich bringen. Der geringere Koordinationsbedarf mit Zulieferern hingegen hat wohl nicht zuletzt damit zu tun, dass Vorprodukte zu einem höheren Anteil vom als sehr stabil eingeschätzten innerdeutschen Markt bezogen werden.

Differenzierung nach Branchen und Betriebsgröße

Zwischen den einzelnen Branchen ergeben sich im Hinblick auf Abstimmungsprozesse in Wertschöpfungsketten Unterschiede. Für die Metall-/Elektroindustrie und den Fahrzeugbau spielt die Koordination mit Abnehmern eine wichtigere Rolle, für die Nahrungsmittelbranche hingegen die Abstimmung mit Zulieferern. Letzteres ist auch eine Reaktion auf drohende Reputationsschäden bei Qualitätsproblemen, wie sie als „Lebensmittelskandale" in den letzten Jahren immer wieder publik wurden und schließt die strategische Integration vorgelagerter Produktionsstufen mit ein

Textbox 6-2

SUPPLY CHAIN RISK MANAGEMENT (SCRM)

Die zunehmende Komplexität von Wertschöpfungsketten und die intensiver werdende Abstimmung der Beteiligten sprechen für Busch (2007) dafür, in Anlehnung an Cox (1999) vom Beginn einer Zeit des *Supply Chain Capitalism* auszugehen, in der die entscheidende Einheit für wirtschaftlichen Erfolg oder Misserfolg nicht mehr das einzelne Unternehmen ist, sondern die gesamte Wertschöpfungskette, welche mit anderen Ketten im Wettbewerb steht. Auch wenn diese These bislang sicherlich nur auf wenige Sektoren zutrifft, so rückte das aus der Organisation von Wertschöpfungsketten resultierende Risiko seit Katastrophen wie Hurrikan Sandy an der US-amerikanischen Ostküste 2012 oder dem Reaktorunglück von Fukushima 2011, die weltweit Produktionsausfälle mit sich brachten, doch zunehmend ins betriebswirtschaftliche Bewusstsein. In Deutschland führte dies erst 2013 zur Gründung des Arbeitskreises *Supply Chain Risk Management* unter dem Dach der *Risk Management Association*, an dem viele große deutsche Industrieunternehmen mitarbeiten. Das Grundanliegen dieser Initiative ist es, das bislang von der Konzentration auf Beschaffungspreise und -qualität geprägte betriebliche *Supply Chain Management* um eine systematische Risikoanalyse zu ergänzen. Mittelfristig sollen Verfahren der Risikobewertung, wie sie beispielsweise in ISO 31000 bzw. ISO 31010 festgelegt sind, konsequent auch auf das *Supply Chain Management* angewendet werden und in die Entwicklung eigener Standards für das *Supply Chain Risk Management* münden (vgl. Kimpel/Spahr 2013 sowie http://www.rma-ev.org/Supply-Chain-Risk-Management.604.0.html).

(s.u.). In Übereinstimmung damit ergab die Netzwerkanalyse, dass die Unternehmen des Nahrungsmittelgewerbes die langfristig stabilsten Beziehungen zu Zulieferern unterhalten und diese gleichzeitig als besonders kritisch einstufen. Die chemische Industrie ist insgesamt eher schwach in koordinierte Wertschöpfungsketten eingebunden und stimmt sich noch am ehesten mit den unmittelbaren Abnehmern ab.

Im Einzelnen zeigt sich darüber hinaus:
- Betriebsgröße: Die Koordination innerhalb von Wertschöpfungsketten spielt für große Betriebe eine wichtigere Rolle als für kleine.
- Position in der Kette: Die Hersteller von Vorprodukten sind nach oben deutlich enger in Ketten eingebunden als die Endproduzenten. Betriebe der nachgelagerten Produktbearbeitung sind stark durch eine Mittlerfunktion zwischen Endproduzent und Abnehmer gekennzeichnet und haben hier den höchsten Abstimmungsbedarf.
- Betriebstyp: Die Kategorie „Betriebstyp" liegt ganz offensichtlich ‚quer' zum Kriterium „Abstimmung in Wertschöpfungsketten", da sich keine interpretierbaren Unterschiede zeigen. Überraschend ist lediglich die Tatsache, dass sich die dynamischen Hybridisierer generell durch die niedrigste Abstimmungsintensität auszeichnen und offensichtlich eher in marktförmige als in koordinierte Kauf- und Verkaufsbeziehungen eingebunden sind.

Abbildung 6-4: Abstimmung mit Zulieferern und Abnehmern

Abbildung 6-5: Erwartete Veränderungen der Wertschöpfungsketten

- alle Betriebe
- bis 10 Beschäftigte
- über 10 Beschäftigte
- potenzielle Abwanderer
- Standortverunsicherte
- ökologische Modernisierer
- dynamische Hybridisierer
- wissensorientierte Innovatoren
- Erfolgreiche
- Chemie/Pharma
- Metall-/Elektroindustrie und Fahrzeugbau
- Nahrungsmittelgewerbe

(Quellen: eigene Erhebungen)

Wir produzieren in enger Abstimmung mit ...
- ... Zulieferern
- ... Zulieferern von Zulieferern
- ... Abnehmern
- ... Abnehmern von Abnehmern

In den nächsten fünf Jahren erwarten wir die größten Veränderungen ...
- bei den rohstoffnahen und werkstoffnahen Gliedern der Kette
- bei den vorgelagerten Produktionsstufen/ der Erstellung von Komponenten
- bei der Produktion des Endproduktes/ Endmontage
- bei der nachgelagerten Produktbearbeitung

6 Wertschöpfungsketten

stabile Ketten, moderate Dynamik der Zuliefer- und Abnehmerbeziehungen

Inwieweit sind die für die Frankfurter Industrieunternehmen relevanten Wertschöpfungsketten stabil und wo zeichnen sich Veränderungen ab? Generell und mit Blick auf alle Glieder einer Kette rechnen die befragten Unternehmen nur mit einer moderaten Dynamik in ihren Zuliefer- und Absatzbeziehungen und die Differenzen zwischen Branchen und eigenen Positionen in den Ketten sind nicht allzu groß (Abbildung 6-5): Auf einer Skala von 1 (keine Veränderungen) bis 7 (große Veränderungen) beträgt der Durchschnittswert für die in den nächsten fünf Jahren erwarteten Reorganisationen 3,6. Dabei liegen die im Bereich der Endmontage erwarteten Veränderungen mit einem Wert von 4,0 am höchsten, betreffen also überwiegend die Produktion am Standort Deutschland und nicht etwa globale Verschiebungen im Bereich der Beschaffung von Rohstoffen oder Vorprodukten. Große Unternehmen, die ja auch enger in Ketten eingebunden sind und ein aktiveres *Supply Chain Management* betreiben, rechnen tendenziell mit stärkeren Verschiebungen als kleine und der Blick auf Branchen und Betriebstypen zeigt, dass die erwarteten Neuordnungen in der Metall-/Elektroindustrie und dem Fahrzeugbau geringer sind als im Nahrungsmittelgewerbe. Bei letzterem spielen dabei neben der bereits erwähnten Notwendigkeit, die Qualität über die gesamte Zulieferkette zu sichern, auch allgemeine Konzentrationsprozesse sowie die zunehmende Bedeutung des *Out-of-Home*-Geschäfts (vgl. Kap. 5) eine Rolle. Nach Betriebstypen differenziert zeigt sich, dass die potenziellen Abwanderer ihre Wertschöpfungsketten am instabilsten einschätzen. Den dynamischen Hybridisierern hingegen ist es offensichtlich gelungen, aufgrund ihres spezifischen Leistungsangebots sehr stabile Zuliefer- und Abnehmerbeziehungen aufzubauen.

Erweiterung der Wertschöpfungstiefe, Trend zur Hybridisierung

Aussagekräftiger als die Einschätzungen der Stabilität waren die Antworten auf die Frage nach den geplanten Veränderungen der eigenen Position in Wertschöpfungsketten (Abbildung 6-6). Ein erstes wichtiges Ergebnis ist es, dass insgesamt nur 53% der Unternehmen ihre Wertschöpfungstiefe in den nächsten Jahren unverändert lassen wollen, bei den Betrieben mit über 10 Beschäftigten sind es sogar nur 44%. Zweitens fällt auf, dass 60% der größeren Betriebe eine Erweiterung nach oben (27%) oder nach unten (33%) planen während eine Verringerung praktisch keine Rolle spielt. Dieses Ergebnis widerspricht der verbreiteten Einschätzung, dass der Trend zur Reduktion der Wertschöpfungstiefe anhält und vertikal integrierte Unternehmen von global agierenden Spezialisten abgelöst werden (IW Consult 2012: 7, 10f; für die Cluster Automotive und Chemie/Pharma in der Region Rhein-Main vgl. Planungsverband Ballungsraum Frankfurt/Rhein-Main 2006, 2007a). Wird oft argumentiert, dass nicht-marktliche Formen der Organisation von Ketten vor allem auch deshalb notwendig seien, weil die Auslagerung von Teilen des Produktionsprozesses eine engere Kontrolle der Zulieferer erfordere (IW Consult 2012: 7), so trifft dieser Zusammenhang für die Frankfurter Unternehmen offensichtlich ebenfalls nicht zu (vgl. dazu auch die Diskussion der Kritikalität von Zuliefer- und Abnehmerbeziehungen in Kap. 5). Drittens schließlich ist auch in Frankfurt der Trend zum ergänzenden Angebot von Dienstleistungen klar zu erkennen: 42% der Unternehmen verfolgen entsprechende Pläne, bei den größeren Betrieben sind es sogar 50%.

Betrachtet man diese Ergebnisse differenzierter nach Teilgruppen, dann zeigen sich ebenfalls einige interessante Trends. So zeichnen sich die aktiven und im weitesten Sinn erfolgreichen Unternehmen (Betriebstypen „Hybridisierer", „Innovatoren" und „Erfolgreiche") allesamt durch eine besonders hohe Veränderungsbereitschaft im Hinblick auf die eigene Wertschöpfungstiefe aus. Die Gruppe der potenziellen Abwanderer weist die höchsten Werte in Bezug auf eine geplante Erweiterung der Wertschöpfungstiefe nach unten auf, was darauf hindeutet, dass die erwogene Abwanderung mit Plänen zur Reorganisation der Produktion in Verbindung steht. In Bezug auf die eigenen Position in der Kette zeigt sich, dass die Bereitschaft, in Zukunft verstärkt Dienstleistungen anzubieten, mit der Nähe zum Endkunden steigt. Auffallend sind auch die relativ großen Branchenunterschiede: Im Nahrungsmittelgewerbe ist die geplante Erweiterung der Wertschöpfungstiefe am größten, wobei es insbesondere darum geht, den eigenen Tätigkeitsbereich nach oben auszudehnen und damit unabhängiger von Zulieferern zu werden bzw. die verwendeten Vorprodukte besser kontrollieren zu können. Demgegenüber zeichnen sich die Metall-/Elektroindustrie und der Fahrzeugbau durch vergleichsweise geringe Veränderungen der Wertschöpfungstiefe aus.

ZUSAMMENFASSUNG

Einige der Ergebnisse der Wertschöpfungskettenanalyse Frankfurter Industriebetriebe wirken auf den ersten Blick widersprüchlich und erfordern eine Kontextualisierung durch Experteninterviews. Am auffälligsten ist die Tatsache, dass die Unternehmen sich einerseits eng in Wertschöpfungsketten eingebunden sehen und die Abstimmung mit ihren Geschäftspartnern als sehr hoch bewerten, andererseits aber die Kooperation mit Zulieferern und Abnehmern nicht als wichtige Strategie bezeichnen, um die eigene Position in der Kette zu sichern (Abbildung 6-7). Insgesamt zeigt sich zudem, dass der Anteil derjenigen Unternehmen, welche die Kontakte zu Zulieferern und Abnehmern überhaupt als eng geknüpfte

Abbildung 6-6: Geplante Veränderung der eigenen Position in Wertschöpfungsketten in den nächsten 5 Jahren (Quelle: eigene Erhebungen)

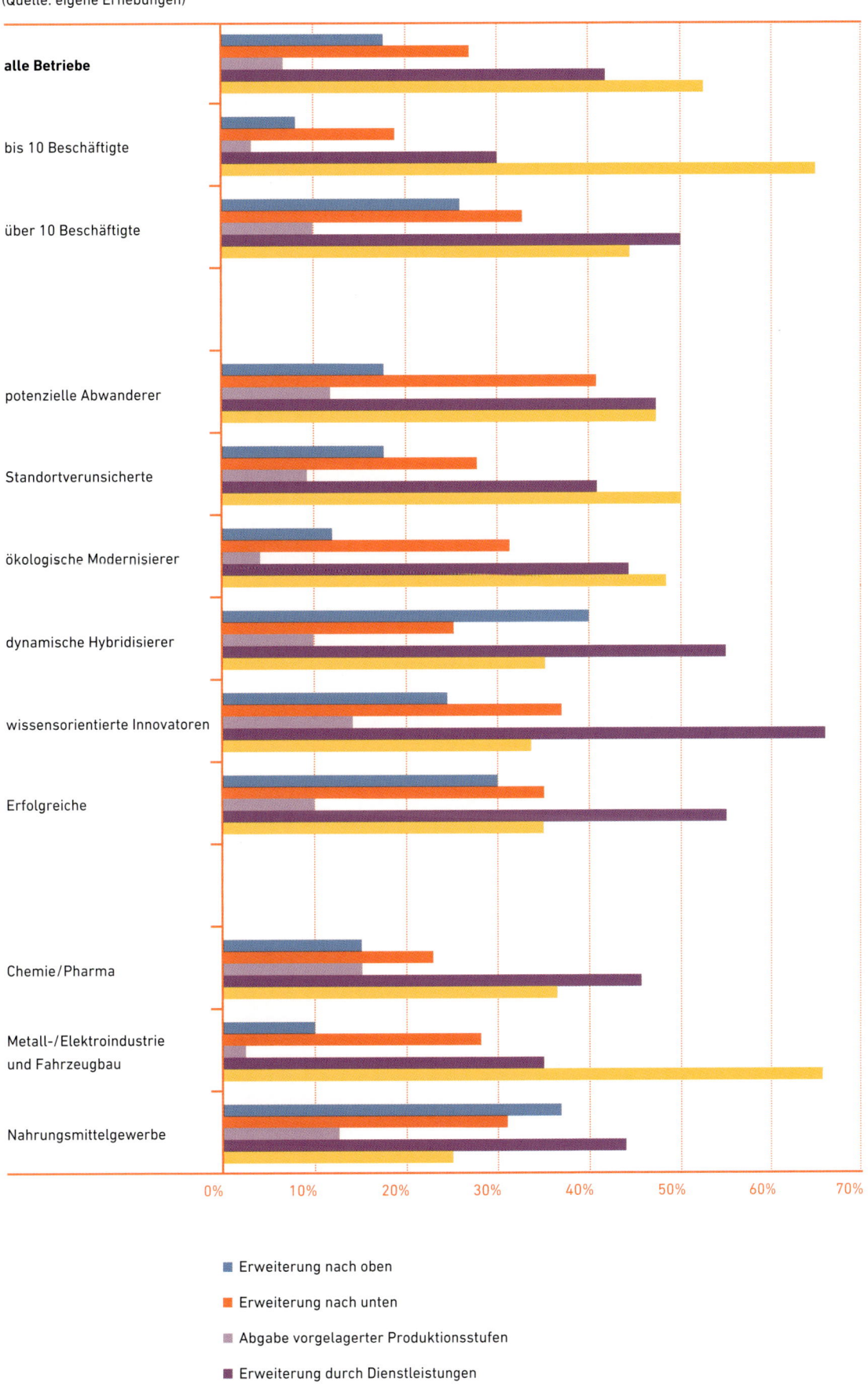

- Erweiterung nach oben
- Erweiterung nach unten
- Abgabe vorgelagerter Produktionsstufen
- Erweiterung durch Dienstleistungen
- keine Veränderung geplant

6 Wertschöpfungsketten

Abbildung 6-7: Strategien zur Sicherung der eigenen Position, jeweils nur die 5 häufigsten Nennungen (Quelle: eigene Erhebungen)

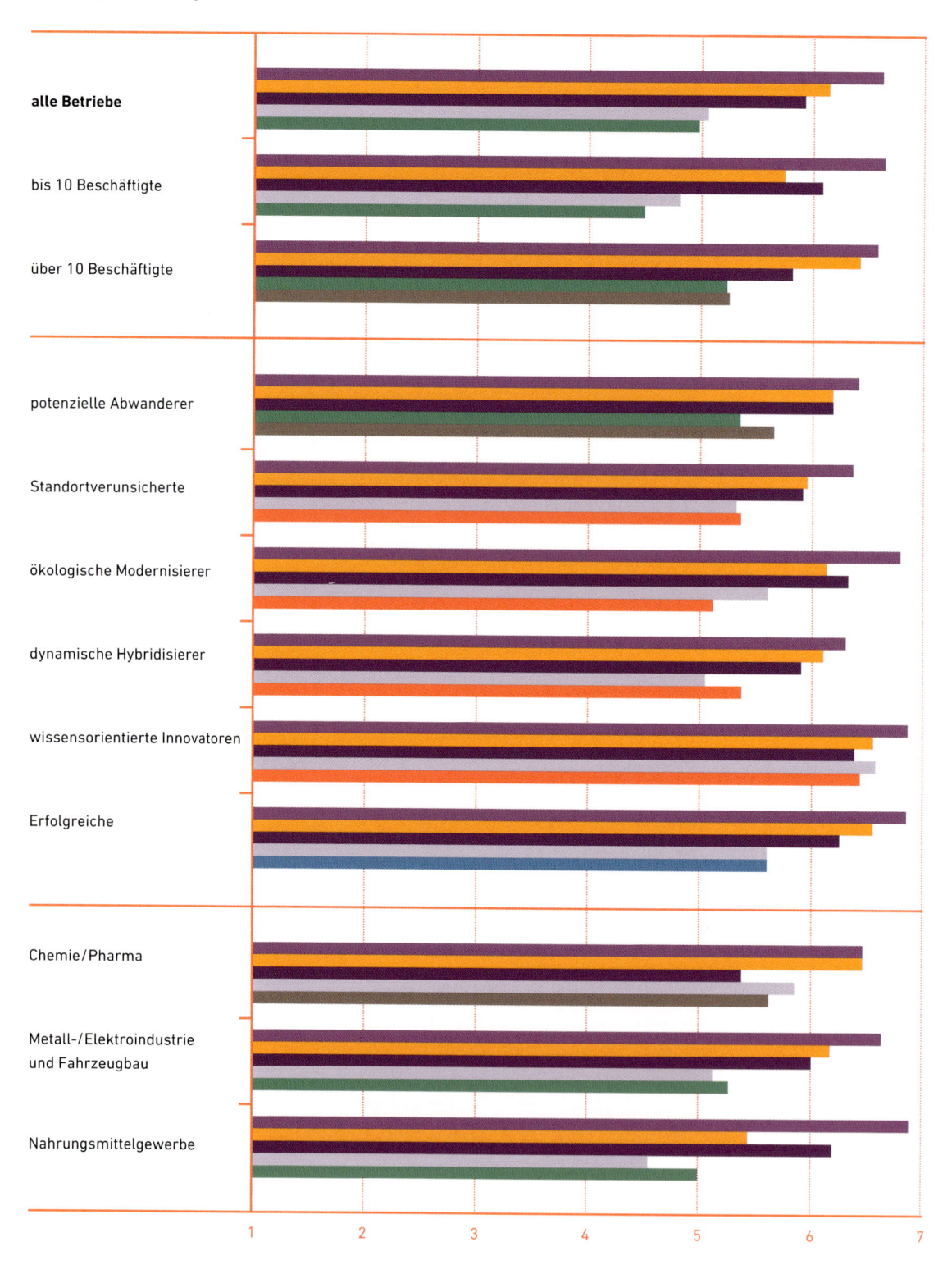

Unsere zukünftige Position in der Kette sichern wir durch ...

- ... die Konzentration auf die Qualität unserer Produkte
- ... die Konzentration auf Lieferzuverlässigkeit und -geschwindigkeit
- ... höhere Flexibilität und individuelle Anpassung unserer Produkte an die Bedürfnisse der Abnehmer
- ... einen Wissensvorsprung gegenüber Wettbewerbern in Bezug auf Produktionsprozesse und -techniken
- ... Verbesserung der Unternehmenskultur und Mitarbeiterorientierung
- ... nachhaltigere Ausrichtung der Unternehmensstrategie
- ... einen Wissensvorsprung gegenüber Wettbewerbern in Bezug auf die Organisation der Produktion
- ... einen Wissensvorsprung gegenüber Wettbewerbern in Bezug auf Absatzmärkte/eine Marktnische

Kategorien: alle Betriebe, bis 10 Beschäftigte, über 10 Beschäftigte, potenzielle Abwanderer, Standortverunsicherte, ökologische Modernisierer, dynamische Hybridisierer, wissensorientierte Innovatoren, Erfolgreiche, Chemie/Pharma, Metall-/Elektroindustrie und Fahrzeugbau, Nahrungsmittelgewerbe

Kette ansehen, deren Organisation und Stabilisierung eine wichtige betriebliche Aufgabe darstellt, relativ gering ist.

Als erstes ist dabei zu berücksichtigen, dass die strategische Steuerung von Wertschöpfungsketten im Rahmen eines betrieblichen *Supply Chain Management* die Domäne großer Industriebetriebe ist, von denen es in Frankfurt zwar einige, aber nicht sehr viele gibt; Unternehmen wie Apple oder Toyota sind dafür die in der Literatur immer wieder zitierten klassischen Beispiele (vgl. UNCTAD 2013). Dass kleinere Unternehmen dies zum Teil selbst als Defizit ansehen, machen die Überlegungen eines mittelständischen Frankfurter Unternehmers deutlich, der seine Produkte global exportiert: *„Auch die stärkere digitale Vernetzung in Bezug auf Supply-Chain-Management und Bedarfsaustausch und auch Datenaustausch usw. spüren wir als Druck sehr, sehr stark. Da fehlt es irgendwie so ein bisschen an der Methodenkompetenz. Oder generell einfach am Know-how, das lässt sich leider nur langsamer umsetzen, als wir das gerne machen würden. Wir versuchen, das voran zu treiben und wir sehen ganz großen Bedarf, aber das ist immer viel einfacher gesagt als getan."*

Zum zweiten lassen sich die Ergebnisse zumindest als Hinweis darauf interpretieren, dass die Individualisierung der Produktion bereits weithin zu einer Selbstverständlichkeit geworden ist – auch von den von uns befragten Betrieben wurde die flexible Anpassung von Produkten an Kundenwünsche ja als eine der wichtigsten betrieblichen Zukunftsstrategien genannt. Sie erfordert zwar eine intensive Abstimmung mit Geschäftspartnern (und wertet somit die verkehrstechnische Anbindung sowie die ICT-Infrastruktur als Standortfaktoren zusätzlich auf), führt aber nicht zwangsläufig zu „kritischen" Beziehungen oder der Notwendigkeit nicht-marktlicher Steuerungsformen von Wertschöpfungsketten; alternative Zulieferer sind ähnlich flexibel und können gegebenenfalls einspringen.

Drittens schließlich spielt innerhalb einer Kette die Differenzierung zwischen den Beziehungen nach oben (Zulieferer) und nach unten (Abnehmer) eine entscheidende Rolle und lässt die Befragungsergebnisse zum Teil als widersprüchlich erscheinen. Es sind letztere, auf die sich die Frankfurter Unternehmen stark konzentrieren; hier ist die Abstimmung höher und die Kontakte werden als deutlich kritischer eingestuft, während die Zulieferbeziehungen eher als zweitrangig angesehen werden. Die leicht höheren Werte für die Koordination mit Zuliefer- im Vergleich zu Abnehmerbetrieben in Abbildung 6-7 als Zukunftsstrategie könnte hingegen als Hinweis darauf gesehen werden, dass die Unternehmen selbst insbesondere die Potenziale einer Koordination von Wertschöpfungsketten nach oben noch nicht als ausgeschöpft ansehen.

Optimierung der Wertschöpfungskette als betriebliche Strategie

Die eigene Position wird primär also nicht durch kettenspezifische Strategien wie die Kooperation mit Zulieferern oder die Reorganisation der Lieferkette gesichert, sondern durch allgemein marktorientierte Maßnahmen. Die Varianz zwischen Betrieben unterschiedlicher Größen, Branchen oder Typen ist dabei nicht allzu groß (Abbildung 6-7): An erster Stelle wird die Qualität der Produkte genannt, an zweiter und dritter Stelle folgen die Konzentration auf Lieferzuverlässigkeit/-geschwindigkeit und die Flexibilität/Anpassung der Erzeugnisse an Kundenwünsche. Alle anderen Strategien wie eine nachhaltige Unternehmensausrichtung oder die Konzentration auf einen Wissensvorsprung wurden nur von wenigen Teilgruppen der Frankfurter Industrieunternehmen als vorrangig zur Sicherung der eigenen Position genannt.

Die Wertschöpfungsketten der Frankfurter Industrie befinden sich also nicht in einem schnellen Umbruch, sondern eher in einem langsamen Anpassungsprozess, wobei die (erwartete) Stabilität nicht zuletzt daraus resultiert, dass ein erheblicher Teil der vorgelagerten Kettenglieder weiterhin aus Deutschland und damit aus einem als „vertraut" und „stabil" eingeschätzten Umfeld kommt. Ein Frankfurter Mittelständler beschreibt das folgendermaßen: *„Wir sehen ganz klar, dass so alte regionale Kooperationen an Bedeutung verlieren, aber dass es auf jeden Fall in Deutschland bleibt. Weil gerade mit Zulieferern, da ist für uns die Kommunikation und die Flexibilität eben ganz, ganz wichtig, da ist es viel einfacher mit deutschen Partnern zusammen zu arbeiten, als mit Partnern im Ausland."* Die größte Dynamik resultiert nicht aus der Reaktion auf Umbrüche in anderen Teilen der Kette, sondern aus zwei eng miteinander in Verbindung stehenden Bestrebungen, welche von den Unternehmen selbst gar nicht in unmittelbaren Zusammenhang mit der Organisation von Wertschöpfungsketten gesetzt werden: der Erhöhung der eigenen Wertschöpfungstiefe einerseits und dem ergänzenden Angebot von Dienstleistungen bzw. dem Verkauf von „Lösungen" anstatt „Produkten" (Hybridisierung) andererseits.

Qualität, Zuverlässigkeit und flexible Anpassung als wichtigste Maßnahmen zur Sicherung der eigenen Position

Handlungsfelder

Kommunale Industriepolitik – so zeigen die Befragungsergebnisse – muss als Querschnittaufgabe verstanden werden, die Handlungsfelder im Kompetenzbereich einer Vielzahl unterschiedlicher Behörden und Institutionen mit einbezieht. Die Erarbeitung eines Masterplans zur Steuerung und Förderung der industriellen Entwicklung in den nächsten Jahren und Jahrzehnten ist dabei selbst bereits eine wichtige industriepolitische Maßnahme, die zwei zentrale Anliegen der Frankfurter Unternehmen adressiert: Erstens haben die damit verbundenen Diskussionen öffentliches Bewusstsein für Frankfurt als Industriestadt und die Belange des verarbeitenden Gewerbes geschaffen. Zweitens verspricht ein Masterplan mittelfristig verlässliche Rahmenbedingungen und einen stabilen Planungshorizont für die Unternehmen.

7 Handlungsfelder

kommunale Industriepolitik vor neuen Herausforderungen

AUSGANGSPUNKTE

Die öffentliche Diskussion über die Zukunft der Industrie in Deutschland und Europa war selten von einem so positiven Grundtenor geprägt wie in den letzten fünf Jahren. Schlagwörter wie „Industrie 4.0", *Smart Industries*, „vernetzte Produktion" oder „Hybridisierung" verweisen auf dynamische Umbrüche, die neue Entwicklungschancen versprechen und die lange Zeit vorherrschenden Negativszenarien ablösen. Parallel dazu verändert sich das Bild der alltäglichen Praxis industrieller Arbeit. Digitale Arbeitsumgebungen und Software-Programmierung, Forschung und Entwicklung, die kreative Suche nach Einzelfalllösungen im Schnittfeld zwischen *High-Tech* und Handwerk, Arbeit am Produktdesign und Serviceleistungen werden mehr und mehr Teil der allgemeinen Wahrnehmung und verdrängen die lange vorherrschenden Assoziationen an Gleichförmigkeit, Lärm und Schmutz, körperliche Anstrengung und inhaltliche Monotonie. Schließlich hat auch die Finanzkrise erheblich dazu beigetragen, die gesamtökonomische Bedeutung der Industrie in ein neues Licht zu rücken.

Auf diese veränderte Ausgangssituation wird auf unterschiedlichen administrativen Ebenen mit neuen wirtschaftspolitischen Leitbildern, Initiativen und Programmen reagiert. Auffallend ist allerdings, dass nur sehr wenige Städte in Deutschland – Berlin, Bremen, Hamburg und Düsseldorf – aktuelle industriepolitische Masterpläne veröffentlicht haben oder derzeit daran arbeiten. Sicherlich ist der kommunale Handlungsspielraum in Bezug auf wirtschaftspolitische Rahmenbedingungen begrenzt und nicht zufällig sind drei dieser vier Städte Bundesländer, die größere eigene Entscheidungskompetenzen in allen Politikfeldern besitzen. Doch die Ergebnisse der vorliegenden Studie zeigen mehr als deutlich, dass die kommunalen Gestaltungsmöglichkeiten selbst von sehr stark global orientierten Branchenclustern wie beispielsweise der Chemie- und Pharmaindustrie keinesfalls als belanglos eingestuft werden. Und sie belegen darüber hinaus, dass die Flächennutzungsplanung zwar ein zentrales, aber bei weitem nicht das einzige Interventionsfeld ist.

hohe Bedeutung regionaler Kooperation

Unmissverständlich kommt in den Befragungsergebnissen aber auch zum Ausdruck, dass die Frankfurter Unternehmen die dringende Notwendigkeit sehen, Industriepolitik regional und nicht kommunal zu konzipieren. Dieses Anliegen resultiert einerseits aus der Maßstabsebene, auf die sich viele industrielle Standortbewertungen und -entscheidungen beziehen: aus Unternehmenssicht ist die Frage nicht nur, was die Stadt Frankfurt ‚zu bieten' hat, sondern auch, welche Vor- und Nachteile die Region Rhein-Main insgesamt auszeichnen. Andererseits spiegeln sich darin die Ergebnisse sowohl der Netzwerk- wie auch der Wertschöpfungskettenanalyse der vorliegenden Studie wider: Beide zeigen eine enge und tendenziell zunehmende Verflechtung mit anderen Unternehmen in der Region, die insbesondere im Fall der Geschäftsverbindungen mit Zulieferern und Abnehmern mit einer abnehmenden Bedeutung innerstädtischer Kontakte einhergeht. Auch die vorhandenen Branchenagglomerationen als potenzielle Anknüpfungspunkte für clusterpolitische Maßnahmen sind – von wenigen Ausnahmen wie der chemischen und pharmazeutischen Industrie abgesehen – kein städtisches, sondern ein regionales Phänomen (vgl. Ebner/Raschke 2013 sowie die Branchenreports des Planungsverbandes Frankfurt/Rhein-Main 2006, 2007a, 2007b, 2007c, 2008a, 2008b). Schließlich wird die Forderung nach einer regional und nicht nur kommunal orientierten Standortpolitik auch von stärker ökonometrisch fundierten Studien wie beispielsweise der „Verflechtungsstudie für die Region Rhein-Main-Neckar" (Wendland/Ahlfeldt 2013) gestützt, in der explizit festgestellt wird: „Gesetzgebungs- und Wirtschaftsförderungsmaßnahmen, die sich zu stark an regionalen Grenzen orientieren, können damit die bestehenden Interaktionsströme stören und Entwicklungschancen nachhaltig schwächen. Vor diesem Hintergrund sollte eine Evaluation der wirtschaftlichen Bedeutung von Teilregionen nicht isoliert, sondern im Kontext der Gesamtregion betrachtet werden. Zukünftige politische, wirtschaftliche und wissenschaftliche Projekte, die speziell auf die Entwicklung der regionalen, ökonomischen Strukturen abzielen, sollten daher immer vor dem Hintergrund der Interdependenzen des Gesamtraumes gedacht und geplant werden, um wirtschaftspolitische Fehlplanungen und Fehlinvestitionen zu vermeiden" (Wendland/Ahlfeldt 2013: 6). Zusammenfassend wird schließlich festgehalten: „Die Untersuchung zeigte, dass das gesamte Gebiet einen hohen Grad an ökonomischer Vernetzung aufweist und weit über die administrativen Grenzen hinaus ein neuer Wirtschaftsraum entstanden ist" (Wendland/Ahlfeldt 2013: 36). Vor diesem Hintergrund können eine städtische Industriestudie und ein Frankfurter Masterplan nur ein erster Schritt auf dem Weg zu einer intensiveren regionalen Koordination der Industriepolitik sein.

Die Abgrenzung der im folgenden vorgestellten industriepolitischen Handlungsfelder (Abbildung 7-1) ist bis zu einem gewissen Grad kontingent und hätte auch anders erfolgen können. Ihre inhaltliche Klammer besteht in erster Linie darin, dass die zu einem Feld bzw. Sub-Feld zusammengefassten Standortcharakteristika die gleichen Adressaten, Akteure oder Institutionen betreffen. Konkrete industriepolitische Maßnahmen werden deshalb zwangsläufig oft mehrere der einem Handlungsfeld zugeordneten Themen gleichzeitig berühren.

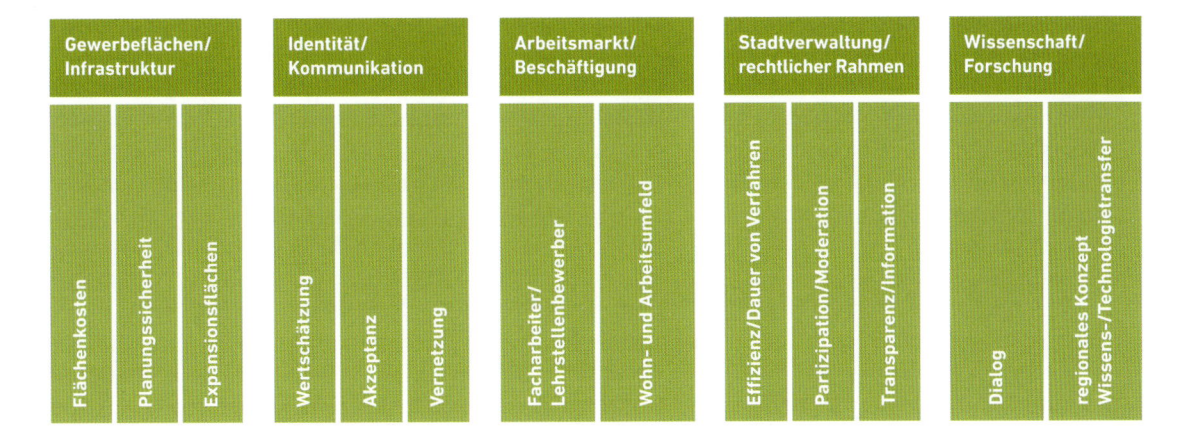

Gewerbeflächen/ Infrastruktur	Identität/ Kommunikation	Arbeitsmarkt/ Beschäftigung	Stadtverwaltung/ rechtlicher Rahmen	Wissenschaft/ Forschung
Flächenkosten / Planungssicherheit / Expansionsflächen	Wertschätzung / Akzeptanz / Vernetzung	Facharbeiter/ Lehrstellenbewerber / Wohn- und Arbeitsumfeld	Effizienz/Dauer von Verfahren / Partizipation/Moderation / Transparenz/Information	Dialog / regionales Konzept / Wissens-/Technologietransfer

Abbildung 7-1: Industriepolitische Handlungsfelder

In vielen Fällen ist es darüber hinaus aber sicherlich sinnvoll, Maßnahmen bewusst „quer" zu den Handlungsfeldern zu entwerfen und große Vorhaben wie beispielsweise ein „nachhaltiges Gewerbegebiet" müssen ohnehin mit Blick auf alle möglichen Handlungsfelder konzipiert werden. Keines der Handlungsfelder wurde von den Befragten insgesamt schlecht bewertet. Vielmehr gibt es überall Standortfaktoren, bei denen Frankfurt hervorragend abschneidet. Diese werden im Folgenden allerdings weitgehend ausgeblendet, um stattdessen den Blick auf diejenigen Faktoren oder Faktorenkomplexe innerhalb der einzelnen Felder zu lenken, bei denen vorrangiger industriepolitischer Handlungsbedarf besteht.

HANDLUNGSFELD 1: GEWERBEFLÄCHEN UND INFRASTRUKTUR

Der Beurteilung der Frankfurter Gewerbeflächen und der industrienahen Infrastruktur wurde im Rahmen der Befragung besonderes Gewicht beigemessen. Trotzdem zeigte sich, dass eine systematische und detaillierte Erfassung der Flächennutzung und -ansprüche die Möglichkeiten der vorliegenden Studie bei weitem überstiegen hätte und separat – etwa im Zuge der Erstellung eines räumlich-funktionalen Entwicklungskonzepts – zu erfolgen hat. Um eine differenziertere Auswertung zu ermöglichen, bezogen sich die Fragen zu Gewerbeflächen und Infrastruktur auf konkrete Betriebsstätten und nicht auf Frankfurt als Industriestandort insgesamt; aus methodischen Gründen ist es deshalb auch nur eingeschränkt möglich, die Bewertungen der Flächenfaktoren und der betriebsstättennahen Infrastruktur mit denjenigen der übrigen abgefragten Standortfaktoren zu vergleichen.

Die qualitative Ausstattung und die infrastrukturelle Anbindung der Frankfurter Gewerbestandorte wird als überwiegend gut bis sehr gut beurteilt und stellt mit Sicherheit kein prioritäres Handlungsfeld dar. Diese grundsätzliche Feststellung bedeutet allerdings nicht, dass es generell keine Defizite in diesem Bereich gibt. Doch es ist lediglich eine begrenzte Zahl von Standorten, an denen beispielsweise die Internetanbindung als unzureichend bewertet wird oder wo Konflikte mit Anwohnern die Standortqualität beeinträchtigen. Will man der Strategie folgen, bestehende Stärken gezielt auszubauen um Standortvorteile zu sichern und die Einmaligkeit Frankfurts in den Vordergrund zu rücken, so erweisen sich die beiden eng miteinander verbundenen Sub-Felder Logistik und digitale Infrastruktur als vorrangige Ansatzpunkte. Hier besitzt die Stadt sowohl was die physische Ausstattung wie auch was die institutionellen Rahmenbedingungen (z.B. *House of Logistics and Mobility, Digital Hub* Frankfurt-Rhein-Main e.V.) anbelangt hervorragende Ausgangsvoraussetzungen und ein besonderes Zukunftspotenzial. Wie auch in einigen anderen Sub-Feldern erscheint dabei eine nicht nur kommunale, sondern regionale Ausrichtung der entsprechenden Maßnahmen – beispielsweise im Sinn eines integrierten regionalen Logistikkonzepts über Unternehmensgrenzen hinweg – notwendig.

Während die qualitative Ausstattung sowie die infrastrukturelle Erschließung der Flächen also als Stärke des Standorts Frankfurt identifiziert wurden, zeigen sich die drei Themenkomplexe Flächenkosten, Planungssicherheit/Bestandsschutz und Expansionsflächen als wichtigste Ansatzpunkte flächenbezogener Maßnahmen:

– Die Kritik an zu hohen *Flächenkosten* bezieht sich nicht nur auf die Grundsteuer B und flächenbezogene Gebühren, sondern schließt auch Energiepreise und die Kosten für Miete/Pacht bzw. den Grunderwerb mit ein. Letztere sind natürlich nicht isoliert, sondern im Kontext energiepolitischer

qualitative Ausstattung und infrastrukturelle Anbindung der Gewerbeflächen überwiegend gut

hohe Flächenkosten nur begrenzt politisch beeinflussbar

7 ____ Handlungsfelder

verbreitetes Gefühl geringer Planungssicherheit

Grundsatzentscheidungen sowie der allgemein hohen Bodenpreise in Frankfurt zu sehen und industriepolitisch nur bedingt beeinflussbar. Das Spektrum möglicher kommunaler Maßnahmen zur Senkung der flächenbezogenen Kosten ist entsprechend begrenzt.

– Die Forderung nach mehr *Planungssicherheit und Bestandsschutz* bezieht sich selbstverständlich nicht auf die juristische oder planungsrechtliche Bedeutung der Begriffe. Vielmehr ist damit die Sicherheit gemeint, sich in einem für unternehmerische Investitionsentscheidungen relevanten Zeitraum von 20 bis 50 Jahren darauf verlassen zu können, unter den derzeit geltenden infrastrukturellen Umfeld- und rechtlichen Rahmenbedingungen weiter produzieren zu können. Das Gefühl fehlender Planungssicherheit in diesem Sinn resultiert in einigen Fällen lediglich aus Unkenntnis über die inhaltliche Reichweite des rechtlich geltenden Bestandsschutzes, ist in anderen aber wohl begründet und wurde durch die lang anhaltenden Diskussionen über die Zukunft des Osthafens allgemein verstärkt. Dabei kann dieses Beispiel insofern als paradigmatisch gelten, als es zeigt, wie mittelfristige Planungssicherheit für Unternehmen in einem partizipativen politischen Prozess erreicht werden kann und die Voraussetzungen für umfangreiche Investitionen schafft.

Fehlende Planungssicherheit wird vor allem dort beklagt, wo – begründet oder unbegründet – die Neuausweisung bzw. Erweiterung von Wohngebieten befürchtet wird oder wo es aufgrund räumlich nahe gelegener Wohnbebauung derzeit bereits zu Umfeldkonflikten kommt. Außerhalb von Mischgebieten betrifft dies nur einige wenige Randzonen von Industrie- und Gewerbegebieten. Entsprechend den in den konkreten Fällen unterschiedlichen Ursachen der vorherrschenden Unsicherheit ist hier an Maßnahmen zu denken, die von Kommunikation und Aufklärung über den geltenden Bestandsschutz sowie Information über stadtplanerischen Vorhaben bis hin zu Formen der rechtlichen Absicherung zukünftiger Nutzungen reichen können.

exakter Bedarf an Expansionsflächen schwer abschätzbar

– Der tatsächliche Bedarf an *Expansionsflächen* ist nur schwer abzuschätzen. 42% der in Industrie- und Gewerbegebieten (Typ I und II) gelegenen Betriebe geben an, über eine Betriebserweiterung nachzudenken, bei der Gesamtheit aller von uns befragten Betriebe sind es immerhin noch 30%. Dabei besitzen in Gewerbegebieten 26% der Unternehmen zusätzliche Flächen und 30% gehen davon aus, Flächen am Standort zukaufen zu können (Mehrfachnennung war möglich), während in Mischgebieten (Typ III und IV) 76% der Betriebe keine Spielräume für Erweiterungen sehen.

Diese wenigen Zahlen machen bereits deutlich, dass die quantitative Dimension der Flächennachfrage differenziert ist: Expansionsflächen fehlen nicht generell, sondern in bestimmten Gebieten. Da vor allem größere Betriebe mit höherem Bedarf über Erweiterungen nachdenken, spielt auch der Zuschnitt der Parzellen eine wichtige Rolle. Schließlich zeigt der Vergleich der Nutzungsarten 2002/03 und 2008/09, dass Produktions-, Werkstatt- und Lagernutzung zurückgehen und stattdessen die Nutzung der Flächen für Büros, Dienstleistungen und Verkauf zunimmt. Expansionsabsichten gehen also nicht zwangsläufig mit einem Bedarf an Produktionsflächen einher.

In Gesprächen mit Unternehmern ebenso wie mit Experten aus der Verwaltung deutete sich aber auch an, dass es ein nicht unerhebliches Potenzial gibt, zusätzliche Flächen zu aktivieren ohne auf Neuausweisungen zurückgreifen zu müssen. Die Voraussetzung dafür wäre ein systematisches Gewerbeflächenmanagement, das im Idealfall auf ein digitales und kontinuierlich aktualisiertes Flächenkataster zurückgreifen kann. Die Entwicklung von Aktivierungsstrategien und Vermittlungsmechanismen könnten ebenso Bestandteile dieses Flächenmanagements sein wie die institutionalisierte Moderation von Nutzungs- und Umfeldkonflikten.

Was die Ausweisung zusätzlicher Flächen für Expansionen und Neuansiedlungen anbelangt, so zeigt sich zwar, dass es durchaus Interesse an Betriebserweiterungen gibt, es bleibt jedoch schwer abzuschätzen, inwieweit damit auch die Bereitschaft zur Betriebsverlagerung verbunden ist. Grundsätzlich geben 14% aller Unternehmen an, ihren Betrieb *außerhalb* des derzeitigen Geländes vergrößern zu wollen, 37% haben in den letzten fünf Jahren über eine Betriebsverlagerung nachgedacht. Doch diese Werte sind selbstverständlich von der derzeitigen Verfügbarkeit alternativer Flächen abhängig und können sich im Fall der Neuausweisung eines Gewerbegebietes verändern.

Das bereits in Planung befindliche Projekt eines „grünen Gewerbegebiets" ist jedoch in einem umfassenderen Kontext als lediglich der Flächenausweisung zu sehen und erscheint unter bestimmten Prämissen durchaus vielversprechend (vgl. zur ökologischen Modernisierung auch Anhang A V-3). Es knüpft nahtlos an Frankfurts Entwicklungsstrategie zur *Green City* an, welche durch die beiden zweiten Plätze in den Ausschreibungen „Bundeshauptstadt Klimaschutz" und *European Green Capital Award* bereits eine gewisse Bekanntheit erlangte. Neben Kosten und Qualität der Flächen als elementaren Voraussetzungen dürfte eine frühe Einbindung potenzieller Nutzer entscheidend für den Erfolg sein, denn gerade der Unternehmenstyp der ökologischen Modernisierer zeichnet sich durch hohe Ansprüche an partizipative Planung aus. Über eine Entlastung des Flächendrucks hinaus hat es dann aber das Potenzial, mehrere andere Problemfelder der SWOT-Analyse zugleich zu adressieren. So könnte es zu einem „Leuchtturmprojekt" werden, für das es bundesweit bislang kaum Vorbilder gibt. Als praxisnahes Demonstrationsfeld grüner Technologien im Gewerbebereich – „Energieeffizienz made in Germany" wie es einer der interviewten Experten formulierte – sowie als *Blueprint* oder „Exportmodell" würde es helfen, Frankfurt auch als Industriestandort überregional bekannter zu machen. Dabei könnten neben den umwelttechnischen Aspekten auch das Flächenmanagement und die flächenbezogenen Dienstleistungen exemplarischen Charakter erhalten, wobei hier vor allem ein differenziertes Angebots- und Leistungsspektrum wichtig ist – die Sorge vor pauschalen Kosten für nicht in Anspruch genommene Dienstleistungen zählte in den Unternehmerinterviews zu den größten Vorbehalten gegen entsprechende Modelle. Schließlich könnte das positive Image eines „grünen Gewerbegebiets" auch helfen, die Akzeptanz industrieller Produktion in der Stadtgesellschaft insgesamt zu verbessern. Über die drei Sub-Felder Flächenkosten, Planungssicherheit/Bestandsschutz und Expansionsflächen hinaus, die in den Befragungsergebnissen klar im Vordergrund standen, wurden drei weitere Themen immer wieder angesprochen. Sie sind eher mittel- bis langfristiger Natur oder wurden in Zusammenhang mit einer Bewertung des Industriestandortes Frankfurt deshalb weniger stark betont, weil sie im Rahmen eines kommunalen Masterplans Industrie nur begrenzt beeinflussbar sind.

- Insbesondere in Zusammenhang mit der Energiewende sind aus Unternehmersicht die Energiesicherheit und die Energiekosten derzeit ein Thema mit hoher Priorität. Allerdings wurde der als dringend eingeschätzte Handlungsbedarf hier in allererster Linie auf der bundespolitischen Ebene gesehen. Ob der städtische Gestaltungsspielraum tatsächlich so vernachlässigbar gering ist, wie die Befragungsergebnisse nahelegen, wird sich angesichts der derzeit noch völlig unabsehbaren Veränderungen in diesem Feld aber erst zeigen. Dass die aktive Auseinandersetzung mit den Implikationen und der lokalen Gestaltung der Energiewende in einem Masterplan Industrie nicht ausgeklammert werden kann, ist jedoch offensichtlich. Einen Anknüpfungspunkt dafür könnte der im Rahmen des Projekts „Masterplan 100% Klimaschutz" noch zu erarbeitende Frankfurter Masterplan Energie sein, in dem der Weg zu einer vollständigen Versorgung mit erneuerbaren Energien bis zum Jahr 2050 skizziert werden soll.
- Eine weitere mittelfristige Aufgabe – gerade im Zusammenhang mit der oft beklagten fehlenden Wertschätzung der Industrie durch die Bevölkerung – ist die Entwicklung von Strategien für den Umgang mit Mischgebieten und wohnstandortnahen Produktionsstätten. Die Befragungen ergaben hier ein ausgesprochen ambivalentes Bild. Auf der einen Seite war die Haltung mit Verweis auf Umfeldkonflikte und eine meist unzureichende infrastrukturelle Erschließung äußerst skeptisch. Auf der anderen wurden immer wieder positive Beispiele beschrieben – nicht nur Klein- und Mittelbetriebe, sondern auch große Unternehmen wie die gläserne Manufaktur von VW in Dresden. Zudem dürften Prozesse wie die zunehmende Hybridisierung sowie ressourcenschonende und emissionsarme Produktionstechnologien in Zukunft dazu führen, dass der Anteil stadtverträglicher Produktionsstätten tendenziell zunimmt. Verbunden damit ist die Hoffnung auf geringere Pendelentfernungen und eine stärkere Verankerung industrieller Produktion in der städtischen Identität. Die Erarbeitung von Klassifikations- und Bewertungssystemen zur Identifikation stadtaffiner Fertigungsweisen und Unternehmenstypen ist in diesem Zusammenhang eine wichtige Voraussetzung.
- Die dritte mittelfristig wichtige Aufgabe ist die regionale Koordination des Managements von Gewerbeflächen. Die Hürden auf dem Weg dorthin sind beträchtlich, aber bundesweit nimmt die Zahl positiver Beispiele in jüngster Zeit zu. Dabei sind Kooperationen in unterschiedlicher Intensität von einer abgestimmten Verwaltung über interkommunale Gewerbegebiete und einen gemeinsamen Flächenpool bis hin zu einer Aufteilung von Gewerbesteuereinnahmen denkbar.

HANDLUNGSFELD 2: STÄDTISCHE IDENTITÄT UND KOMMUNIKATION

Das Handlungsfeld städtische Identität und Kommunikation ist aus mehreren Gründen als besonders komplex anzusehen. Es basiert maßgeblich auf der Kritik an fehlender „Akzeptanz" seitens der Stadtgesellschaft und „Wertschätzung" durch die Politik für die Industrie, wobei diese Begriffe von den Befragten inhaltlich ausgesprochen breit verwendet wurden. Entsprechend heterogen sind die in diesem Handlungsfeld zusammengefassten Themenkomplexe – die fehlende Akzeptanz durch die Frankfurter Bevölkerung bezieht sich auf völlig

großes Potenzial des Projekts „nachhaltiges Gewerbegebiet"

Energiewende, Mischgebiete und regionale Koordination sind weitere wichtige Aufgaben

7 _____ Handlungsfelder

Masterplan als Beitrag zur Veränderung städtischer Identität

Akzeptanz bei der Bevölkerung in Zusammenhang mit einem neuen Bild industrieller Produktion und Arbeit

andere Aspekte als die mangelnde Wertschätzung der Industrieunternehmen durch die Politik. Zudem sind denkbare Maßnahmen in diesem Feld, die auf eine veränderte städtische Identität abzielen, welche den Charakter einer Industriestadt stärker als bislang mit beinhaltet, meist nur mittel- bis langfristig wirksam und schwer zu evaluieren.

In diesem wie auch in allen anderen Handlungsfeldern gibt es Standortfaktoren, die gut oder sogar sehr gut bewertet wurden. Dazu zählen beispielsweise die Reputation Frankfurts als Wirtschaftsstandort – nicht als Industriestadt! – sowie die Kooperation zwischen Unternehmen, der informelle Austausch oder die Vernetzung mit industrienahen Dienstleistern. Die negativeren Bewertungen hingegen bezogen sich vor allem auf die Bedeutung, welche der Industrie in Gesellschaft und Politik zugesprochen wird, sowie auf spezifische Teil-Aspekte der kommunalen und regionalen Vernetzung.

- Bei der *Wertschätzung durch die Frankfurter Politik* wird ein herausragend hoher Handlungsbedarf gesehen; von der Teilgruppe der Unternehmen mit mehr als 10 Beschäftigten sogar der höchste Handlungsbedarf aller abgefragten Standorteigenschaften (ohne Gewerbeflächen/Infrastruktur, die aus methodischen Gründen separat bewertet werden müssen). Dieser auf den ersten Blick vielleicht verwunderliche Befund wird verständlich, wenn man die Kontexte berücksichtigt, in denen – gerade auch in den Experteninterviews – von Wertschätzung die Rede war. Oft beinhaltete der Begriff nicht weniger als die Forderung nach allgemeiner Beachtung industrieller Belange in der Politik, nach einem generellen Mit-Denken der Konsequenzen politischer Entscheidungen für die Industrie, nach Präsenz von Politikern in Unternehmen zu wichtigen Anlässen sowie nach selbstbewusster Außenkommunikation des industriellen Charakters der Stadt Frankfurt. Wertschätzung in diesem Sinn bezieht sich auf eine umfassende Re-orientierung der städtischen Politik und Identität.

So umfassend und inhaltlich breit wie dieser Anspruch ist, muss auch die industriepolitische Reaktion darauf sein. Sie kann nur in einem gleichermaßen breiten Bündel unterschiedlicher Instrumente und Maßnahmen bestehen, die im Rahmen eines Masterplans aufeinander abgestimmt werden und in Verbindung mit einem räumlich-funktionalen Planungsmodell ein neues Leitbild industrieller Entwicklung stadtpolitisch fest verankern. Gelingt dies, so stellt es die bestmögliche Antwort auf das dar, was die von uns befragten Unternehmer im Hinblick auf Wertschätzung, Akzeptanz und Kommunikation vermissen: positive öffentliche und mediale Aufmerksamkeit, ein formal abgesicherter höherer Stellenwert der Industrie auf der politischen Agenda und in der Stadtplanung sowie ein fester Platz für das verarbeitende Gewerbe im Selbstbild der Stadt Frankfurt.

- Die *Akzeptanz bei der Bevölkerung und in der Stadtgesellschaft* steht mit der Wertschätzung durch die Politik in engem Zusammenhang. Sie bezieht sich auf die eingangs bereits erwähnten Assoziationen an Gleichförmigkeit, Lärm, Schmutz und Gefahr, körperliche Anstrengung und inhaltliche Monotonie, welche entsprechende Vorbehalte gegen Produktionsstätten und Industrieberufe mit sich bringen. Eine der möglichen kommunalpolitischen Maßnahmen zur Schaffung einer höheren Akzeptanz sind Stadt- und Regionalmarketingstrategien, die ja immer zugleich nach außen wie auch identitätsstiftend nach innen wirken sollen. Dabei müsste es gezielt darum gehen, in die bereits etablierten Instrumente der Innen- und Außenkommunikation ein positiv konnotiertes Bild industrieller Produktion systematisch mit aufzunehmen. Anknüpfen ließe sich dabei an die Neubewertung der Industrie im Zuge der Finanzkrise, den hohen Gewerbesteueranteil des verarbeitenden Gewerbes am städtischen Haushalt und ein verändertes Bild industrieller Produktion wie es beispielsweise in den Schlagworten „Industrie 4.0" und *Smart Industries* zum Ausdruck kommt. Oder es könnte ein neues Bild der alltäglichen Praxis industrieller Arbeit in den Vordergrund gerückt werden, das eingangs ebenfalls bereits skizziert wurde: Digitale Arbeitsumgebungen und Software-Programmierung, Forschung und Entwicklung, die kreative Suche nach Einzelfalllösungen im Schnittfeld zwischen *High-Tech* und Handwerk, Arbeit am Produktdesign und Serviceleistungen.

Im Hinblick auf die Steigerung der Akzeptanz bei der Bevölkerung wurde seitens der befragten Unternehmer aber auch mehrfach die Notwendigkeit angesprochen, selbst aktiv zu werden und die Betriebe stärker in die Stadtgesellschaft zu integrieren. Diese Forderung zielt ab auf Maßnahmen nach dem Vorbild der „Langen Nacht der Industrie", des „Frankfurter Industrieabends" oder des „Industrieparkgesprächs". In einem übertragenen Sinn könnte hier die „gläserne Manufaktur" zu einem Leitbild für ein Bündel von Aktivitäten werden, die im Rahmen einer „Kommunikationsstrategie Industrie" bzw. eines auf Dialog angelegten Konzepts der *Corporate Social Responsibility* (vgl. Zukunftsinitiative Metropolregion-Infrastruktur Frankfurt 2013: 23ff) in enger Zusammenarbeit mit einem Kompetenzzentrum Industrie sowie anderen relevanten städtischen Abteilungen und Akteuren entworfen und aufeinander abgestimmt werden. Positivbeispiele aus den Interviews wie der regelmäßige Nachbarschaftsdialog des Industrieparks Höchst legen dabei nahe, dass gerade für die Förderung der Akzeptanz dezentral angelegte Maßnahmen in nachbarschaftlichen Kontexten und unter aktiver Beteiligung der Arbeitnehmerschaft erfolgversprechend sind.

- Dass lokale und vor allem regionale Kontakte – gerade auch mit dem Dienstleistungssektor – für die Frankfurter Industrie große Bedeutung besitzen, brachten die Ergebnisse der Netzwerk- wie auch der Wertschöpfungskettenanalyse klar zum Ausdruck. In den Unternehmerinterviews wurde darüber hinaus deutlich, dass die Intensivierung weltweiter Kontakte im Zuge von Globalisierungsprozessen die *regionale Vernetzung* nicht ablöst, sondern sich häufig zeitgleich dazu entwickelt. Gleiches gilt für die parallele Intensivierung digitaler, vor allem auf ICT-Infrastruktur basierender und persönlicher, auf gute Verkehrsanbindung im herkömmlichen Sinn angewiesener Kommunikationsformen. Grundsätzlich wurde der Standort Frankfurt dabei nicht nur im Hinblick auf physische Infrastrukturen, sondern auch in Bezug auf die Vernetzung in Form von Kooperationen und informellen Kontakten als gut bis sehr gut bewertet.

Wenn dieser Bereich dennoch als potenzielles Handlungsfeld mit aufgenommen wurde, dann vor allem wegen einiger spezifischer Teil-Themen, die in den Experteninterviews zur Sprache kamen. Einmal erscheint gerade im Hinblick auf eine mögliche „Stärken stärken"-Strategie die Vernetzung mit dem Logistikbereich mit dem Ziel der Entwicklung gemeinsamer Konzepte und Angebote für die gesamte Region noch ausbaufähig. Zum anderen wurde immer wieder – wenn auch meist unspezifisch – auf die Potenziale einer besseren Vernetzung mit dem Dienstleistungssektor hingewiesen. Angesichts des hohen regionalen Anteils der Verbund-Wertschöpfung, des klar erkennbaren Trends zur Hybridisierung und des überdurchschnittlich großen Anteils von Unternehmen, die in der kundennahen Endproduktion sowie – zumindest bei den Nebenbeschäftigungsfeldern – in der nachgelagerten Produktbearbeitung tätig sind, ist dieser Hinweis nachvollzierbar. Nicht zufällig ist es gerade der Betriebstyp der dynamischen Hybridisierer, der zusammen mit den ökologischen Modernisierern besonders großen Wert auf Vernetzung, Austausch und Kommunikation legt. Allerdings müssten hier die wirklich relevanten Schnittstellen mit Innovationspotenzial erst konkret identifiziert werden – was im übrigen auch für einige inter-industrielle Initiativen gilt, in denen der Begriff der „Schnittstelle" zu wenig mit Inhalt gefüllt ist. Dann allerdings kann die enge Vernetzung mit dem Dienstleistungsbereich gerade vor dem Hintergrund von Globalisierungsprozessen eine besondere Stärke darstellen, weil oft nur Unternehmen aus der Region Dienstleistungen schnell genug erbringen können und über individuelles, produkt- und betriebsspezifisches Know-how verfügen.

Neben dem Logistiksektor sowie spezifischen Dienstleistungen wurde vor allem in der besseren Vernetzung einzelner Fachabteilungen Entwicklungspotenzial gesehen. Die Kontakte der Unternehmen konzentrierten sich zu stark auf die Führungsebene, während die möglichen Vorteile eines intensiveren Austauschs über spezielle Themen und gegebenenfalls auch der formalisierten Kooperation in einzelnen Produktions- und Verwaltungsbereichen noch längst nicht ausgeschöpft seien.

Vernetzung allgemein gut und nur in spezifischen Aspekten ein Handlungsfeld

HANDLUNGSFELD 3: ARBEITSMARKT UND BESCHÄFTIGUNG

Das Handlungsfeld Arbeitsmarkt und Beschäftigung zeichnet sich durch besonders große Unterschiede in der Bewertung der einzelnen Teil-Themen aus und entsprechend differenziert müssen auch die auf diese Themen ausgerichteten Maßnahmen sein. Einerseits stammen die vier Standortmerkmale, bei denen die Befragten den geringsten Handlungsbedarf überhaupt sehen, aus dem Feld Arbeitsmarkt und Beschäftigung (Weiterbildungsangebote sowie die Verfügbarkeit von Hochschulabsolventen, ungelernten Arbeitskräften und Zeitarbeitern). Andererseits liegen aber auch drei Charakteristika der Arbeitsmarkt- und Beschäftigungssituation in Frankfurt unter den sechs Standortmerkmalen mit dem größten Handlungsbedarf (Wohnraumangebot sowie Angebot an Facharbeitern und Lehrstellenbewerbern). Besondere Aufmerksamkeit verdient dieses Feld aber auch deshalb, weil wichtige Teilgruppen der Befragten wie die wissensorientierten Innovatoren, die dynamischen Hybridisierer und die ökologischen Modernisierer den Handlungsbedarf hier noch höher einschätzen als der Durchschnitt aller Frankfurter Industrieunternehmer.

In den Experteninterviews kam sehr klar zum Ausdruck, dass einige der sich auf dieses Handlungsfeld beziehenden Anforderungen den Rahmen einer kommunalen Industriepolitik alleine bei weitem übersteigen. Dazu zählen beispielsweise die allgemeine Attraktivität der Stadt Frankfurt als Wohnort sowie ihr Außenimage, die Wohnraumversorgung oder die Pendelentfernungen. Industriepolitische Maßnahmen können zu einer Verbesserung in diesen Bereichen jedoch durchaus bei-

Arbeitsmarkt: sehr differenzierte Bewertungen

7 _____ Handlungsfelder

tragen und einige andere Teil-Themen – bei weitem nicht nur die klassischen Zielfelder einer aktiven Arbeitsmarktpolitik! – sind unmittelbar industriepolitisch adressierbar.

- Der *Mangel an Facharbeitern und qualifizierten Lehrstellenbewerbern* ist ein Problem, das keineswegs spezifisch für den Standort Frankfurt ist – einige Befragte betonen angesichts des demographischen Wandels sogar die mittelfristig positivere Ausgangsposition in Ballungsräumen wie Frankfurt/Rhein-Main. Zu dieser positiveren Ausgangssituation zählen auch die höhere Attraktivität für und die bereits vorhandene Zahl an Beschäftigten mit Migrationshintergrund, an deren Bedürfnissen spezielle arbeitsmarktpolitische Maßnahmen ausgerichtet werden müssen, wie dies beispielsweise mit der Einrichtung des „Welcomecenter Hessen" bereits geschehen ist.

Die bessere Vernetzung von Ausbildungsbetrieben und potenziellen Arbeitgebern einerseits und Bildungseinrichtungen andererseits ist eine Aufgabe, der seit langem viel Beachtung geschenkt wird. Dennoch wurde der Übergang von der Schule zur Ausbildung bzw. der (Fach-)Hochschulbildung in den Beruf noch immer als wichtiger Ansatzpunkt industriepolitischer Maßnahmen wie Netzwerke, Patenschaften, Unterrichtsmodule, Praxisprojekte, Kampagnen zum Berufsfeld Industrie, Zusammenarbeit mit Career-Centern der Bildungseinrichtungen usw. genannt. Im Bildungs- und Ausbildungsbereich stellen auch unmittelbar an Betriebe oder Betriebscluster angebundene Einrichtungen, Studiengänge und Lehrwerkstätten eine Option dar, für die Infraserv/Provadis ein gutes Beispiel ist.

Obwohl das Weiterbildungsangebot in Frankfurt derzeit durchweg als gut bis sehr gut gelten kann, wurde es vielfach als weiterer Ansatzpunkt identifiziert. Angesichts von Megatrends wie der Digitalisierung, der Hybridisierung und dem Übergang zur Industrie 4.0 wird es weiterhin mit der großen Herausforderung konfrontiert sein, sich dem schnellen Wandel von Berufsfeldern, Tätigkeitsprofilen und Qualifikationsanforderungen anzupassen. Dabei dürfte insbesondere die zeitnahe und flexible Abstimmung zwischen Angeboten und dem sich wandelnden Bedarf immer wichtiger werden.

Für Handwerksbetriebe, das industrienahe Handwerk und kleine Industrieunternehmen stellen der Mangel an Facharbeitern und qualifizierten Lehrstellenbewerbern bzw. die steigende Notwendigkeit kontinuierlicher berufsbegleitender Weiterqualifizierung ein besonderes Problem dar. Sie sehen sich in der zunehmenden Konkurrenz um Beschäftigte gegenüber Großbetrieben in einer schlechteren Ausgangssituation, da kleine Betriebe oft weniger flexibel sind und nicht dasselbe Lohnniveau oder gleichwertige Übernahmegarantien bieten können. Die besondere Situation kleinerer Unternehmen stellt deshalb ein eigenes Zielfeld industriepolitischer Maßnahmen innerhalb des Handlungsfeldes Arbeitsmarkt und Beschäftigung dar.

- Um qualifizierte Fachkräfte anwerben oder halten zu können wird neben der Entlohnung und verschiedenen Nebenleistungen die Attraktivität eines Standortes zunehmend wichtiger. Angesprochen ist damit zum einen das *allgemeine Wohn- und Lebensumfeld* und zum anderen der *konkrete Arbeitsplatz und seine Umgebung*. Dass hier vor allem Maßnahmen, welche die Vereinbarkeit von Familie und Beruf verbessern, eine herausragende Rolle spielen, zeigten sowohl die persönlich-schriftliche Befragung wie auch die Unternehmer- und Experteninterviews. Als „*entscheidende Geschichte für uns in der Attraktivität als Arbeitgeber*" bezeichnete ein Mitglied der Führungsebene eines internationalen Nahrungsmittelkonzerns familiengerechte Arbeitsplätze, die Arbeitsplatzsituation von Frauen sowie die Unterbringung von Kindern und die Verfügbarkeit von bezahlbarem Wohnraum in akzeptabler Entfernung vom Arbeitsplatz. In diesem Bereich existiert ein breites Spektrum von Maßnahmen und Instrumenten, die zum Teil von den einzelnen Betrieben selbst, zum Teil aber auch in Kooperationen mehrerer Betriebe und unter städtischer Beteiligung umgesetzt werden können und bei denen die bestehenden Spielräume noch längst nicht ausgeschöpft sind. Auch in Bezug auf die Gestaltung des Arbeitsplatzes und familienfreundliche Arbeitsbedingungen verdient die Situation kleinerer Unternehmen, deren Möglichkeiten und Flexibilität in diesem Bereich oft stärker eingeschränkt sind, besondere Aufmerksamkeit.

Eine nicht zu vernachlässigende Rolle für die Attraktivität einer Stelle in der Industrie spielt das Umfeld des konkreten Arbeitsplatzes. Mischgebiete können in dieser Hinsicht Vorteile bieten, werden aber weithin skeptisch beurteilt. Aus planerischer Perspektive ist deshalb neben dem ‚klassischen' Thema der ÖPNV-Anbindung vor allem eine attraktivere Gestaltung von Gewerbegebieten, die bessere Ausstattung mit Versorgungseinrichtungen sowie Erholungs- und Freizeitmöglichkeiten angesprochen.

Mangel an Facharbeitern und qualifizierten Lehrstellenbewerbern vorrangig

steigende Bedeutung von Arbeits- und Wohnumfeldfaktoren

HANDLUNGSFELD 4: STADTVERWALTUNG UND RECHTLICHE RAHMENBEDINGUNGEN

In Bezug auf das Handlungsfeld Stadtverwaltung und rechtliche Rahmenbedingungen ist in Rechnung zu stellen, dass das Unverständnis für Verfahrensweisen, ihre Dauer und die konkreten rechtlichen Regelungen auch aufgrund fehlender fachlicher Kenntnisse groß ist. Nicht zuletzt deshalb fallen die Bewertungen tendenziell negativer aus als in anderen Feldern, die näher am Kernbereich unternehmerischer Tätigkeit liegen. Aus Sicht der Befragten könnten Behördenkontakte und Verwaltungsprozesse grundsätzlich unkomplizierter und weniger zeitaufwändig sein und dementsprechend darf es nicht verwundern, dass hier hoher Handlungsbedarf gesehen wurde. Die Diagnose einer pauschalen Unzufriedenheit wäre dennoch falsch. Gut bis sehr gut schneidet beispielsweise die Frankfurter Wirtschaftsförderung ab. Unter allen 10 abgefragten Merkmalen aus dem Bereich Stadtverwaltung und rechtliche Rahmenbedingungen wurde hier von den kleineren Betrieben der geringste Handlungsbedarf gesehen und in Bezug auf die Zufriedenheit erreichte sie sogar den vierten Platz aller 34 abgefragten Merkmale (ohne Gewerbeflächen/Infrastruktur).

Eine gewisse Sonderrolle spielt im Handlungsfeld Stadtverwaltung die Gewerbesteuer als Teil der rechtlichen Rahmenbedingungen im weitesten Sinn. Sie wurde beim Handlungsbedarf an erster Stelle platziert, was allerdings etwas darüber hinwegtäuscht, dass die Betriebe mit mehr als 10 Beschäftigten sie in Bezug auf die „Wichtigkeit" lediglich auf dem elften Rang einordnen. Als eigenes Handlungsfeld kann sie kaum bezeichnet werden, weil es hier nicht um die Konzeption, Organisation und Implementierung von Instrumenten und Maßnahmen, sondern um eine politische Grundsatzentscheidung geht. Die Kommunen müssen dabei gleichermaßen und abwägend die Wirkung auf Unternehmen, die Wettbewerbsfähigkeit des Standorts wie auch die Haushaltseffekte der Steuereinnahmen berücksichtigen.

Ein Ausgangspunkt, der bei der Konzeption konkreter Instrumente und Maßnahmen zumindest im Blick behalten werden sollte, ist die Tatsache, dass hier den Bedürfnissen der großen Unternehmen mehr Gewicht beigemessen werden kann als denjenigen der Betriebe mit unter 10 Beschäftigten. Große Unternehmen sind mit aufwändigeren Planungsverfahren konfrontiert, von einer größeren Zahl spezifischer Regelungen betroffen und haben häufiger in unterschiedlichen Kontexten mit der städtischen Verwaltung zu tun. In der persönlich-schriftlichen Befragung beurteilen die kleinen Unternehmen die Standortcharakteristika des Handlungsfeldes Stadtverwaltung und rechtliche Rahmenbedingungen tendenziell besser und schätzen sie gleichzeitig als nicht ganz so wichtig ein – insgesamt halten sie den Handlungsbedarf in diesem Feld für geringer. Die großen Unternehmen hingegen bewerten die Dauer von Genehmigungsverfahren als den wichtigsten aller 34 Standortfaktoren (ohne Gewerbeflächen/Infrastruktur) und sehen hier den zweitgrößten Handlungsbedarf überhaupt (nach der Wertschätzung durch die Politik).

Innerhalb des Handlungsfeldes Stadtverwaltung und rechtliche Rahmenbedingungen kristallisierten sich in den Befragungen drei Sub-Felder heraus, die eng zusammenhängen und unter die Oberbegriffe „Effizienz", „Partizipation" und „Transparenz" gestellt werden können. Im Hinblick auf konkrete Maßnahmen dürften dabei insbesondere die letzten beiden gemeinsam adressierbar sein.

- Gerade bei der *Verwaltungseffizienz* und der *Dauer von Genehmigungsverfahren* betonten einige Experten und Unternehmer, die aus persönlicher Erfahrung einen direkten Vergleich mit anderen Städten ziehen können, dass Frankfurt keineswegs schlechter abschneidet und verwiesen auf Verbesserungen in den letzten Jahren. Dennoch kann nicht übersehen werden, dass die allgemeine Unzufriedenheit hier auffallend hoch ist und es ist auch bedenklich, dass insbesondere die Gruppe der potenziellen Abwanderer überdurchschnittlich großen Handlungsbedarf in diesem Bereich sieht. Sicherlich besteht in Verwaltungen – wie auch in anderen Institutionen – die Notwendigkeit, rechtliche Vorgaben, interne Regelungen und routinisierte Praktiken regelmäßig zu überprüfen, auch im Hinblick auf veränderte Notwendigkeiten und Anforderungen. Diese Aufgabe kann aber nur eine Fachkommission aus Behörden- und Unternehmensvertretern übernehmen, die häufig vorkommende bzw. typische Antrags- und Genehmigungsverfahren identifiziert, Vorschläge für eine Revision der Vorgehensweisen unterbreiten und auf verbindliche, verkürzte Fristen hinarbeitet. Im Masterplan Industrie der Stadt Hamburg wurde ein derartiges Vorgehen in Bezug auf die Regelungstiefe in Bebauungsplänen beispielsweise als „Prüfauftrag" für eine Arbeitsgruppe formuliert (Freie Hansestadt Hamburg 2007: 30).
- Die frühzeitige *Partizipation an Planungsverfahren* sowie die *Moderation von Konflikten* sind weitere wichtige Forderungen im Handlungsfeld Stadtverwaltung und rechtliche Rahmenbedingungen. Erstere wird in Bezug auf den Handlungsbedarf zwar als klar nachrangig gegenüber der Dauer von Genehmigungsverfahren und selbst der Transparenz von Zuständigkeiten angesehen, rangiert jedoch bei der Gesamtheit aller befragten Unternehmen im Hinblick auf die Unzu-

Stadtverwaltung/rechtlicher Rahmen: vorrangig wichtig für große Betriebe

besondere Rolle der Gewerbesteuer

Dauer von Genehmigungsverfahren wird weithin beklagt

7 Handlungsfelder

friedenheit auf dem zweitschlechtesten Platz nach der Gewerbesteuer. Da das deutsche Planungsrecht prinzipiell vielfältige Partizipationsmöglichkeiten einräumt oder sogar verbindlich vorsieht, steht hier die Kommunikation, Umsetzung, Anwendung und Institutionalisierung der Beteiligung von Betroffenen im Vordergrund. Moderation wurde ausdrücklich als Erwartung an die städtische Politik und Verwaltung formuliert und kam insbesondere im Zusammenhang mit Umfeldkonflikten zur Sprache. Letztere wiederum sind – neben dem Fehlen von Expansionsflächen und infrastrukturellen Unzulänglichkeiten – für das Nachdenken über Betriebsverlagerungen eine zentrale Ursache und entsprechend wichtig muss auch die Rolle von Moderationsverfahren eingeschätzt werden.

- Während sich die Forderung nach mehr Partizipation vor allem auf Planungsverfahren bezieht, geht es beim Wunsch nach *Transparenz und Information* zum einen um das Wissen darüber, wie Verfahrensweisen, Arbeitsabläufe und Zuständigkeiten in Behörden organisiert sind und zum anderen um die öffentliche Kommunikation politischer Positionen und Strategien zum verarbeitenden Gewerbe in Frankfurt und an den konkreten Standorten. „*Wenn Frankfurt sich auf Banken spezialisieren will, dann müssen wir halt weg, aber sie müssen es auch mal sagen, wir wissen es nicht, wir spüren gar nichts. Wir wissen nicht, was die Stadt hier macht*" beschreibt der Standortleiter eines internationalen Unternehmens die Verunsicherung aufgrund fehlender Transparenz und Information. Sowohl in Bezug auf Behörden wie auch auf die Politik verstärkt das subjektive Gefühl, nicht informiert und in manchen Fällen auch mit nicht nachvollziehbaren Entscheidungen konfrontiert zu sein die Zweifel an der Zukunft des eigenen Betriebes am derzeitigen Standort – der Typ des aufgrund von Umfeldkonflikten verunsicherten Betriebs sieht beim Informationsangebot über kommunale Regelungen sowie der Transparenz von Zuständigkeiten bezeichnenderweise einen signifikant höheren Hand-

hohe Unzufriedenheit mit der Beteiligung an Planungsverfahren und dem Informationsfluss

Wissenschaft und Forschung vorrangig wichtig für kleinere Betriebe

lungsbedarf als der Durchschnitt aller Unternehmen. Vorschläge zur Verbesserung der Situation in diesem Bereich reichten von zentralen Ansprechpartnern, Verfahrenslotsen oder Fallmanagern über den verstärkten Einsatz von digitalen Technologien und *E-Government* bis hin zu einer gezielteren Schnittstellenkommunikation und unternehmensnäheren Ausbildung in Behörden.

HANDLUNGSFELD 5: WISSENSCHAFT UND FORSCHUNG

Das Handlungsfeld Wissenschaft und Forschung unterscheidet sich insofern von allen anderen, als es hochgradig spezifisch ist. Dies gilt zum einen im Hinblick auf die überschaubare Anzahl von Institutionen in Frankfurt und der Region Rhein-Main, die in diesem Zusammenhang immer wieder genannt werden. Es gilt zum anderen aber auch im Hinblick auf die Gruppe von Betrieben, für die das Handlungsfeld Wissenschaft und Forschung eine wichtige Rolle spielt. Große Unternehmen unterhalten oft eigene Forschungsinfrastrukturen oder sind in überregionale Netzwerke eingebunden; die Zusammenarbeit mit der Goethe-Universität und der Fachhochschule platzieren sie unter den sechs unwichtigsten Standortfaktoren überhaupt. Wenn Unternehmensvertreter in Experteninterviews dennoch auf Kontakte zur Wissenschaft zu sprechen kamen, dann ging es meist um den allgemeinen Austausch über grundsätzliche Trends und Entwicklungen, aber nicht um Forschung, Kooperationen oder Innovationen. Das Bild bei den kleinen Unternehmen hingegen stellt sich völlig anders dar und zählt zu den überraschendsten Ergebnissen der persönlich-schriftlichen Befragung: Unter den fünf Standortfaktoren mit der absolut geringsten Zufriedenheit betreffen drei die Zusammenarbeit mit wissenschaftlichen Einrichtungen, während zugleich eben diese Zusammenarbeit als wichtigster Standortfaktor überhaupt – identisch bewertet wie das Angebot an Facharbeitern – angesehen wird.

Zusätzlich akzentuiert wird die Bedeutung dieses Handlungsfeldes dadurch, dass gerade die Gruppe der erfolgreichen Unternehmen hier signifikant höheren Handlungsbedarf als der Durchschnitt sieht. Angesichts von Schlagworten wie „Wissensgesellschaft" oder „Industrie 4.0" und Megatrends wie „Digitalisierung" scheint eine weitere Zunahme der Wissensintensität industrieller Produktion tatsächlich außer Frage zu stehen. Allerdings ergaben weder die Ergebnisse der schriftlichen Befragung noch die Experteninterviews ein wirklich klares Bild der daraus erwachsenden Vorstellungen und Bedürfnisse kleinerer Unternehmen im Hinblick auf Wissenschafts- und Forschungsinstitutionen. Genannt wurden so unterschiedliche Themen wie Personalrekrutierung und -entwicklung, Austausch über Innovationen in den Bereichen Technik, Methoden und Prozessoptimierung sowie Finanzierung und Marketing, aber auch konkrete Forschung und Entwicklung nach dem Vorbild von Instituten der Fraunhofer-Gesellschaft. Bildungspolitische Maßnahmen, die aus verwaltungsorganisatorischer Sicht meist mit Wissenschaft und Forschung zusammengefasst werden, kamen in diesem Zusammenhang weniger zur Sprache. Sie bezogen sich in erster Linie auf die frühe Heranführung Jugendlicher an das Berufsfeld Industrie und nicht auf inhaltliche Kooperationen und Vernetzung; als industriepolitische Aufgabe wurden sie deshalb dem Handlungsfeld Arbeitsmarkt und Beschäftigung zugerechnet.

- An diese inhaltlich offen formulierten Vorstellungen anknüpfend, ist die Institutionalisierung eines *Dialoges* zwischen Unternehmen und Wissenschaftsinstitutionen nicht nur eine Voraussetzung für die Entwicklung konkreter Förderinstrumente, sondern selbst bereits ein wichtiges Ziel, wie einer der befragten Unternehmer ausdrücklich betont: „*... es geht uns nicht darum, jetzt neue, wahnsinnig neue Erkenntnisse zu haben. Aber man braucht halt einen breiteren Kreis des Dialoges ... Und da würde man sich eine offenere Tür wünschen, mehr Dialog. Also dass man mehr Chancen zum Austausch hat*" (Bereichsleiter eines großen Nahrungsmittelunternehmens). Erst damit wird der Rahmen für eine realistische Abschätzung möglicher Kooperationsfelder geschaffen, der vielen Frankfurter Unternehmen derzeit fehlt. Insbesondere mittelständische Betriebe, die für diese Austauschforen die Hauptzielgruppe sein müssten, fordern dabei niedrigschwellige Angebote und eine moderierende Rolle der Wirtschaftsförderung. Neben den bekannten Wissenschaftseinrichtungen wie der Goethe-Universität oder der Frankfurt School of Finance & Management und der Fachhochschule dürfte es eine wichtige Aufgabe der Moderatoren dieses Dialoges sein, auch universitätsnahe und außeruniversitäre Institutionen wie das *House of Logistics and Mobility*, das *House of Finance* und zukünftig das *House of Pharma* mit einzubinden.
- Erst auf der Grundlage eines institutionalisierten Dialoges wird es möglich sein, Potenziale, Bedürfnisse und Defizite sowie Ansatzpunkte für konkrete industriepolitische Maßnahmen identifizieren zu können. Mittelfristiges Ziel könnte ein übergeordnetes, regionales *Konzept zum Wissens- und Technologietransfer* sowie der Innovationsförderung für den Mittelstand sein.

Industriepolitische Maßnahmen und Instrumente lassen sich nicht in quasi-objektivistischer Weise aus den Befragungsergebnissen einer Industriestudie ableiten. Dies gilt umso mehr, als es ja eines der zentralen Ergebnisse unserer Befragungen ist, dass die Bedürfnisse und Ansprüche der Frankfurter Industrieunternehmerschaft keinesfalls homogen sind, sondern sich stark nach Charakteristika wie Betriebsgröße, Betriebstyp, Branchenzugehörigkeit und Betriebsstandort unterscheiden. Handlungsfelder aufzuzeigen bedeutet dementsprechend, Handlungsoptionen und Ansatzpunkte zu benennen, über die nur im Zuge politischer Konsensfindungsprozesse entschieden werden kann. Nun Prioritäten zu bilden und Schwerpunkte zu setzen, muss der nächste Schritt auf dem Weg zu einem Masterplan Industrie für die Stadt Frankfurt sein.

intensiver Dialog ist Voraussetzung für die Identifikation von Kooperationsfeldern

8 Literaturverzeichnis

LITERATURVERZEICHNIS

- Arbeitskreis Industrie. 1994. Industriepolitisches Leitbild. Frankfurt am Main.
- Arbeitskreis Volkswirtschaftliche Gesamtrechnung der Länder. 2011. Bruttoinlandsprodukt, Bruttowertschöpfung in den kreisfreien Städten und Landkreisen Deutschlands 2000 bis 2011 (Reihe 2, Band 1). Stuttgart.
- Asche, M. und F. Krieger. 1990. Interkommunale Zusammenarbeit: Gemeinschaftliche Industrie- und Gewerbegebiete (ILS-NRW-Schriften, Band 41). Dortmund.
- Baden, C., H. Entorf, V. Neisen, A. Schmid und P. Sieger. 2013. Regionale Wettbewerbsfähigkeit der Metropolregionen FrankfurtRheinMain und Stuttgart im Vergleich (unveröffentl. Bericht). <http://www.iwak-frankfurt.de/documents/Wettbewerbsfaehigkeit.pdf>; Zugriff am 7. Dezember 2013.
- Bathelt, H., A. Malmberg und P. Maskell. 2004. Clusters and knowledge: Local buzz, global pipelines and the process of knowledge creation. In: Progress in Human Geography 28 (1): 31-56.
- Brandt, A. 2007. Wissensvernetzung in der Metropolregion Hannover-Braunschweig-Göttingen: Studie im Auftrag der Metropolregion Hannover-Braunschweig-Göttingen (vorläufige Endfassung). <http://www.metropolregion.de/meta_downloads/7235/Wissensvernetzung%20Endfassung.pdf>; Zugriff am 7. Dezember 2013.
- Bundesagentur für Arbeit. 2012. Betriebe. Frankfurt am Main.
- Bundeskartellamt. 2011. Bundeskartellamt untersucht Beschaffungsmärkte im Lebensmitteleinzelhandel (Pressemitteilung vom 14.02.2011). <http://www.bundeskartellamt.de/SharedDocs/Meldung/DE/Pressemitteilungen/2011/14_02_2011_SU-LEH.html>; Zugriff am 7. Dezember 2013.
- Bundesministerium für Bildung und Forschung. 2013. Zukunftsprojekt Industrie 4.0. <http://www.bmbf.de/de/19955.php>; Zugriff am 7. Dezember 2013.
- Bundesministerium für Wirtschaft und Technologie. 2010. Im Fokus: Industrieland Deutschland. Berlin.
- Busch, L. 2007. Performing the economy, performing science: From neoclassical to supply chain models in the agrifood sector. In: Economy and Society 36 (3): 437-466.
- Cox, A. 1999. Power, value and supply chain management. In: Supply Chain Management 4 (4): 167-175.
- Ebner, A. und F. W. Raschke. 2013. Clusterstudie FrankfurtRheinMain: Wettbewerbsvorteile durch Vernetzung. Frankfurt am Main.
- Empirica-Systeme. 2013. Empirica Miet- und Kaufpreis-Ranking im 4. Quartal 2012. <http://www.empirica-institut.de/cgi/litsrch2007.pl?searchstring=Ranking&sdaba=1>; Zugriff am 7. Dezember 2013.
- Europäische Kommission. 2012. Neue industrielle Revolution für eine Rückkehr der Industrie nach Europa. Brüssel. <http://europa.eu/rapid/press-release_IP-12-1085_de.htm>; Zugriff am 7. Dezember 2013.
- Fachkommission Städtebau der Bauministerkonferenz, Arbeitsgruppe Gewerbeflächenentwicklung. 2004. Thesenpapier zu einer zukünftigen Gewerbeflächenentwicklung. <www.bauministerkonferenz.de/Dokumente/4234818.pdf>; Zugriff am 7. Dezember 2013.
- Frankfurter Rundschau. 2013. Clariant investiert in Höchst (Online-Artikel vom 01.03.2013). <http://www.fr-online.de/wirtschaft/clariant-clariant-investiert-in-hoechst,1472780,11738396.html>; Zugriff am 7. Dezember 2013.
- Freie Hansestadt Hamburg. 2007. Masterplan Industrie. Hamburg.
- Gereffi, G. 2013. Global Value chains in a post-Washington Consensus world. In: Review of International Political Economy (im Druck).
- Gereffi, G., J. Humphrey und T. Sturgeon. 2005. The governance of global value chains. In: Review of International Political Economy 12 (1): 78-104.
- Goebel, V., S. Lüthi und A. Thierstein. 2010. Intra-firm and extra-firm linkages in the knowledge economy: The case of the emerging mega-city region of Munich. In: B. Derudder und F. Witlox (Hg.). Commodity Chains and World Cities. Malden: 137-164.
- Götz, C. 1999. Kommunale Wirtschaftsförderung zwischen Wettbewerb und Kooperation. Hamburg.
- Grabher, G. 2009. Networks. In: R. Kitchin und N. Thrift (Hg.). International Encyclopedia of Human Geography. Amsterdam u.a.: 405-413.
- Gutberlet, G. 2009. Von der Wirtschaftszweigklassifikation 2003 zur Wirtschaftszweigklassifikation 2008: Revisionsziele und -inhalte sowie erste Ergebnisse für Frankfurt am Main. In: Frankfurter statistische Berichte 2009 (4): 204–214.
- Hessen Agentur. 2012. Cluster- und Netzwerkinitiativen in Hessen. Wiesbaden. <http://www.hessen-cluster.de/fileadmin/cluster/downloads/Cluster_und_Netzwerk_Initiativen_in_Hessen_2012.pdf>; Zugriff am 7. Dezember 2013.
- Hessisches Statistisches Landesamt. 2012. Bruttoanlageinvestitionen der Betriebe im Verarbeitenden Gewerbe insgesamt 1990 bis 2010 in Frankfurt am Main. Wiesbaden.
- Hessisches Statistisches Landesamt. 2013. Verarbeitendes Gewerbe in Hessen 2012. Wiesbaden.
- Hoyler, M., R. Klostermann und M. Sokol. 2008. Polycentricpuzzles: Emerging mega-city regions through the lens of advanced producer services. In: Regional Studies 42 (8): 1055-1064.
- IHK Frankfurt am Main. 2010. Industrie Impulse Innovationen. Frankfurt am Main. <http://www.frankfurt-main.ihk.de/imperia/md/content/pdf/innovation-umwelt/100707_Industrie_Broschuere_ONLINE.pdf>; Zugriff am 7. Dezember 2013.
- Initiative Industrieplatz Hessen. 2011. Gemeinsam Mehr.Wert: Innovationen im industriellen Mittelstand. Frankfurt am Main.
- Initiative Industrieplatz Hessen. 2012. Smart Industry – Intelligente Industrie: Eine neue Betrachtungsweise der Industrie. Frankfurt am Main.
- Initiative Industrieplatz Hessen. 2013. Hessen in die Top 5 der innovativsten Industriestandorte Europas bringen: Ein Leitbild für den Industriestandort Hessen. Frankfurt am Main.
- IW Consult GmbH. 2012. Wertschöpfungsketten und Netzwerke. Köln (unveröffentl. Bericht). <https://www.vci.de/Downloads/Publikation/IW-Studie%20Wertsch%C3%B6

- pfungsketten%20und%20Netzwerke%20Juli%202012.pdf>; Zugriff am 7. Dezember 2013.
- Kassen- und Steueramt der Stadt Frankfurt am Main. 2013. Gewerbesteuer. In: Frankfurter Allgemeine Zeitung. Industrie liegt bei Gewerbesteuer knapp vor Banken (Online-Artikel vom 10.04.2013). <http://www.faz.net/aktuell/rhein-main/ frankfurt-industrie-liegt-bei-gewerbesteuer-knapp-vor-banken-12144722.html>; Zugriff am 7. Dezember 2013.
- Kimpel, R. und R. Spahr. 2013. Ganzheitliches Supply Chain Risk Management liefert viele Kosteneinsparungspotenziale. In: Controller Magazin 38 (4): 37-42.
- Köhler, Manfred. 2011. Industrie ohne Lobby. In: Frankfurter Allgemeine Zeitung, 01.04.2011.
- König, C. und B. Wuschansky. 2006. Interkommunale Gewerbegebiete in Deutschland: Grundlagen und Empfehlungen zur Planung, Förderung, Finanzierung, Organisation, Vermarktung – 146 Projektbeschreibungen und abgeleitete Erkenntnisse (ILS-NRW-Schriften, Bd. 200). Dortmund.
- Landeshauptstadt Düsseldorf. 2012. Masterplan Industrie: Ergebnisse aus den Arbeitsgruppen (Pressemitteilung vom 27.11.2012). <http://www.duesseldorf.de/presse/pld/d2012/d2012_11/d2012_11_27/12112310_160.pdf>; Zugriff am 7. Dezember 2013.
- Magistrat der Stadt Frankfurt am Main. 2013. Haushalt der Stadt Frankfurt 2013. Frankfurt am Main.
- Magistrat der Stadt Frankfurt am Main/Stadtplanungsamt. 2006. Stadtentwicklung: Entwicklung von Gewerbeflächen in Frankfurt am Main. Frankfurt am Main.
- Murschel, B., A. Ruther-Mehlis, J. Schneider und M. Weber. 2010. Integrierte und konsensorientierte Flächenbewertung für eine nachhaltige Regionalentwicklung. In: S. Frerichs, M. Lieber und T. Preuß (Hg.). Flächen- und Standortbewertung für ein nachhaltiges Flächenmanagement: Methoden und Konzepte. Berlin: 189-198.
- Pfeffer, J. 2013. Aggregierte Darstellung von Ego-Netzwerken. In: R. Häußling, B. Hollstein, K. Mayer, J. Pfeffer und F. Straus (Hg.). Visualisierung sozialer Netzwerke. Wiesbaden (im Druck).
- Planungsverband Ballungsraum Frankfurt/Rhein-Main. 2006. Branchenreport Automotive-Cluster FrankfurtRheinMain. Frankfurt am Main.
- Planungsverband Ballungsraum Frankfurt/Rhein-Main. 2007a. Branchenreport Chemie und Pharmazie FrankfurtRheinMain. Frankfurt am Main.
- Planungsverband Ballungsraum Frankfurt/Rhein-Main. 2007b. Branchenreport Automation FrankfurtRheinMain. Frankfurt am Main.
- Planungsverband Ballungsraum Frankfurt/Rhein-Main. 2007c. Branchenreport Logistik und Verkehr FrankfurtRheinMain. Frankfurt am Main.
- Planungsverband Ballungsraum Frankfurt/Rhein-Main. 2008a. Branchenreport Produktion FrankfurtRheinMain. Frankfurt am Main.
- Planungsverband Ballungsraum Frankfurt/Rhein-Main. 2008b. Branchenreport Informations- und Kommunikationstechnologie (IKT) FrankfurtRheinMain. Frankfurt am Main.
- Porter, M. 1990. The Competitive Advantage of Nations. New York.
- Prognos AG. 2010. Gutachten zu den funktionalen Verflechtungen in der Metropolregion FrankfurtRheinMain (FRM). Stuttgart/Berlin.
- Prognos AG. 2013. Die deutsche chemische Industrie 2030 (VCI-Prognos-Studie). <https://www.vci.de/Downloads/Publikation/Langfassung_Prognos-Studie_30-01-2013.pdf>; Zugriff am 7. Dezember 2013.
- Promotorengruppe Kommunikation der Forschungsunion Wirtschaft-Wissenschaft. 2012. Deutschlands Zukunft als Produktionsstandort sichern. Umsetzungsempfehlungen für das Zukunftsprojekt Industrie 4.0. Abschlussbericht des Arbeitskreises Industrie 4.0 (Vorabversion). <http://www.forschungsunion.de/pdf/industrie_4_0_umsetzungsempfehlungen.pdf>; Zugriff am 7. Dezember 2013.
- Rifkin, J. 2011. Die dritte industrielle Revolution: Die Zukunft der Wirtschaft nach dem Atomzeitalter. Frankfurt am Main u.a.
- Senatsverwaltung für Wirtschaft, Technologie und Frauen. 2010. Masterplan Industriestadt Berlin 2010. Berlin.
- Senator für Wirtschaft und Häfen. 2010. Masterplan Industrie Bremen: Ein Beitrag zum Strukturkonzept 2015. Bremen.
- Stadt Frankfurt am Main. 2009. Gewerbeflächenkataster der Stadt Frankfurt am Main 2008/2009. Frankfurt am Main.
- Stadt Frankfurt am Main. 2012. Statistisches Jahrbuch der Stadt Frankfurt am Main 2012. Frankfurt am Main.
- Statistische Ämter des Bundes und der Länder. 2012. Kinderbetreuung regional 2012: Ein Vergleich aller 402 Kreise in Deutschland. <https://www.destatis.de/DE/Publikationen/Thematisch/Soziales/KinderJugendhilfe/KindertagesbetreuungRegional5225405127004.pdf?__blob=publicationFile>; Zugriff am 7. Dezember 2013.
- Statistische Ämter des Bundes und der Länder. 2013. Hebesätze der Realsteuern: Ausgabe 2012. <https://www.destatis.de/DE/Publikationen/Thematisch/FinanzenSteuern/Steuern/Realsteuer/HebesaetzeRealsteuern.html>; Zugriff am 7. Dezember 2013
- Statistisches Bundesamt. 2012. Produzierendes Gewerbe erwirtschaftete 2011 mehr als ein Viertel der Wirtschaftsleistung (Pressemitteilung vom 02.11.2012). <https://www.destatis.de/DE/PresseService/Presse/Pressemitteilungen/2012/11/PD12_381_811.html>; Zugriff am 7. Dezember 2013.
- Storper, M. 1995. The resurgence of regional economies, ten years later: The region as a nexus of untraded interdependencies. In: European Urban and Regional Studies 2 (3): 191-221.
- Sturgeon, T. J. 2013. Global Value Chains and Economic Globalization: Towards a New Measurement Framework (unveröffentl. Bericht). < http://epp.eurostat.ec.europa.eu/portal/page/portal/european_business/documents/Sturgeon_report_Eurostat.pdf >; Zugriff am 7. Dezember 2013.
- Ter Wal, A. L. J. und R. A. Boschma. 2009. Applying social network analysis in economic geography: Framing some key analytic issues. In: Annals of Regional Science 43 (3): 739–756.
- UNCTAD. 2013. World Investment Report 2013: Global Value Chains – Investment and Trade for Development. New York/Geneva.

8 Literaturverzeichnis

- Utikal, H. und U. Walter. 2012. Innovationstreiber für Wirtschaft und Gesellschaft. In: M. Garn (Hg.). Die Zukunft der Industrie in Deutschland: Innovationstreiber für Wirtschaft und Gesellschaft. Frankfurt am Main: 32-43.
- Vereinigung der Bayerischen Wirtschaft. 2011. Zukunft industrieller Wertschöpfung: Hybridisierung. <http://www.vbw-bayern.de/ Redaktion-(importiert-aus-CS)/04_Downloads/Downloads_2011/10_PlaKo/Studie-Hybride-Wertsch%C3%B6pfung/Studie-Hybride-Wertsch%C3%B6pfung-LF.pdf> ; Zugriff am 7. Dezember 2013.
- Wendland, N. und G. Ahlfeldt. 2013. Regionalökonomische Verflechtungsstudie für die Region Rhein-Main-Neckar. Berlin.
- Zukunftsinitiative Metropolregion-Infrastruktur Frankfurt. 2013. Nachhaltige Stadtentwicklung und Metropolregion-Infrastrukturen: Einbeziehung kompakter wirtschaftlicher Expertise in den städtischen Diskurs. Frankfurt am Main (unveröffentl. Bericht). <http://www.as-p.de/files/news/131011_news_ZMI_as.pdf>; Zugriff am 7. Dezember 2013.

Anhang

A I: KLASSIFIKATION DER WIRTSCHAFTSZWEIGE

Die europaweit gebräuchliche Klassifikation der Wirtschaftszweige (Statistisches Bundesamt 2007, vgl. http://www.statistik-portal.de/Statistik-Portal/klassiWZ08.pdf) unterscheidet auf der zweiten Hierarchieebene sog. „Abteilungen", die weitestgehend dem umgangssprachlichen Verständnis von „Branchen" entsprechen. Sie werden weiter unterteilt in Gruppen, Klassen und Unterklassen. Die Darstellung von Zeitreihen auf der Grundlage dieser Klassifikation wird allerdings aufgrund von regelmäßigen Überarbeitungen (z.B. Zusammenlegung und Neuzuordnung von Branchen) erheblich erschwert. Die letzte große Revision der Klassifikation der Wirtschaftszweige fand im Jahr 2008 statt. Die seitdem gebräuchliche „WZ08" wird für alle Daten beginnend mit dem Jahr 2009 angewendet. Für frühere Jahre sind nur vereinzelt an die Systematik der WZ08 angepasste Zahlen verfügbar (Gutberlet 2009).

In der vorliegenden Studie musste aus diesem Grund auch auf Daten nach dem System der mittlerweile überholten WZ03 (Statistisches Bundesamt 2003, vgl. http://www.statistik-portal.de/Statistik-portal/klassiWZ03.pdf) zurückgegriffen werden, die – da sie weitgehend identisch mit der WZ93 ist – Zeitreihen über einen längeren Zeitraum erlaubt. Im Jahr 2008 ergibt sich dadurch allerdings ein ‚Bruch', der eine direkte Vergleichbarkeit der Werte vor und nach diesem Zeitpunkt unmöglich macht.

A II: FORSCHUNGSDESIGN

A II-1: ABGRENZUNG DER GRUNDGESAMTHEIT

Die Abgrenzung der Grundgesamtheit und damit die Auswahl der zu befragenden Betriebe wurden von der Wirtschaftsförderung Frankfurt GmbH durchgeführt. Grundlage war eine von der Wirtschaftsförderung erstellte Datenbank der Betriebe des verarbeitenden Gewerbes, die auf einer Zusammenführung mehrerer Quellen beruht. Dazu zählen kommerzielle Unternehmensdatenbanken, Sonderauswertungen des Gewerberegisters der Stadt Frankfurt am Main und der Handwerkskammer Frankfurt-Rhein-Main. Diese Datenbank wurde durch eigene Recherchen im Internet und telefonische Nachfrage bei Unternehmen weiter eingegrenzt. Ziel war es, alle Industrie- und Handwerksbetriebe zu erfassen, die tatsächlich in Frankfurt am Main produzieren und mehr als fünf Mitarbeiter beschäftigen. Insgesamt wurden 331 Frankfurter produzierende Industrie- und Handwerksbetriebe identifiziert, die in der vorliegenden Studie als Grundgesamtheit verstanden werden.

9 Anhang

A II-2: PROJEKTPLAN

Modul		Zeitraum	Vorgehen
Modul 1	konzeptionelle Grundlagen	August 2012 bis November 2012	Literaturrecherche und auswertung; Festlegung des allgemeinen Untersuchungsrahmens; Abstimmung mit dem Stadtplanungsamt im Hinblick auf das räumlich-funktionale Entwicklungsmodell
Modul 2	qualitative und quantitative Bestandsaufnahme	September 2012 bis November 2012	Datenbeschaffung und -bewertung; Anlegen einer Datenbank aller 331 im Untersuchungsgebiet ansässigen Unternehmen;
Modul 3	Experten- und Unternehmerinterviews	September 2012 bis November 2012	Befragung von Unternehmern und Experten für die Frankfurter Industrie, Transkription der Leitfadeninterviews und Überführung der Transkripte in die Auswertungssoftware MAXQDA; inhaltsanalytische Auswertung
Modul 4	quantitative Operationalisierung	November 2012 bis Januar 2013	Erstellen eines Fragebogens; Pretest mit ausgewählten Unternehmen und Überarbeitung der Befragungsinstrumente
Modul 5	Round Table I	November 2012	Diskussion des Fragebogens und Endabsprache des Vorgehens zur Datenerhebung
Modul 6	Datenerhebung und -erfassung	Januar 2013 bis April 2013	Durchführung der persönlich-schriftlichen Befragung von 102 Betrieben; Erfassung der Daten in einer SPSS-Datenbank
Modul 7	quantitative Datenauswertung	März 2013 bis Juli 2013	Statistische Auswertung der Befragung und Darstellung der Ergebnisse in Tabellen und Grafiken
Modul 8	Round Table II	April 2013	Präsentation der vorläufigen Ergebnisse und Absprache des weiteren Vorgehens
Modul 9	Fallstudien: qualitative Operationalisierung und Erhebung	Juli 2013 bis August 2013	Auswahl eines Samples von relevanten Betrieben und qualitative Befragung anhand eines Leitfadens; Expertenbefragung (Entscheidungsträger in Betrieben, Verbandsvertreter, Betriebsräte...)
Modul 10	qualitative Datenauswertung	August 2013 bis September 2013	Transkription der Leitfadeninterviews und Überführung der Transkripte in die Auswertungssoftware MAXQDA; inhaltsanalytische Auswertung
Modul 11	Darstellung der Ergebnisse	September 2013 bis Dezember 2013	Zusammenstellen eines wissenschaftlichen Endberichts mit visualisierten Ergebnissen der Datenauswertung; Ergebnispräsentation

A III: FRAGEBOGEN

Industriestudie Frankfurt am Main

I. ALLGEMEINE ANGABEN

1 Ist Ihr Unternehmen ein ...

☐ Einbetriebsunternehmen
☐ Hauptsitz eines Mehrbetriebsunternehmens
☐ Betriebsstätte eines Mehrbetriebsunternehmens?

2 Falls der Betrieb am Standort Frankfurt die Betriebsstätte eines Mehrbetriebsunternehmens ist: Wo liegt der Hauptsitz?

☐ Rhein-Main-Gebiet
☐ Restliches Deutschland   Bitte nennen Sie die Stadt: ....
☐ Restliche Welt   Bitte nennen Sie das Land: ....

Falls es sich bei Ihrem Unternehmen um ein Mehrbetriebsunternehmen handelt, so beantworten Sie alle folgenden Fragen nur für den Betrieb, an den dieser Fragebogen verschickt wurde.

3 Branche des Betriebs oder WZ-Klasse (2-Steller; siehe Beiblatt)   ....

4 Seit wann produziert der Betrieb an diesem Standort?   ....

II. STANDORTBEWERTUNG

5 Wir möchten Sie bitten, den Industriestandort Frankfurt am Main aus der Sicht Ihres Betriebes zu bewerten. Bitte geben Sie an, wie Sie mit einzelnen Merkmalen zufrieden sind (linke Spalte) und wie wichtig diese Merkmale für Ihren Betrieb sind (rechte Spalte).

	Wie **zufrieden** sind Sie mit...					Wie **wichtig** ist Ihnen...					Nicht zutreffend
	nicht 1	2	3	4	sehr 5	nicht 1	2	3	4	sehr 5	
Angebot an Facharbeitern/innen	☐	☐	☐	☐	☐	☐	☐	☐	☐	☐	☐
Angebot an Hochschulabsolventen/innen und Fachhochschulabsolventen/innen	☐	☐	☐	☐	☐	☐	☐	☐	☐	☐	☐
Angebot an geeigneten Lehrstellenbewerbern/innen	☐	☐	☐	☐	☐	☐	☐	☐	☐	☐	☐
Angebot an ungelernten Arbeitskräften	☐	☐	☐	☐	☐	☐	☐	☐	☐	☐	☐
Angebot an Leih-/ Zeitarbeitern/innen	☐	☐	☐	☐	☐	☐	☐	☐	☐	☐	☐
Weiterbildungsangebote für Mitarbeiter/innen	☐	☐	☐	☐	☐	☐	☐	☐	☐	☐	☐
Wohnraumangebot für Mitarbeiter/innen	☐	☐	☐	☐	☐	☐	☐	☐	☐	☐	☐
Kinderbetreuungsangebot für Mitarbeiter/innen	☐	☐	☐	☐	☐	☐	☐	☐	☐	☐	☐
Service der Kommunalverwaltung	☐	☐	☐	☐	☐	☐	☐	☐	☐	☐	☐
Beratung und Betreuung durch die Wirtschaftsförderung	☐	☐	☐	☐	☐	☐	☐	☐	☐	☐	☐
Online-Dienstleistungsangebot (E-Government)	☐	☐	☐	☐	☐	☐	☐	☐	☐	☐	☐
Beteiligung an Planungsprozessen	☐	☐	☐	☐	☐	☐	☐	☐	☐	☐	☐

9 Anhang

Industriestudie Frankfurt am Main

	Wie **zufrieden** sind Sie mit...					Wie **wichtig** ist Ihnen...					Nicht zutreffend
	nicht 1	2	3	4	sehr 5	nicht 1	2	3	4	sehr 5	
Dauer von Genehmigungsverfahren	☐	☐	☐	☐	☐	☐	☐	☐	☐	☐	☐
Behördliche Anwendung von Umweltschutzauflagen	☐	☐	☐	☐	☐	☐	☐	☐	☐	☐	☐
Behördliche Anwendung von Brandschutzauflagen	☐	☐	☐	☐	☐	☐	☐	☐	☐	☐	☐
Transparenz von Zuständigkeiten	☐	☐	☐	☐	☐	☐	☐	☐	☐	☐	☐
Informationsangebot über kommunale Regelungen und Vorschriften	☐	☐	☐	☐	☐	☐	☐	☐	☐	☐	☐
Gewerbesteuer	☐	☐	☐	☐	☐	☐	☐	☐	☐	☐	☐
Zusammenarbeit mit Hochschulen allgemein	☐	☐	☐	☐	☐	☐	☐	☐	☐	☐	☐
Zusammenarbeit mit Goethe-Universität Frankfurt am Main	☐	☐	☐	☐	☐	☐	☐	☐	☐	☐	☐
Zusammenarbeit mit FH Frankfurt am Main	☐	☐	☐	☐	☐	☐	☐	☐	☐	☐	☐
Zusammenarbeit mit TU Darmstadt	☐	☐	☐	☐	☐	☐	☐	☐	☐	☐	☐
Zusammenarbeit mit außeruniversitären Forschungseinrichtungen	☐	☐	☐	☐	☐	☐	☐	☐	☐	☐	☐
Außenimage von Frankfurt am Main als Wirtschaftsstandort	☐	☐	☐	☐	☐	☐	☐	☐	☐	☐	☐
Akzeptanz der Industrie bei der Frankfurter Bevölkerung	☐	☐	☐	☐	☐	☐	☐	☐	☐	☐	☐
Wertschätzung der Industrie durch die Frankfurter Kommunalpolitik	☐	☐	☐	☐	☐	☐	☐	☐	☐	☐	☐
Mediale Berichterstattung über die Frankfurter Industrie	☐	☐	☐	☐	☐	☐	☐	☐	☐	☐	☐
Sichtbarkeit der Industrie bei wirtschaftspolitischen Foren	☐	☐	☐	☐	☐	☐	☐	☐	☐	☐	☐
Angebot unternehmensnaher Dienstleistungen	☐	☐	☐	☐	☐	☐	☐	☐	☐	☐	☐
Angebot an Finanzdienstleistungen	☐	☐	☐	☐	☐	☐	☐	☐	☐	☐	☐
Regelmäßiger Austausch mit Vertretern städtischer Politik	☐	☐	☐	☐	☐	☐	☐	☐	☐	☐	☐
Kooperation zwischen Unternehmen	☐	☐	☐	☐	☐	☐	☐	☐	☐	☐	☐
Formalisierter Austausch zwischen Unternehmen	☐	☐	☐	☐	☐	☐	☐	☐	☐	☐	☐
Informeller Austausch zwischen Unternehmen	☐	☐	☐	☐	☐	☐	☐	☐	☐	☐	☐

6 Wie würden Sie abschließend den Industriestandort Frankfurt am Main insgesamt bewerten?

nicht zufrieden				sehr zufrieden
1	2	3	4	5
☐	☐	☐	☐	☐

Industriestudie Frankfurt am Main

7 Im Folgenden geht es um die Gewerbeflächen der Stadt Frankfurt am Main. Wenn Sie an den <u>konkreten Standort Ihres Betriebs</u> denken, wie zufrieden sind Sie mit den genannten Merkmalen (linke Spalte) und wie wichtig sind diese für Ihren Betrieb (rechte Spalte)?

	Wie **zufrieden** sind Sie mit…					Wie **wichtig** ist Ihnen…					Nicht zutreffend
	nicht 1	2	3	4	sehr 5	nicht 1	2	3	4	sehr 5	
Expansionsmöglichkeiten	☐	☐	☐	☐	☐	☐	☐	☐	☐	☐	☐
Planungssicherheit allgemein	☐	☐	☐	☐	☐	☐	☐	☐	☐	☐	☐
Kosten für Grunderwerb	☐	☐	☐	☐	☐	☐	☐	☐	☐	☐	☐
Kosten für Miete/Pacht	☐	☐	☐	☐	☐	☐	☐	☐	☐	☐	☐
Grundsteuer	☐	☐	☐	☐	☐	☐	☐	☐	☐	☐	☐
Sonstige betriebsflächenbezogene Gebühren	☐	☐	☐	☐	☐	☐	☐	☐	☐	☐	☐
Energiepreise	☐	☐	☐	☐	☐	☐	☐	☐	☐	☐	☐
Energieverfügbarkeit/-sicherheit	☐	☐	☐	☐	☐	☐	☐	☐	☐	☐	☐
Abwasserentsorgung	☐	☐	☐	☐	☐	☐	☐	☐	☐	☐	☐
Abfallentsorgung	☐	☐	☐	☐	☐	☐	☐	☐	☐	☐	☐
Internetanbindung (Geschwindigkeit, Stabilität)	☐	☐	☐	☐	☐	☐	☐	☐	☐	☐	☐
Anbindung an den Flughafen	☐	☐	☐	☐	☐	☐	☐	☐	☐	☐	☐
Anbindung an das Straßennetz	☐	☐	☐	☐	☐	☐	☐	☐	☐	☐	☐
Anbindung an den Öffentlichen Personennahverkehr	☐	☐	☐	☐	☐	☐	☐	☐	☐	☐	☐
Schienenanbindung Güterverkehr	☐	☐	☐	☐	☐	☐	☐	☐	☐	☐	☐
Orientierung und Erreichbarkeit innerhalb des Gewerbegebiets	☐	☐	☐	☐	☐	☐	☐	☐	☐	☐	☐
Angebot an Gastronomie und Versorgungseinrichtungen	☐	☐	☐	☐	☐	☐	☐	☐	☐	☐	☐

8 Für wie wichtig halten Sie eine ökologische Modernisierung der Gewerbeflächen und des Gewerbeflächenmanagements in Frankfurt am Main?

nicht wichtig						sehr wichtig
1	2	3	4	5	6	7
☐	☐	☐	☐	☐	☐	☐

9 Eine ökologisch-nachhaltige Produktionsorganisation ist auf entsprechende Umfeldbedingungen am Gewerbestandort angewiesen.
Für ein ökologisch-nachhaltiges Wirtschaften unseres Unternehmens wären wir insbesondere angewiesen auf Verbesserungen in folgenden Bereichen:

	1= nicht wichtig					sehr wichtig = 7	
	1	2	3	4	5	6	7
Information und Beratung zur ökologischen Modernisierung von Betriebsabläufen (CO2-Einsparung, Lärm- und Schadstoffemissionen,…)	☐	☐	☐	☐	☐	☐	☐
überbetriebliche Koordination, um Rohstoffe im Kreislauf zu führen	☐	☐	☐	☐	☐	☐	☐
überbetriebliche Koordination beim Wertstoffrecycling	☐	☐	☐	☐	☐	☐	☐
kommunale Beratung/Unterstützung bei der Sondermüllentsorgung	☐	☐	☐	☐	☐	☐	☐
Abwasserinfrastruktur und -management	☐	☐	☐	☐	☐	☐	☐
kommunale Initiative zur Nutzung erneuerbarer Energiequellen	☐	☐	☐	☐	☐	☐	☐
kommunale Initiative zum ökologischen Bauen/ökologischer Gebäudesanierung	☐	☐	☐	☐	☐	☐	☐

9 Anhang

Industriestudie Frankfurt am Main

10 Inwieweit fühlen Sie sich in der langfristigen Sicherung Ihres Standortes durch Umfeldkonflikte bedroht?

1 = keine Bedrohung   starke Bedrohung = 10

	1	2	3	4	5	6	7	8	9	10
Veränderte rechtliche Rahmenbedingungen	☐	☐	☐	☐	☐	☐	☐	☐	☐	☐
Flächenkonkurrenz mit Wohnnutzung	☐	☐	☐	☐	☐	☐	☐	☐	☐	☐
Umfeldkonflikte mit umliegender Wohnbevölkerung…	☐	☐	☐	☐	☐	☐	☐	☐	☐	☐
…aufgrund von Lärmemissionen	☐	☐	☐	☐	☐	☐	☐	☐	☐	☐
…aufgrund von Geruchsemissionen	☐	☐	☐	☐	☐	☐	☐	☐	☐	☐
…aufgrund von Partikelemissionen	☐	☐	☐	☐	☐	☐	☐	☐	☐	☐
…aufgrund von Schwerlastverkehr	☐	☐	☐	☐	☐	☐	☐	☐	☐	☐
…aufgrund von ruhendem Verkehr	☐	☐	☐	☐	☐	☐	☐	☐	☐	☐
Umfeldkonflikte mit umliegenden Gewerbetreibenden	☐	☐	☐	☐	☐	☐	☐	☐	☐	☐

11 Wie groß ist Ihre gesamte Betriebsfläche? …………………………………………… m²

12 Steht Ihnen an Ihrem Standort noch Expansionsfläche zur Verfügung? (Mehrfachantworten möglich)

☐ Nein
☐ Ja, Flächen die sich bereits in unserem Eigentum befinden (………………… m²)
☐ Ja, wir könnten Flächen zukaufen

13 Planen Sie, Ihren Betrieb in den nächsten 5 Jahren räumlich zu vergrößern? (Mehrfachantworten möglich)

☐ Ja, innerhalb des bisherigen Betriebsgeländes
☐ Ja, außerhalb des bisherigen Betriebsgeländes
☐ Nein

14 Für welchen Zweck werden diese Flächen benötigt? (falls zutreffend; Mehrfachantworten möglich)

☐ Produktion und Herstellung
☐ Werkstatt
☐ Lagerhalle
☐ Lagerplatz/Rangierflächen
☐ Parken für Kfz
☐ Büro- und Verwaltungsgebäude
☐ Verkauf
☐ Sonstige: ……………………………………………

15 Welche Hindernisse traten bisher beim Erwerb von zusätzlichen Flächen auf oder haben den Erwerb von zusätzlichen Flächen verhindert? (falls zutreffend; Mehrfachantworten möglich)

☐ Es sind generell keine Flächen zu einem akzeptablen Preis verfügbar
☐ In der gewünschten Lage sind keine Flächen verfügbar
☐ Die Flächenzuschnitte sind ungeeignet
☐ Der Zustand / die Qualität der Immobilien ist unzureichend
☐ Die Voraussetzungen für emittierende Nutzungen sind nicht erfüllt
☐ Sonstige: ……………………………………………

Industriestudie Frankfurt am Main

16 Ist Ihr Betrieb in den vergangenen 5 Jahren umgezogen?

☐ Ja
☐ Nein

17 Von wo ist Ihr Betrieb an den heutigen Standort umgezogen? (falls zutreffend)

☐ Frankfurt (anderer Standort)   Bitte nennen Sie die Postleitzahl: ....
☐ Rhein-Main-Gebiet
☐ Restliches Deutschland   Bitte nennen Sie die Stadt: ....
☐ Restliche Welt   Bitte nennen Sie das Land: ....

18 Haben Sie in den letzten 5 Jahren über eine Verlagerung Ihres Betriebs nachgedacht?

☐ Nein, wir haben nicht über eine Verlagerung nachgedacht
☐ Ja, die Verlagerung wurde aber verworfen
☐ Ja, die Verlagerung ist weiterhin fest geplant

19 Wohin soll/sollte die Verlagerung stattfinden? (falls zutreffend)

☐ Frankfurt (anderer Standort)
☐ Rhein-Main-Gebiet
☐ Restliches Deutschland   Bitte nennen Sie die Stadt: ....
☐ Restliche Welt   Bitte nennen Sie das Land: ....

20 Was soll/sollte verlagert werden? (falls zutreffend)

☐ Verlagerung des ganzen Betriebs
☐ Verlagerung von Teilen des Betriebs und zwar folgende Teile:

....

....

....

21 Gründe für die Verlagerung (falls zutreffend)

....

....

....

III. POLITISCHE HANDLUNGSFELDER

22 Kommunalpolitik kann bei manchen Themenfeldern direkten oder indirekten Einfluss auf die Rahmenbedingungen für die Industrie nehmen. Bitte geben Sie an, in welchen industriepolitischen Handlungsfeldern die Politik der Stadt Frankfurt am Main in Zukunft neue Akzente setzen sollte.

1 = stimme nicht zu stimme voll zu = 10

#	Die Politik der Stadt Frankfurt am Main…	1	2	3	4	5	6	7	8	9	10
1	…sollte sich verstärkt um die Anwerbung von Fachkräften kümmern	☐	☐	☐	☐	☐	☐	☐	☐	☐	☐
2	… sollte sich verstärkt um Maßnahmen zur Aus- und Weiterbildung von Arbeitnehmern kümmern	☐	☐	☐	☐	☐	☐	☐	☐	☐	☐
3	… sollte sich stärker für die Verfügbarkeit von Wohnraum einsetzen	☐	☐	☐	☐	☐	☐	☐	☐	☐	☐
4	…sollte für ein größeres Angebot an Kinderbetreuungseinrichtungen sorgen	☐	☐	☐	☐	☐	☐	☐	☐	☐	☐
5	…sollte für eine bessere Anbindung der Gewerbegebiete an das Netz des öffentlichen Nahverkehrs sorgen	☐	☐	☐	☐	☐	☐	☐	☐	☐	☐
6	…sollte das Angebot an Gewerbeflächen durch Neuausweisung erhöhen	☐	☐	☐	☐	☐	☐	☐	☐	☐	☐
7	…sollte die Aktivierung mindergenutzter Gewerbeflächen fokussieren	☐	☐	☐	☐	☐	☐	☐	☐	☐	☐
8	…sollte sich stärker in die Betreuung und das Management von Gewerbegebieten einbringen	☐	☐	☐	☐	☐	☐	☐	☐	☐	☐
9	…sollte die infrastrukturelle Erschließung und Anbindung von Gewerbeflächen verbessern	☐	☐	☐	☐	☐	☐	☐	☐	☐	☐
10	…sollte stärker moderierend bei Nutzungskonflikten eingreifen	☐	☐	☐	☐	☐	☐	☐	☐	☐	☐
11	…sollte die Gewerbesteuer senken	☐	☐	☐	☐	☐	☐	☐	☐	☐	☐
12	…sollte über die Versorgungsunternehmen im kommunalen Besitz stärkeren Einfluss auf die Energiepreise nehmen	☐	☐	☐	☐	☐	☐	☐	☐	☐	☐
13	…sollte durch umwelttechnische Förderung und Beratung effizienteres Wirtschaften ermöglichen	☐	☐	☐	☐	☐	☐	☐	☐	☐	☐
14	…sollte sich stärker für die Akzeptanz der Industrie bei der Frankfurter Bevölkerung einsetzen	☐	☐	☐	☐	☐	☐	☐	☐	☐	☐
15	…sollte ein stärkeres Industriestandortmarketing nach außen betreiben	☐	☐	☐	☐	☐	☐	☐	☐	☐	☐
16	…sollte Leuchtturm- und Vorbildprojekte zur Förderung der überregionalen Wahrnehmung der Industrie fördern	☐	☐	☐	☐	☐	☐	☐	☐	☐	☐
17	…sollte für mehr Transparenz bei Zuständigkeiten und Ansprechpartnern städtischer Behörden sorgen	☐	☐	☐	☐	☐	☐	☐	☐	☐	☐
18	…sollte in städtischen Behörden für eine bessere Beratung zu kommunalen Regelungen sorgen	☐	☐	☐	☐	☐	☐	☐	☐	☐	☐
19	…sollte eine verstärkte Innovationsförderung anbieten	☐	☐	☐	☐	☐	☐	☐	☐	☐	☐
20	…sollte eine verstärkte Gründungsförderung anbieten	☐	☐	☐	☐	☐	☐	☐	☐	☐	☐
21	…sollte das Angebot an Foren für Austausch und Kommunikation zwischen Industrieunternehmen ausbauen	☐	☐	☐	☐	☐	☐	☐	☐	☐	☐
22	…sollte sich um eine verstärkte Kooperation zwischen der Industrie und Hochschulen der Region kümmern	☐	☐	☐	☐	☐	☐	☐	☐	☐	☐

23 Markieren Sie bitte in der oben stehenden Tabelle die fünf Ihrer Meinung nach wichtigsten Aussagen durch Ankreuzen der jeweiligen Nummer.

Industriestudie Frankfurt am Main

IV. NETZWERK INDUSTRIE

Eine intensive Vernetzung von Unternehmen ist ein wichtiger Erfolgsfaktor für viele Industrien weltweit. Daher möchten wir Aufschluss über die Art und Weise der regionalen und globalen Vernetzung der Frankfurter Industrie erhalten. Bitte beschreiben Sie die für ihren Geschäftserfolg wichtigsten Beziehungen zu Zulieferern, Abnehmern und Dienstleistern (Namen sind nicht erforderlich). Beachten Sie bitte auch Beiblatt II, um Ihnen das Ausfüllen der folgenden Tabellen zu erleichtern.

24 Bitte nennen Sie die für Ihren Geschäftserfolg wichtigsten <u>Zulieferer</u>!

	Standort des Zulieferers*	Branche		Intensität und Art des Kontakts	
	* Frankfurt am Main = 1; Rhein-Main-Gebiet = 2; Restliches Deutschland = bitte **Stadt** angeben; Restliche Welt = bitte **Land** angeben	Angabe des Wirtschaftszweigs des Zulieferers als WZ-2-Steller	der Kontakt besteht seit (in Jahren)	an wie vielen Tagen pro Jahr haben Sie Kontakt?	Wie problematisch wäre es für Sie, wenn dieser Zulieferer wegfallen würde? Bitte geben Sie eine Ziffer von 1 (unproblematisch) bis 5 (sehr problematisch) an
1	....	....	....	....	....
2	....	....	....	....	....
3	....	....	....	....	....
4	....	....	....	....	....
5	....	....	....	....	....

25 Bitte nennen Sie die für Ihren Geschäftserfolg wichtigsten <u>Abnehmer</u> ihrer Produkte!

	Standort des Abnehmers*	Branche		Intensität und Art des Kontakts	
	* Frankfurt am Main = 1; Rhein-Main-Gebiet = 2; Restliches Deutschland = bitte **Stadt** angeben; Restliche Welt = bitte **Land** angeben	Angabe des Wirtschaftszweigs des Abnehmers als WZ-2-Steller	der Kontakt besteht seit (in Jahren)	an wie vielen Tagen pro Jahr haben Sie Kontakt?	Wie problematisch wäre es für Sie, wenn dieser Abnehmer wegfallen würde? Bitte geben Sie eine Ziffer von 1 (unproblematisch) bis 5 (sehr problematisch) an
1	....	....	....	....	....
2	....	....	....	....	....
3	....	....	....	....	....
4	....	....	....	....	....
5	....	....	....	....	....

26 Bitte nennen Sie die für Ihren Geschäftserfolg wichtigsten <u>Dienstleister</u>!

	Standort des Dienstleisters*	Branche		Intensität und Art des Kontakts	
	* Frankfurt am Main = 1; Rhein-Main-Gebiet = 2; Restliches Deutschland = bitte **Stadt** angeben; Restliche Welt = bitte **Land** angeben	Angabe des Wirtschaftszweigs des Dienstleisters als WZ-2-Steller	der Kontakt besteht seit (in Jahren)	an wie vielen Tagen pro Jahr haben Sie Kontakt?	Wie problematisch wäre es für Sie, wenn dieser Dienstleister wegfallen würde? Bitte geben Sie eine Ziffer von 1 (unproblematisch) bis 5 (sehr problematisch) an
1	....	....	....	....	....
2	....	....	....	....	....
3	....	....	....	....	....
4	....	....	....	....	....
5	....	....	....	....	....

9 Anhang

Industriestudie Frankfurt am Main

V. WERTSCHÖPFUNGSKETTEN

Der globale Wettbewerb findet heute nicht mehr nur zwischen Unternehmen statt, sondern zunehmend zwischen ganzen Wertschöpfungsketten. Wir möchten gerne mehr über Ihre Position in solchen Wertschöpfungsketten erfahren. Uns interessiert dabei besonders, wie stabil Sie Ihre Position innerhalb der Wertschöpfungskette einschätzen.

27 Beziehen Sie Ihre Antworten bitte auf Ihr umsatzstärkstes Produkt/die umsatzstärkste Produktgruppe, falls Ihr Unternehmen ein breites Spektrum unterschiedlicher Produkte anbietet.

☐ Wir bieten nur ein Produkt / eine Produktgruppe an und zwar: ....

☐ Wir bieten mehrere Produkte / Produktgruppen an und beantworten die folgenden Fragen für: ....

28 Welche Position innerhalb der Wertschöpfungskette nimmt Ihr Betrieb ein?
Tragen Sie hierzu in den jeweiligen Pfeil eine **1** ein, wenn es sich um Ihr Hauptbeschäftigungsfeld handelt.
Tragen Sie eine **2** ein, wenn es sich um Ihr Nebenbeschäftigungsfeld handelt.

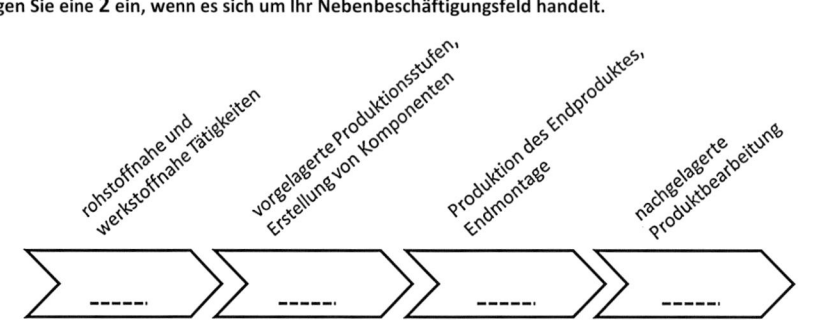

> rohstoffnahe und werkstoffnahe Tätigkeiten → vorgelagerte Produktionsstufen, Erstellung von Komponenten → Produktion des Endproduktes, Endmontage → nachgelagerte Produktbearbeitung

29 Ist eine enge Abstimmung mit Zulieferern oder Abnehmern für die Produktion wichtig oder beschränken sich die Beziehungen auf den Kauf / Verkauf (ohne Abstimmung)?
„Abstimmung" bedeutet eine enge Verbindung zu Zulieferern oder Abnehmern, die sich in der Anpassung von Vorprodukten / vorgelagerten Produktionsprozessen, flexibler Anpassung der eigenen Produkte an Kundenwünschen, wechselseitigen Abhängigkeiten, informellem Wissensaustausch und Absprachen sowie in guter Kenntnis innerbetrieblicher Abläufe bei Zulieferern / Abnehmern äußern kann.

	1= trifft nicht zu						trifft voll zu = 7
	1	2	3	4	5	6	7
Wir produzieren in enger Abstimmung mit Zulieferern	☐	☐	☐	☐	☐	☐	☐
Wir produzieren in enger Abstimmung mit Zulieferern von Zulieferern	☐	☐	☐	☐	☐	☐	☐
Wir produzieren in enger Abstimmung mit Abnehmern	☐	☐	☐	☐	☐	☐	☐
Wir produzieren in enger Abstimmung mit Abnehmern von Abnehmern	☐	☐	☐	☐	☐	☐	☐

30 In welchen Bereichen Ihrer Wertschöpfungskette erwarten Sie in den nächsten fünf Jahren die größten Veränderungen durch das Ausscheiden von Betrieben bzw. das Eintreten neuer Betriebe in die Kette?

	1= keine Veränderung						große Veränderung = 7
	1	2	3	4	5	6	7
Bei den rohstoffnahen und werkstoffnahen Gliedern der Kette	☐	☐	☐	☐	☐	☐	☐
Bei den vorgelagerten Produktionsstufen/ der Erstellung von Komponenten	☐	☐	☐	☐	☐	☐	☐
Bei der Produktion des Endproduktes / Endmontage	☐	☐	☐	☐	☐	☐	☐
Bei der nachgelagerten Produktbearbeitung	☐	☐	☐	☐	☐	☐	☐

31 Planen Sie, Ihre Position in der Kette in den nächsten fünf Jahren zu ändern? (Mehrfachantworten möglich)

- ☐ Wir planen, unser Wertschöpfungsspektrum in der Kette zu erweitern und zwar nach oben (Richtung vorgelagerte Produktionsstufen).
- ☐ Wir planen, unser Wertschöpfungsspektrum in der Kette zu erweitern und zwar nach unten (Richtung Endprodukt).
- ☐ Wir planen, unser Wertschöpfungsspektrum in der Kette zu verringern und zwar durch Abgabe vorgelagerter Produktionsstufen.
- ☐ Wir planen, unser Wertschöpfungsspektrum in der Kette zu verringern und zwar durch Abgabe nachgelagerter Produktionsstufen.
- ☐ Wir planen, zunehmend auch Dienstleistungen um unsere Produkte anzubieten.
- ☐ Wir erwarten keine Veränderung unseres Wertschöpfungsspektrums in den nächsten fünf Jahren.

32 Unsere zukünftige Position in der Kette sichern wir durch...

	1= trifft nicht zu					trifft voll zu = 7	
	1	2	3	4	5	6	7
...die Konzentration auf die Qualität unserer Produkte	☐	☐	☐	☐	☐	☐	☐
...die Konzentration auf Lieferzuverlässigkeit und -geschwindigkeit	☐	☐	☐	☐	☐	☐	☐
...einen Wissensvorsprung gegenüber Wettbewerbern in Bezug auf Produktionsprozesse und -techniken	☐	☐	☐	☐	☐	☐	☐
...einen Wissensvorsprung gegenüber Wettbewerbern in Bezug auf die Organisation der Produktion	☐	☐	☐	☐	☐	☐	☐
... einen Wissensvorsprung gegenüber Wettbewerbern in Bezug auf Absatzmärkte / eine Marktnische	☐	☐	☐	☐	☐	☐	☐
... Intensivierung der Kooperation mit vorgelagerten Betrieben in der Kette	☐	☐	☐	☐	☐	☐	☐
...Intensivierung der Kooperation mit nachgelagerten Betrieben in der Kette	☐	☐	☐	☐	☐	☐	☐
...höhere Flexibilität und individuelle Anpassung unserer Produkte an die Bedürfnisse unserer Abnehmer	☐	☐	☐	☐	☐	☐	☐
...günstige Preise	☐	☐	☐	☐	☐	☐	☐
...steigende Investitionen in ressourceneffiziente Technologien	☐	☐	☐	☐	☐	☐	☐
...Verbesserung der Unternehmenskultur und Mitarbeiterorientierung	☐	☐	☐	☐	☐	☐	☐
...nachhaltigere Ausrichtung der Unternehmensstrategie	☐	☐	☐	☐	☐	☐	☐

9 Anhang

Industriestudie Frankfurt am Main

33 Unser wichtigster Zulieferer für dieses Produkt/diese Produktgruppe hat seinen Sitz in:
- ☐ Frankfurt (anderer Standort)
- ☐ Rhein-Main-Gebiet
- ☐ Restliches Deutschland   Bitte nennen Sie die Stadt: ....
- ☐ Restliche Welt   Bitte nennen Sie das Land: ....

Wir beziehen von unserem wichtigsten Zulieferer ………… % unseres Beschaffungsvolumens

Vor fünf Jahren hatte unser damals wichtigster Zulieferer seinen Sitz in:
- ☐ Frankfurt (anderer Standort)
- ☐ Rhein-Main-Gebiet
- ☐ Restliches Deutschland   Bitte nennen Sie die Stadt: ....
- ☐ Restliche Welt   Bitte nennen Sie das Land: ....

Wir rechnen damit, dass in den nächsten fünf Jahren der Anteil unserer Zulieferer aus der folgenden Region an Bedeutung gewinnen wird:
- ☐ Frankfurt (anderer Standort)
- ☐ Rhein-Main-Gebiet
- ☐ Restliches Deutschland   Bitte nennen Sie die Stadt: ....
- ☐ Restliche Welt   Bitte nennen Sie das Land: ....
- ☐ Wir rechnen nicht mit Veränderungen in diesem Bereich.

☐ Die Fragen zum wichtigsten Zulieferer sind nicht beantwortbar, da wir viele gleichermaßen wichtige Zulieferer an unterschiedlichen Standorten haben.

34 Unser wichtigster Abnehmer für dieses Produkt/diese Produktgruppe hat seinen Sitz in:
- ☐ Frankfurt (anderer Standort)
- ☐ Rhein-Main-Gebiet
- ☐ Restliches Deutschland   Bitte nennen Sie die Stadt: ....
- ☐ Restliche Welt   Bitte nennen Sie das Land: ....

Wir liefern an unseren wichtigsten Abnehmer ………… % unseres Absatzvolumens

Vor fünf Jahren hatte unser damals wichtigster Abnehmer seinen Sitz in:
- ☐ Frankfurt (anderer Standort)
- ☐ Rhein-Main-Gebiet
- ☐ Restliches Deutschland   Bitte nennen Sie die Stadt: ....
- ☐ Restliche Welt   Bitte nennen Sie das Land: ....

Wir rechnen damit, dass in den nächsten fünf Jahren der Anteil unserer Abnehmer aus der folgenden Region an Bedeutung gewinnen wird:
- ☐ Frankfurt (anderer Standort)
- ☐ Rhein-Main-Gebiet
- ☐ Restliches Deutschland   Bitte nennen Sie die Stadt: ....
- ☐ Restliche Welt   Bitte nennen Sie das Land: ....
- ☐ Wir rechnen nicht mit Veränderungen in diesem Bereich.

☐ Die Fragen zum wichtigsten Abnehmer sind nicht beantwortbar, da wir viele gleichermaßen wichtige Abnehmer an unterschiedlichen Standorten haben.

Industriestudie Frankfurt am Main

VI. SONSTIGES

35 Anzahl der Beschäftigten

	2007	Aktuell	Erwartete Entwicklung der Mitarbeiteranzahl		
			rückläufig	*gleichbleibend*	*expandierend*
Stammbelegschaft	………	………	☐	☐	☐
Überlassene Arbeitnehmer/innen („Leih-/Zeitarbeit")	………	………	☐	☐	☐

36 Wie groß ist der Anteil der Mitarbeiter einzelner Betriebsbereiche an der Gesamtanzahl Ihrer Mitarbeiter?

	2007	Aktuell	Schätzung für 2017
Produktion	………%	………%	………%
Forschung und Entwicklung	………%	………%	………%
Produktorientierte Dienstleistung	………%	………%	………%
Vertrieb	………%	………%	………%
Verwaltung	………%	………%	………%
Sonstiges: ………………………………	………%	………%	………%

37 Bieten Sie Ausbildungsplätze an?
- ☐ Ja
- ☐ Nein

38 Wie hoch war der Umsatz Ihres Betriebs im Jahr 2011?
- ☐ Unter 1 Mio. Euro
- ☐ 1 Mio. bis unter 2 Mio. Euro
- ☐ 2 Mio. bis unter 10 Mio. Euro
- ☐ 10 Mio. bis unter 100 Mio. Euro
- ☐ 100 Mio. bis unter 500 Euro
- ☐ 500 Mio. Euro und mehr

39 Wie hat sich der Umsatz Ihres Betriebs im Vergleich zum Jahr 2007 entwickelt? Bitte markieren Sie den entsprechenden Prozentwert auf dem Zahlenstrahl.

Umsatzrückgang   Umsatzsteigerung

-60%   -40%   -20%   0%   +20%   +40%   +60%

40 Wie viele Patente hält Ihr Betrieb? ………………………………………………………………………………

41 Wie viele Patente hat Ihr Betrieb seit dem Jahr 2007 angemeldet? ……………………………………

42 Zum Abschluss haben Sie nun Gelegenheit, Ihre Erwartungen an den Masterplan Industrie zu formulieren oder im Fragebogen nicht angesprochene Sachverhalte zu thematisieren:

……

……

……

Herzlichen Dank für Ihre Teilnahme an der Befragung!

Die Ergebnisse der Industriestudie Frankfurt werden im Sommer 2013 vorliegen. Wenn Sie eine Zusendung der Ergebnisse wünschen, bitte geben Sie hier eine Email-Adresse an:

………………………………………………

9 Anhang

Industriestudie Frankfurt am Main

Beiblatt I: WZ-Klassen

Land- und Forstwirtschaft, Fischerei
01 Landwirtschaft, Jagd und damit verbundene Tätigkeiten
02 Forstwirtschaft und Holzeinschlag
03 Fischerei und Aquakultur

Bergbau
05 Kohlenbergbau
06 Gewinnung von Erdöl und Erdgas
07 Erzbergbau
08 Gewinnung von Steinen und Erden
09 Erbringung von Dienstleistungen für den Bergbau

Verarbeitendes Gewerbe
10 Herstellung von Nahrungs- und Futtermitteln
11 Getränkeherstellung
12 Tabakverarbeitung
13 Herstellung von Textilien
14 Herstellung von Bekleidung
15 Herstellung von Leder, Lederwaren und Schuhen
16 Herstellung von Holz-, Flecht-, Korb- und Korkwaren (ohne Möbel)
17 Herstellung von Papier, Pappe und Waren daraus
18 Herstellung von Druckerzeugnissen; Vervielfältigung von bespielten Ton-, Bild- und Datenträgern
19 Kokerei und Mineralölverarbeitung
20 Herstellung von chemischen Erzeugnissen
21 Herstellung von pharmazeutischen Erzeugnissen
22 Herstellung von Gummi- und Kunststoffwaren
23 Herstellung von Glas und Glaswaren, Keramik, Verarbeitung von Steinen und Erden
24 Metallerzeugung und -bearbeitung
25 Herstellung von Metallerzeugnissen
26 Herstellung von Datenverarbeitungsgeräten, elektronischen und optischen Erzeugnissen
27 Herstellung von elektrischen Ausrüstungen
28 Maschinenbau
29 Herstellung von Kraftwagen und Kraftwagenteilen
30 Sonstiger Fahrzeugbau
31 Herstellung von Möbeln
32 Herstellung von sonstigen Waren
33 Reparatur und Installation von Maschinen und Ausrüstungen

Energieversorgung
35 Energieversorgung

Wasserversorgung, Abwasser- und Abfallentsorgung
36 Wasserversorgung
37 Abwasserentsorgung
38 Sammlung, Behandlung und Beseitigung von Abfällen; Rückgewinnung
39 Beseitigung von Umweltverschmutzungen und sonstige Entsorgung

Baugewerbe
41 Hochbau
42 Tiefbau
43 Vorbereitende Baustellenarbeiten

Handel
45 Handel mit Kraftwagen
46 Großhandel
47 Einzelhandel (ohne Handel mit Kraftfahrzeugen)

Verkehr und Lagerei
49 Landverkehr und Transport in Rohrfernleitungen
50 Schifffahrt
51 Luftfahrt
52 Lagerei sowie Erbringung von sonstigen Dienstleistungen für den Verkehr
53 Post-, Kurier- und Expressdienste

Gastgewerbe
55 Beherbergung
56 Gastronomie

Information und Kommunikation
58 Verlagswesen
59 Herstellung, Verleih und Vertrieb von Filmen und Fernsehprogrammen; Kinos; Tonstudios und Verlegen von Musik
60 Rundfunkveranstalter
61 Telekommunikation
62 Erbringung von Dienstleistungen der Informationstechnologie
63 Informationsdienstleistungen

Finanz- und Versicherungsdienstleistungen
64 Erbringung von Finanzdienstleistungen
65 Versicherungen, Rückversicherungen und Pensionskassen (ohne Sozialversicherung)
66 Mit Finanz- und Versicherungsdienstleistungen verbundene Tätigkeiten

Grundstücks- und Wohnungswesen
68 Grundstücks- und Wohnungswesen

Freiberufliche, wissenschaftliche und technische Dienstleistungen
69 Rechts- und Steuerberatung, Wirtschaftsprüfung
70 Verwaltung und Führung von Unternehmen und Betrieben; Unternehmensberatung
71 Architektur- und Ingenieurbüros; technische, physikalische und chemische Untersuchung
72 Forschung und Entwicklung
73 Werbung und Marktforschung
74 Sonstige freiberufliche, wissenschaftliche und technische Tätigkeiten
75 Veterinärwesen

Sonstige wirtschaftliche Dienstleistungen
77 Vermietung von beweglichen Sachen
78 Vermittlung und Überlassung von Arbeitskräften
79 Reisebüros, Reiseveranstalter und Erbringung sonstiger Reservierungsdienstleistungen
80 Wach- und Sicherheitsdienste sowie Detekteien
81 Gebäudebetreuung; Garten- und Landschaftsbau
82 Erbringung von wirtschaftlichen Dienstleistungen für Unternehmen und Privatpersonen

Öffentliche Verwaltung, Verteidigung; Sozialversicherung
84 Öffentliche Verwaltung, Verteidigung; Sozialversicherung

Erziehung und Unterricht
85 Erziehung und Unterricht

Gesundheits- und Sozialwesen
86 Gesundheitswesen
87 Heime (ohne Erholungs- und Ferienheime)
88 Sozialwesen (ohne Heime)

Kunst, Unterhaltung und Erholung
90 Kreative, künstlerische und unterhaltende Tätigkeiten
91 Bibliotheken, Archive, Museen, botanische und zoologische Gärten
92 Spiel-, Wett- und Lotteriewesen
93 Erbringung von Dienstleistungen des Sports, der Unterhaltung und der Erholung

Sonstige Dienstleistungen
94 Interessenvertretungen sowie religiöse Vereinigungen
95 Reparatur von Datenverarbeitungsgeräten und Gebrauchsgütern
96 Erbringung von sonstigen überwiegend persönlichen Dienstleistungen

Private Haushalte mit Hauspersonal
97 Private Haushalte mit Hauspersonal
98 Herstellung von Waren und Erbringung von Dienstleistungen durch private Haushalte für den Eigenbedarf

Exterritoriale Organisationen und Körperschaften
99 Exterritoriale Organisationen und Körperschaften

Industriestudie Frankfurt am Main

Beiblatt II: Informationen zur Beantwortung von Fragebereich IV: Netzwerk Industrie

Um die interne und externe Vernetzung Frankfurter Industriebetriebe untersuchen zu können, ist es notwendig, mehr über Ihre Beziehungen zu anderen Unternehmen zu erfahren. Hierbei wird differenziert zwischen der Vernetzung mit Zulieferern, mit Abnehmern und mit Dienstleistern. Es ist nicht nötig, einzelne Unternehmen mit Namen zu nennen. Bitte beachten Sie hierzu das folgende Beispiel, das Ihnen das Ausfüllen der Tabellen erleichtern soll.

24 Bitte nennen Sie die für Ihren Geschäftserfolg wichtigsten Zulieferer!

Standort des Zulieferers* *Frankfurt am Main = 1; Rhein-Main-Gebiet = 2; Restliches Deutschland = bitte Stadt angeben; Restliche Welt = bitte Land angeben	Branche Angabe des Wirtschaftszweigs des Zulieferers als WZ-2-Steller	Intensität und Art des Kontakts		
		der Kontakt besteht seit (in Jahren)	an wie vielen Tagen pro Jahr haben Sie Kontakt?	Wie problematisch wäre es für Sie, wenn dieser Zulieferer wegfallen würde? Bitte geben Sie eine Ziffer von 1 (unproblematisch) bis 5 (sehr problematisch) an
1	1	20	8	50	2
2	Stuttgart	28	25	3	5

Geben Sie hier den Standort Ihres Zulieferers, Abnehmers oder Dienstleister an.
Für Frankfurt können Sie den Code „1" benutzen, für das Rhein-Main-Gebiet den Code „2".
Sollte sich der Kontakt anderswo in Deutschland befinden, nennen Sie bitte die Stadt. Sollte sich der Kontakt außerhalb Deutschlands befinden, nennen Sie bitte das Land.

Die WZ-Klassifikationen zu allen Branchen finden Sie auf Beiblatt I.

Geben Sie hier an, wie lange der Kontakt bereits besteht. Geben Sie außerdem an, an wie vielen Tagen pro Jahr Sie Kontakt mit Ihrem Zulieferer, Abnehmer oder Dienstleister haben. Ein Kontakt kann etwa ein gemeinsames Gespräch, eine Email oder auch eine Warenlieferung sein.

Geben Sie hier Auskunft darüber, wie problematisch für Ihren Geschäftsbetrieb ein Wegfall des Kontakts wäre.
Tragen Sie hierzu eine Zahl zwischen 1 und 5 ein. Dabei bedeutet 1, dass ein Wegfall des Kontakts für Sie unproblematisch wäre. Eine 5 bedeutet, dass ein Wegfall des Kontakts sehr problematisch für Sie wäre.

In der ersten Zeile des Beispiels handelt es sich also um einen Zulieferer aus Frankfurt, der sich mit der Herstellung chemischer Erzeugnisse beschäftigt. Der Kontakt zu diesem Betrieb besteht seit acht Jahren und findet etwa 50 mal pro Jahr (also etwa wöchentlich) statt. Ein Wegfallen dieses Zulieferers ließe sich relativ unproblematisch verkraften.

In der zweiten Zeile des Beispiels handelt es sich um einen Zulieferer aus Stuttgart, der sich mit Maschinenbau befasst. Der Kontakt zu diesem Zulieferer besteht seit 25 Jahren und findet nur selten, nämlich dreimal pro Jahr statt. Ein Wegfallen dieses Zulieferers wäre sehr problematisch für den eigenen Geschäftsbetrieb.

9 Anhang

A IV: ZUSAMMENSETZUNG DER STICHPROBE

A IV-1: BRANCHENZUSAMMENSETZUNG DER BEFRAGTEN BETRIEBE (EIGENE ANGABEN DER BETRIEBE)

WZ-Klasse (WZ08)		Anzahl der befragten Betriebe
10	Herstellung von Nahrungs- und Futtermitteln	13
11	Getränkeherstellung	2
13	Herstellung von Textilien	1
15	Herstellung von Leder, Lederwaren und Schuhen	1
17	Herstellung von Papier, Pappe und Waren daraus	1
18	Herstellung von Druckerzeugnissen; Vervielfältigung von bespielten Ton-, Bild- und Datenträgern	6
20	Herstellung von chemischen Erzeugnissen	9
21	Herstellung von pharmazeutischen Erzeugnissen	3
23	Herstellung von Glas und Glaswaren, Keramik, Verarbeitung von Steinen und Erden	6
24	Metallerzeugung und -bearbeitung	3
25	Herstellung von Metallerzeugnissen	8
26	Herstellung von Datenverarbeitungsgeräten, elektronischen und optischen Erzeugnissen	2
27	Herstellung von elektrischen Ausrüstungen	3
28	Maschinenbau	5
29	Herstellung von Kraftwagen und Kraftwagenteilen	4
30	Sonstiger Fahrzeugbau	3
31	Herstellung von Möbeln	6
32	Herstellung von sonstigen Waren	7
33	Reparatur und Installation von Maschinen und Ausrüstungen	4
35	Energieversorgung	1
42	Tiefbau	1
43	Vorbereitende Baustellenarbeiten	1
47	Einzelhandel	1
56	Gastronomie	2
72	Forschung und Entwicklung	1
82	Erbringung von wirtschaftlichen Dienstleistungen für Unternehmen und Privatpersonen	1
86	Gesundheitswesen	2
96	Erbringung von sonstigen überwiegend persönlichen Dienstleistungen	1

A IV-2: GRÖSSENZUSAMMENSETZUNG DER BEFRAGTEN BETRIEBE

bis 5 Beschäftigte	26,6%
6 bis 10 Beschäftigte	19,1%
11 bis 20 Beschäftigte	12,8%
21 bis 100 Beschäftigte	19,1%
über 100 Beschäftigte	22,3%

Der Mittelwert liegt bei 302 Beschäftigten, der Medianwert bei 12 Beschäftigten pro Betrieb. Für eine differenzierte Auswertung nach Betriebsgröße wurde zwischen Betrieben mit bis zu 10 Beschäftigten und Betrieben mit mehr als 10 Beschäftigten unterschieden. Dieser auf den ersten Blick niedrige Schwellwert liegt nah am Median und teilt die Stichprobe in zwei etwa gleich große Teile: 46% der Betriebe haben 10 oder weniger Beschäftigte, 54% der Betriebe sind größer.

A IV-3: ABWEICHUNG VON DER GRUNDGESAMTHEIT

Die Stichprobe weicht in ihrer Größenstruktur stark von der Grundgesamtheit des verarbeitenden Gewerbes in Frankfurt ab. Große Unternehmen mit über 100 Beschäftigten sind besonders stark vertreten, während kleinere Betriebe mit unter 20 Beschäftigten, welche über 80% des Frankfurter verarbeitenden Gewerbes ausmachen, unterrepräsentiert sind.

	Stichprobe	Grundgesamtheit Frankfurt
bis 20 Beschäftigte	58,5%	81,9%
21 bis 100 Beschäftigte	19,1%	8,1%
über 100 Beschäftigte	22,3%	10,0%

9 Anhang

A V: ERGEBNISSE IN TABELLARISCHER FORM

A V-1: FRAGE 5 – ERGEBNISSE DER STÄRKEN-SCHWÄCHEN-ANALYSE DES INDUSTRIESTANDORTS FRANKFURT A. M.

	alle Betriebe			bis 10 Beschäftigte			über 10 Beschäftigte		
	Zufriedenheit	Wichtigkeit	HBI[1]	Zufriedenheit	Wichtigkeit	HBI	Zufriedenheit	Wichtigkeit	HBI
Angebot an Facharbeitern/innen	2,86	4,16	5,77	2,65	4,00	5,74	2,98	4,31	5,98
Angebot an Hochschulabsolventen/innen und Fachhochschulabsolventen/innen	3,31	2,90	1,19	3,19	2,18	0,49	3,41	3,37	1,92
Angebot an geeigneten Lehrstellenbewerbern/innen	2,73	3,92	5,21	2,67	3,56	4,20	2,74	4,19	6,20
Angebot an ungelernten Arbeitskräften	3,21	2,42	0,68	3,14	2,27	0,63	3,29	2,49	0,62
Angebot an Leih-/Zeitarbeitern/innen	3,31	2,43	0,53	3,09	1,92	0,46	3,41	2,74	0,72
Weiterbildungsangeboten für Mitarbeiter/innen	3,51	3,54	2,06	3,43	3,46	2,07	3,61	3,61	2,01
Wohnraumangebot für Mitarbeiter/innen	2,23	3,56	5,28	2,41	3,39	4,30	2,09	3,74	6,28
Kinderbetreuungsangebot für Mitarbeiter/innen	2,38	3,36	4,29	2,70	3,18	3,07	2,20	3,45	5,01
Service der Kommunalverwaltung	2,88	3,46	3,40	2,79	3,41	3,47	2,90	3,53	3,55
Beratung und Betreuung durch die Wirtschaftsförderung	3,04	3,31	2,63	3,30	3,43	2,32	2,88	3,27	2,89
Online-Dienstleistungsangebot (E-Government)	2,80	2,86	2,12	2,56	3,00	2,93	2,89	2,76	1,76
Beteiligung an Planungsprozessen	2,14	3,34	4,79	2,12	3,06	4,00	2,18	3,45	5,04
Dauer von Genehmigungsverfahren	2,53	4,06	6,30	2,48	3,78	5,39	2,58	4,32	7,19
behördliche Anwendung von Umweltschutzauflagen	2,88	3,64	3,93	2,76	3,50	3,80	2,91	3,74	4,15
behördliche Anwendung von Brandschutzauflagen	3,01	3,71	3,78	3,13	3,38	2,58	2,89	3,93	4,84
Transparenz von Zuständigkeiten	2,65	3,81	5,04	2,74	3,73	4,56	2,61	3,86	5,32
Informationsangebot über kommunale Regelungen und Vorschriften	2,68	3,50	3,98	3,00	3,43	3,03	2,50	3,56	4,60
Gewerbesteuer	1,93	3,83	7,03	1,92	3,95	7,53	1,96	3,76	6,70
Zusammenarbeit mit Hochschulen allgemein	3,20	3,73	3,38	2,89	4,00	5,08	3,24	3,73	3,28
Zusammenarbeit mit der Goethe-Universität Frankfurt am Main	2,83	3,36	3,24	2,88	3,88	4,69	2,75	3,20	3,00
Zusammenarbeit mit der FH Frankfurt am Main	2,70	3,18	3,05	2,20	3,40	4,83	2,76	3,09	2,71
Zusammenarbeit mit der TU Darmstadt	2,96	3,41	3,06	1,75	3,25	5,38	3,14	3,41	2,63
Zusammenarbeit mit außeruniversitären Forschungseinrichtungen	3,03	3,49	3,11	2,20	3,60	5,49	3,25	3,55	2,75
Außenimage von Frankfurt am Main als Wirtschaftsstandort	3,67	3,77	2,27	3,77	3,65	1,69	3,60	3,87	2,75
Akzeptanz der Industrie bei der Frankfurter Bevölkerung	2,77	3,81	4,77	2,88	3,65	3,95	2,72	3,96	5,38
Wertschätzung der Industrie durch die Frankfurter Kommunalpolitik	2,50	4,08	6,45	2,86	3,93	4,89	2,35	4,23	7,49
mediale Berichterstattung über die Frankfurter Industrie	2,65	3,71	4,72	2,82	3,48	3,59	2,59	3,86	5,38
Sichtbarkeit der Industrie bei wirtschaftspolitischen Foren	2,69	3,68	4,51	2,73	3,57	4,09	2,70	3,77	4,78
Angebot unternehmensnaher Dienstleistungen	3,34	3,65	2,81	3,39	3,65	2,66	3,30	3,68	2,98
Angebot an Finanzdienstleistungen	3,19	3,46	2,64	3,17	3,38	2,50	3,21	3,54	2,82
regelmäßiger Austausch mit Vertretern städtischer Politik	2,37	3,56	4,93	2,30	3,48	4,83	2,37	3,60	5,06
Kooperation zwischen Unternehmen	3,15	3,70	3,42	3,14	3,73	3,54	3,15	3,64	3,23
formalisierter Austausch zwischen Unternehmen	2,97	3,19	2,51	2,95	3,09	2,31	3,03	3,21	2,40
informeller Austausch zwischen Unternehmen	3,17	3,65	3,21	3,08	3,42	2,82	3,21	3,71	3,28

[1] HBI (Handlungsbedarfsindikator): [Wichtigkeit minus Zufriedenheit] mal Wichtigkeit; das Ergebnis wurde auf eine Skala von 0 (niedriger Handlungsbedarf) bis 10 (hoher Handlungsbedarf) umgerechnet. Zur Erläuterung s. Textbox 3-1.

	Potenzielle Abwanderer			Standortverunsicherte			Erfolgreiche Betriebe		
	Zufriedenheit	Wichtigkeit	HBI	Zufriedenheit	Wichtigkeit	HBI	Zufriedenheit	Wichtigkeit	HBI
Angebot an Facharbeitern/innen	2,94	3,94	4,73	2,62	4,29	6,95	2,80	4,45	7,08
Angebot an Hochschulabsolventen/innen und Fachhochschulabsolventen/innen	3,50	3,42	1,81	2,93	2,63	1,45	3,15	3,54	2,95
Angebot an geeigneten Lehrstellenbewerbern/innen	2,74	3,84	4,94	2,40	4,05	6,63	2,59	4,41	7,57
Angebot an ungelernten Arbeitskräften	3,44	2,44	0,32	2,76	2,71	1,90	3,47	2,73	0,62
Angebot an Leih-/Zeitarbeitern/innen	3,07	2,73	1,38	3,32	2,61	0,73	3,18	2,41	0,73
Weiterbildungsangeboten für Mitarbeiter/innen	3,44	3,50	2,16	3,47	3,58	2,27	3,81	3,81	2,01
Wohnraumangebot für Mitarbeiter/innen	1,88	3,75	6,87	2,05	4,05	7,61	2,00	4,06	7,80
Kinderbetreuungsangebot für Mitarbeiter/innen	2,13	2,87	3,46	2,31	3,53	4,98	2,13	3,75	6,22
Service der Kommunalverwaltung	2,47	3,87	5,75	2,82	3,72	4,32	2,94	4,00	4,93
Beratung und Betreuung durch die Wirtschaftsförderung	2,56	3,13	3,22	3,22	3,42	2,48	2,94	3,44	3,20
Online-Dienstleistungsangebot (E-Government)	2,71	2,57	1,75	2,76	3,11	2,75	2,75	3,33	3,35
Beteiligung an Planungsprozessen	1,93	3,53	5,92	2,00	3,83	6,87	2,50	3,79	5,37
Dauer von Genehmigungsverfahren	2,13	4,40	8,90	2,56	4,28	7,10	2,80	4,27	6,33
behördliche Anwendung von Umweltschutzauflagen	2,63	3,75	4,92	2,86	3,48	3,49	2,94	3,65	3,79
behördliche Anwendung von Brandschutzauflagen	2,63	3,63	4,51	2,84	3,63	3,99	3,17	3,67	3,27
Transparenz von Zuständigkeiten	2,33	3,88	6,16	2,14	4,00	7,14	2,28	3,83	6,13
Informationsangebot über kommunale Regelungen und Vorschriften	2,22	3,50	5,10	2,25	3,85	6,27	2,39	3,61	5,06
Gewerbesteuer	2,00	4,00	7,54	1,82	3,95	7,84	1,95	3,85	7,06
Zusammenarbeit mit Hochschulen allgemein	3,10	3,60	3,25	2,70	3,80	4,90	3,31	4,23	4,71
Zusammenarbeit mit der Goethe-Universität Frankfurt am Main	3,00	3,63	3,57	2,25	3,63	5,45	2,83	3,75	4,38
Zusammenarbeit mit der FH Frankfurt am Main	2,86	3,29	2,98	2,50	3,25	3,69	2,63	3,88	5,36
Zusammenarbeit mit der TU Darmstadt	3,29	3,71	3,11	3,13	3,75	3,63	2,88	3,88	4,69
Zusammenarbeit mit außeruniversitären Forschungseinrichtungen	3,30	3,60	2,75	2,60	3,90	5,51	3,09	3,82	3,93
Außenimage von Frankfurt am Main als Wirtschaftsstandort	3,12	3,59	3,17	3,61	3,88	2,73	3,89	4,12	2,66
Akzeptanz der Industrie bei der Frankfurter Bevölkerung	2,33	4,00	6,62	2,22	4,18	7,65	3,06	4,06	4,83
Wertschätzung der Industrie durch die Frankfurter Kommunalpolitik	1,67	4,33	10,00	2,29	4,30	8,00	2,53	4,25	7,06
mediale Berichterstattung über die Frankfurter Industrie	2,47	3,53	4,59	2,25	4,21	7,71	3,00	4,18	5,40
Sichtbarkeit der Industrie bei wirtschaftspolitischen Foren	2,82	3,41	3,39	2,65	4,06	5,98	2,94	3,88	4,51
Angebot unternehmensnaher Dienstleistungen	2,89	3,63	3,86	3,05	4,00	4,63	3,33	4,00	3,85
Angebot an Finanzdienstleistungen	2,93	3,53	3,47	3,16	3,56	2,98	3,71	3,71	2,01
regelmäßiger Austausch mit Vertretern städtischer Politik	2,18	4,00	7,05	2,19	3,94	6,80	2,39	3,61	5,06
Kooperation zwischen Unternehmen	3,16	3,47	2,76	3,00	3,90	4,43	3,22	3,56	2,83
formalisierter Austausch zwischen Unternehmen	3,25	3,06	1,60	2,56	3,63	4,71	3,23	3,36	2,30
informeller Austausch zwischen Unternehmen	3,06	3,72	3,72	2,76	3,86	4,95	3,21	3,89	3,85

9 Anhang

	Ökologische Modernisierer			Dynamische Hybridisierer			Wissensorientierte Innovatoren		
	Zufriedenheit	Wichtigkeit	HBI	Zufriedenheit	Wichtigkeit	HBI	Zufriedenheit	Wichtigkeit	HBI
Angebot an Facharbeitern/innen	2,52	4,17	6,75	2,45	4,25	7,30	2,65	4,55	7,98
Angebot an Hochschulabsolventen/innen und Fachhochschulabsolventen/innen	2,79	2,50	1,51	3,47	3,07	1,16	3,50	3,50	2,01
Angebot an geeigneten Lehrstellenbewerbern/innen	2,60	4,29	7,00	2,63	4,16	6,39	2,78	4,39	6,90
Angebot an ungelernten Arbeitskräften	2,95	2,14	0,81	3,12	2,24	0,64	3,16	2,32	0,66
Angebot an Leih-/Zeitarbeitern/innen	3,25	2,06	0,31	3,47	2,06	0,00	3,22	2,00	0,32
Weiterbildungsangeboten für Mitarbeiter/innen	3,45	3,74	2,74	3,47	3,53	2,13	3,58	3,84	2,70
Wohnraumangebot für Mitarbeiter/innen	2,19	3,45	5,03	2,39	3,67	5,25	2,00	3,60	5,99
Kinderbetreuungsangebot für Mitarbeiter/innen	2,21	3,13	3,97	2,57	3,53	4,36	2,14	3,67	5,87
Service der Kommunalverwaltung	2,60	3,43	3,97	2,82	3,72	4,32	2,94	3,72	4,02
Beratung und Betreuung durch die Wirtschaftsförderung	2,94	3,42	3,13	3,11	3,63	3,31	3,40	3,63	2,57
Online-Dienstleistungsangebot (E-Government)	2,41	3,17	3,66	2,71	3,13	2,89	2,92	2,93	2,03
Beteiligung an Planungsprozessen	1,86	3,47	5,86	2,23	3,36	4,62	1,93	3,47	5,69
Dauer von Genehmigungsverfahren	2,61	4,11	6,27	2,40	4,10	6,83	2,35	4,24	7,52
behördliche Anwendung von Umweltschutzauflagen	2,85	3,68	4,13	2,84	3,50	3,60	3,00	3,72	3,86
behördliche Anwendung von Brandschutzauflagen	3,10	3,63	3,34	2,74	3,83	4,91	2,89	3,94	4,87
Transparenz von Zuständigkeiten	2,55	3,90	5,66	2,63	3,83	5,19	2,75	3,74	4,56
Informationsangebot über kommunale Regelungen und Vorschriften	2,67	3,52	4,09	2,50	3,47	4,34	2,65	3,68	4,64
Gewerbesteuer	2,00	3,86	6,96	1,95	3,60	6,11	1,70	3,79	7,48
Zusammenarbeit mit Hochschulen allgemein	3,00	3,82	4,17	3,25	4,08	4,36	3,62	4,15	3,55
Zusammenarbeit mit der Goethe-Universität Frankfurt am Main	2,56	3,40	3,99	3,10	3,30	2,46	3,25	3,58	2,83
Zusammenarbeit mit der FH Frankfurt am Main	2,14	3,00	3,78	3,00	3,00	2,01	3,11	3,44	2,80
Zusammenarbeit mit der TU Darmstadt	2,67	3,29	3,41	3,57	3,71	2,37	3,50	3,63	2,32
Zusammenarbeit mit außeruniversitären Forschungseinrichtungen	3,00	3,22	2,50	3,40	4,10	3,99	3,50	3,75	2,65
Außenimage von Frankfurt am Main als Wirtschaftsstandort	3,67	4,04	3,06	3,55	3,79	2,63	3,60	3,89	2,80
Akzeptanz der Industrie bei der Frankfurter Bevölkerung	2,61	4,09	6,20	3,00	3,58	3,44	2,65	4,05	5,94
Wertschätzung der Industrie durch die Frankfurter Kommunalpolitik	2,57	4,15	6,54	2,81	4,20	6,04	2,50	4,24	7,09
mediale Berichterstattung über die Frankfurter Industrie	2,65	3,86	5,24	2,88	3,73	4,22	2,84	4,00	5,21
Sichtbarkeit der Industrie bei wirtschaftspolitischen Foren	2,80	3,95	5,14	2,88	4,00	5,12	2,79	4,06	5,56
Angebot unternehmensnaher Dienstleistungen	3,17	3,73	3,43	3,21	3,70	3,26	3,16	4,05	4,50
Angebot an Finanzdienstleistungen	3,26	3,43	2,42	3,29	3,65	2,90	3,28	3,72	3,15
regelmäßiger Austausch mit Vertretern städtischer Politik	2,06	3,84	6,75	2,40	4,00	6,43	2,35	3,82	5,89
Kooperation zwischen Unternehmen	3,00	3,77	4,02	3,00	4,00	4,77	2,79	4,05	5,55
formalisierter Austausch zwischen Unternehmen	2,64	3,13	3,05	3,07	3,33	2,61	2,47	3,56	4,71
informeller Austausch zwischen Unternehmen	3,00	3,56	3,37	3,24	3,88	3,74	2,82	3,71	4,27

A V-2: FRAGE 7 – ERGEBNISSE DER BEWERTUNG DES BETRIEBSSTANDORTS

	alle Betriebe		bis 10 Beschäftigte		über 10 Beschäftigte	
	Zufriedenheit	Wichtigkeit	Zufriedenheit	Wichtigkeit	Zufriedenheit	Wichtigkeit
Expansionsmöglichkeiten	2,46	3,62	2,45	3,36	2,48	3,76
Planungssicherheit allgemein	2,63	4,20	2,84	3,87	2,53	4,43
Kosten für Grunderwerb	1,98	3,92	2,03	3,64	1,91	4,15
Kosten für Miete/Pacht	2,44	4,18	2,49	4,14	2,39	4,23
Grundsteuer	2,30	3,77	2,24	3,89	2,38	3,66
sonstige betriebsflächenbezogene Gebühren	2,52	3,75	2,35	3,86	2,66	3,64
Energiepreisen	1,93	4,27	1,90	4,08	1,96	4,40
Energieverfügbarkeit/-sicherheit	3,81	4,47	3,83	4,28	3,78	4,63
Abwasserentsorgung	3,71	4,01	3,86	4,00	3,59	3,98
Abfallentsorgung	3,77	4,15	4,03	4,22	3,59	4,06
Internetanbindung (Geschwindigkeit, Stabilität)	3,80	4,30	3,88	4,18	3,80	4,41
Anbindung an den Flughafen	4,26	3,45	4,16	3,34	4,31	3,48
Anbindung an das Straßennetz	4,07	4,36	4,24	4,42	3,98	4,29
Anbindung an den Öffentlichen Personennahverkehr	3,86	3,97	4,20	3,84	3,58	4,02
Schienenanbindung (Güterverkehr)	3,38	2,95	3,27	3,10	3,43	2,90
Orientierung und Erreichbarkeit innerhalb des Gewerbegebietes	3,35	3,93	3,33	3,96	3,39	3,85
Angebot an Gastronomie und Versorgungseinrichtungen	3,28	3,39	3,34	3,20	3,25	3,53

	Potenzielle Verlagerer		Standortverunsicherte		Erfolgreiche Betriebe	
	Zufriedenheit	Wichtigkeit	Zufriedenheit	Wichtigkeit	Zufriedenheit	Wichtigkeit
Expansionsmöglichkeiten	2,09	4,06	1,73	3,95	2,41	3,88
Planungssicherheit allgemein	2,50	4,24	1,86	4,36	2,74	4,53
Kosten für Grunderwerb	1,87	4,07	2,00	4,40	1,85	4,15
Kosten für Miete/Pacht	2,13	4,20	2,21	4,39	2,19	4,44
Grundsteuer	2,33	3,54	2,24	4,20	2,33	3,73
sonstige betriebsflächenbezogene Gebühren	2,36	3,65	2,15	4,16	2,53	3,93
Energiepreisen	1,91	4,38	1,59	4,71	2,00	4,30
Energieverfügbarkeit/-sicherheit	3,75	4,52	3,33	4,75	3,63	4,37
Abwasserentsorgung	3,68	4,10	3,67	4,45	3,67	4,17
Abfallentsorgung	3,64	4,16	3,68	4,29	3,60	4,25
Internetanbindung (Geschwindigkeit, Stabilität)	3,76	4,21	3,55	4,10	4,00	4,55
Anbindung an den Flughafen	4,26	3,46	4,24	3,44	4,31	4,06
Anbindung an das Straßennetz	4,15	4,38	4,14	4,67	3,79	4,44
Anbindung an den Öffentlichen Personennahverkehr	4,06	3,78	3,90	4,20	3,58	4,05
Schienenanbindung (Güterverkehr)	3,20	2,56	3,62	3,62	3,70	2,91
Orientierung und Erreichbarkeit innerhalb des Gewerbegebietes	3,30	3,96	2,82	4,18	3,63	3,94
Angebot an Gastronomie und Versorgungseinrichtungen	3,37	3,39	3,44	3,56	3,50	3,72

9 Anhang

	Ökologische Modernisierer		Dynamische Hybridisierer		Wissensorientierte Innovatoren	
	Zufriedenheit	Wichtigkeit	Zufriedenheit	Wichtigkeit	Zufriedenheit	Wichtigkeit
Expansionsmöglichkeiten	2,24	3,86	2,52	3,67	2,43	4,10
Planungssicherheit allgemein	2,67	4,48	2,89	4,16	2,57	4,33
Kosten für Grunderwerb	1,83	3,67	2,06	3,71	1,79	4,14
Kosten für Miete/Pacht	2,21	4,26	2,53	4,28	2,44	4,53
Grundsteuer	2,29	3,88	2,47	3,82	2,38	4,00
sonstige betriebsflächenbezogene Gebühren	2,30	3,94	2,61	3,94	2,53	4,00
Energiepreise	2,00	4,33	1,86	4,29	1,90	4,30
Energieverfügbarkeit/-sicherheit	3,77	4,39	3,62	4,48	3,62	4,45
Abwasserentsorgung	3,75	4,00	3,90	3,95	3,70	4,26
Abfallentsorgung	3,88	4,36	3,95	4,10	3,81	4,30
Internetanbindung (Geschwindigkeit, Stabilität)	4,00	4,61	3,81	4,38	3,81	4,55
Anbindung an den Flughafen	4,38	3,21	4,33	3,56	4,50	3,82
Anbindung an das Straßennetz	4,08	4,22	4,24	4,19	4,24	4,25
Anbindung an den Öffentlichen Personennahverkehr	3,92	4,00	4,05	4,00	4,14	3,95
Schienenanbindung (Güterverkehr)	3,20	2,91	3,44	2,50	3,55	2,67
Orientierung und Erreichbarkeit innerhalb des Gewerbegebietes	3,15	4,05	2,94	3,82	3,19	4,00
Angebot an Gastronomie und Versorgungseinrichtungen	3,32	3,62	3,35	3,61	3,74	3,44

	Typ I - Sonderstandort		Typ II - Industrie- und Gewerbeflächen allgemein		Typ III - Integrierter Standort 1		Typ IV - Integrierter Standort 2	
	Zufriedenheit	Wichtigkeit	Zufriedenheit	Wichtigkeit	Zufriedenheit	Wichtigkeit	Zufriedenheit	Wichtigkeit
Expansionsmöglichkeiten	3,06	3,82	2,70	3,85	2,64	3,36	1,90	3,48
Planungssicherheit allgemein	2,89	4,37	2,76	4,29	3,00	4,23	2,23	4,03
Kosten für Grunderwerb	2,57	3,86	1,71	4,06	2,44	3,13	1,88	4,06
Kosten für Miete/Pacht	2,78	4,06	2,26	4,42	2,53	4,29	2,31	4,04
Grundsteuer	2,43	3,50	2,29	3,67	2,55	3,90	2,16	3,90
sonstige betriebsflächenbezogene Gebühren	2,63	3,60	2,50	3,56	2,57	4,15	2,45	3,77
Energiepreise	2,30	4,50	1,82	4,36	1,94	3,88	1,78	4,26
Energieverfügbarkeit/-sicherheit	3,70	4,50	3,86	4,52	4,18	4,50	3,67	4,41
Abwasserentsorgung	3,44	4,39	3,68	4,00	3,88	3,60	3,79	4,00
Abfallentsorgung	3,30	4,20	3,86	4,05	4,06	4,20	3,83	4,15
Internetanbindung (Geschwindigkeit, Stabilität)	3,90	4,48	3,68	4,29	4,00	4,25	3,73	4,23
Anbindung an den Flughafen	4,43	3,81	4,11	3,39	4,53	3,21	4,08	3,30
Anbindung an das Straßennetz	3,95	4,19	3,50	4,55	4,41	4,25	4,34	4,41
Anbindung an den Öffentlichen Personennahverkehr	3,75	3,85	3,33	3,71	4,35	4,00	4,00	4,18
Schienenanbindung (Güterverkehr)	3,82	3,64	2,50	2,00	3,75	3,25	3,44	2,93
Orientierung und Erreichbarkeit innerhalb des Gewerbegebietes	3,79	3,57	3,15	3,95	3,17	4,33	3,30	4,05
Angebot an Gastronomie und Versorgungseinrichtungen	3,11	3,47	2,94	3,37	4,33	3,73	3,06	3,19

A V-3: FRAGEN 8 UND 9 – WICHTIGKEIT UND VORRANGIGE MASSNAHMEN EINER ÖKOLOGISCHEN MODERNISIERUNG

	alle Betriebe	bis 10 Beschäftigte	über 10 Beschäftigte	Typ I - Sonderstandort	Typ II - Industrie- und Gewerbeflächen allgemein	Typ III - Integrierter Standort 1	Typ IV - Integrierter Standort 2
Wichtigkeit einer ökologischen Modernisierung	4,46	4,79	4,24	4,10	4,81	4,81	4,31
Information und Beratung zur ökologischen Modernisierung von Betriebsabläufen (CO2-Einsparung, Lärm- und Schadstoffemissionen, ...)	3,58	3,37	3,76	3,22	3,10	3,63	4,10
überbetriebliche Koordination, um Rohstoffe im Kreislauf zu führen	3,56	3,26	3,87	3,89	3,05	3,31	3,86
überbetriebliche Koordination beim Wertstoffrecycling	3,95	3,91	4,07	4,28	3,48	3,75	4,21
kommunale Beratung/Unterstützung bei der Sondermüllentsorgung	3,78	3,89	3,80	3,50	3,05	4,25	4,20
Abwasserinfrastruktur und -management	3,75	3,24	4,13	3,78	3,81	3,44	3,86
kommunale Initiative zur Nutzung erneuerbarer Energiequellen	4,39	4,32	4,52	4,11	4,62	4,25	4,48
kommunale Initiative zum ökologischen Bauen/zur ökologischen Gebäudesanierung	3,61	3,71	3,65	3,78	3,33	3,75	3,62

A VI: ABGRENZUNG DER BETRIEBSTYPEN

Potenzielle Verlagerer (34 Betriebe)
Frage 18: Antworten „Ja, die Verlagerung wurde aber verworfen" oder „Ja, die Verlagerung ist weiterhin fest geplant".

Potenzielle Abwanderer (19 Betriebe)
Frage 18: Antworten „Ja, die Verlagerung wurde aber verworfen" oder „Ja, die Verlagerung ist weiterhin fest geplant"
und
Frage 19: Alle Antworten außer „Frankfurt".

Standortverunsicherte (22 Betriebe)
Frage 10: Bewertung „7" bis „10" bei „Flächenkonkurrenz mit Wohnnutzung"
und
Bewertung „8" bis „10" bei „Umfeldkonflikte mit umliegender Wohnbevölkerung".

Erfolgreiche Betriebe (20 Betriebe)
Frage 35: Anstieg der Anzahl der Beschäftigten seit 2007 um mindestens 20%
oder
Frage 39: Umsatzsteigerung seit 2007 um mindestens 20%
und
Frage 14: Weitere Flächen für „Produktion und Herstellung" benötigt.

Ökologische Modernisierer (26 Betriebe)
Frage 8: Bewertung „6" oder „7".

Dynamische Hybridisierer (21 Betriebe)
Frage 36: Vergrößerung des Anteils der Mitarbeiter im Bereich „produktorientiere Dienstleistung" bis 2017 geplant
und
Frage 36: Aktueller Anteil der Mitarbeiter im Bereich „produktorientiere Dienstleistung" mindestens 20%
oder
Frage 31: Antwort „Wir planen, zunehmend auch Dienstleistungen um unsere Produkte anzubieten".

Wissensorientierte Innovatoren (21 Betriebe)
Frage 41: Mindestens 1 Patent
oder
Frage 36: Aktueller Anteil der Mitarbeiter im Bereich „Forschung und Entwicklung" mindestens 20%
und
Frage 32: Antwort „7" bei mindestens zwei der Antwortmöglichkeiten „...einen Wissensvorsprung gegenüber Wettbewerbern in Bezug auf Produktionsprozesse und -techniken", „...einen Wissensvorsprung gegenüber Wettbewerbern in Bezug auf die Organisation der Produktion", „... einen Wissensvorsprung gegenüber Wettbewerbern in Bezug auf Absatzmärkte/eine Marktnische".

9 ___ Anhang

A VII: ZUSAMMENSETZUNG DER BRANCHENCLUSTER NACH WZ-ABTEILUNGEN (WZ08)

Chemie-/Pharmabranche (13 Betriebe)

WZ 20	Herstellung von chemischen Erzeugnissen
WZ 21	Herstellung von pharmazeutischen Erzeugnissen

Nahrungsmittelgewerbe (17 Betriebe)

WZ 10	Herstellung von Nahrungs- und Futtermitteln
WZ 11	Getränkeherstellung
WZ 56	Gastronomie

Metall-/Elektroindustrie und Fahrzeugbau (32 Betriebe)

WZ 24	Metallerzeugung und -bearbeitung
WZ 25	Herstellung von Metallerzeugnissen
WZ 26	Herstellung von Datenverarbeitungsgeräten, elektronischen und optischen Erzeugnissen
WZ 27	Herstellung von elektrischen Ausrüstungen
WZ 28	Maschinenbau
WZ 29	Herstellung von Kraftwagen und Kraftwagenteilen
WZ 30	Sonstiger Fahrzeugbau
WZ 33	Reparatur und Installation von Maschinen und Ausrüstungen

A VIII: ZUSAMMENSETZUNG DER ZULIEFERER-, ABNEHMER- UND DIENSTLEISTER-BRANCHEN DER NETZWERKANALYSE (WZ08)

ZULIEFERER- UND ABNEHMER-BRANCHEN
WZ-ABTEILUNGEN

Chemie/Pharma

06	Gewinnung von Erdöl und Erdgas
19	Kokerei und Mineralölverarbeitung
20	Herstellung von chemischen Erzeugnissen
21	Herstellung von pharmazeutischen Erzeugnissen
22	Herstellung von Gummi- und Kunststoffwaren

Metall

24	Metallerzeugung und -bearbeitung
25	Herstellung von Metallerzeugnissen

Maschinenbau

26	Herstellung von Datenverarbeitungsgeräten, elektronischen und optischen Erzeugnissen
27	Herstellung von elektrischen Ausrüstungen
28	Maschinenbau
29	Herstellung von Kraftwagen und Kraftwagenteilen
30	Sonstiger Fahrzeugbau
33	Reparatur und Installation von Maschinen und Ausrüstungen

Bauwesen

41	Hochbau
42	Tiefbau
43	Vorbereitende Baustellenarbeiten

Nahrungsmittel

10	Herstellung von Nahrungs- und Futtermitteln
11	Getränkeherstellung
56	Gastronomie

Groß- und Einzelhandel
45	Handel mit Kraftwagen
46	Großhandel
47	Einzelhandel (ohne Handel mit Kraftfahrzeugen)

Dienstleistungen
35	Energieversorgung
36	Wasserversorgung
37	Abwasserentsorgung
49	Landverkehr und Transport in Rohrfernleitungen
50	Schifffahrt
51	Luftfahrt
52	Lagerei sowie Erbringung von sonstigen Dienstleistungen für den Verkehr
53	Post-, Kurier- und Expressdienste
55	Beherbergung
58	Verlagswesen
59	Herstellung, Verleih und Vertrieb von Filmen und Fernsehprogrammen; Kinos; Tonstudios und Verlegen von Musik
60	Rundfunkveranstalter
61	Telekommunikation
62	Erbringung von Dienstleistungen der Informationstechnologie
63	Informationsdienstleistungen
64	Erbringung von Finanzdienstleistungen
65	Versicherungen, Rückversicherungen und Pensionskassen (ohne Sozialversicherung)
66	Mit Finanz- und Versicherungsdienstleistungen verbundene Tätigkeiten
68	Grundstücks- und Wohnungswesen
69	Rechts- und Steuerberatung, Wirtschaftsprüfung
70	Verwaltung und Führung von Unternehmen und Betrieben; Unternehmensberatung
71	Architektur- und Ingenieurbüros; technische, physikalische und chemische Untersuchung
72	Forschung und Entwicklung
73	Werbung und Marktforschung
74	Sonstige freiberufliche, wissenschaftliche und technische Tätigkeiten
75	Veterinärwesen
77	Vermietung von beweglichen Sachen
78	Vermittlung und Überlassung von Arbeitskräften
79	Reisebüros, Reiseveranstalter und Erbringung sonstiger Reservierungsdienstleistungen
80	Wach- und Sicherheitsdienste sowie Detekteien
81	Gebäudebetreuung; Garten- und Landschaftsbau
82	Erbringung von wirtschaftlichen Dienstleistungen für Unternehmen und Privatpersonen
84	Öffentliche Verwaltung, Verteidigung; Sozialversicherung
85	Erziehung und Unterricht
86	Gesundheitswesen
87	Heime (ohne Erholungs- und Ferienheime)
88	Sozialwesen (ohne Heime)
90	Kreative, künstlerische und unterhaltende Tätigkeiten
91	Bibliotheken, Archive, Museen, botanische und zoologische Gärten
92	Spiel-, Wett- und Lotteriewesen
93	Erbringung von Dienstleistungen des Sports, der Unterhaltung und der Erholung
94	Interessenvertretungen sowie religiöse Vereinigungen
95	Reparatur von Datenverarbeitungsgeräten und Gebrauchsgütern
96	Erbringung von sonstigen überwiegend persönlichen Dienstleistungen
97	Private Haushalte mit Hauspersonal
98	Herstellung von Waren und Erbringung von Dienstleistungen durch private Haushalte für den Eigenbedarf

9 ___ Anhang

DIENSTLEISTER-BRANCHEN

Technische Instandhaltung
- 33 Reparatur und Installation von Maschinen und Ausrüstungen
- 41 Hochbau
- 42 Tiefbau
- 43 Vorbereitende Baustellenarbeiten
- 71 Architektur- und Ingenieurbüros; technische, physikalische und chemische Untersuchung

Versorgung/Entsorgung
- 35 Energieversorgung
- 36 Wasserversorgung
- 37 Abwasserentsorgung
- 38 Sammlung, Behandlung und Beseitigung von Abfällen; Rückgewinnung
- 39 Beseitigung von Umweltverschmutzungen und sonstige Entsorgung

Logistik
- 49 Landverkehr und Transport in Rohrfernleitungen
- 50 Schifffahrt
- 51 Luftfahrt
- 52 Lagerei sowie Erbringung von sonstigen Dienstleistungen für den Verkehr
- 53 Post-, Kurier- und Expressdienste

IT /Telekommunikation
- 61 Telekommunikation
- 62 Erbringung von Dienstleistungen der Informationstechnologie
- 63 Informationsdienstleistungen
- 95 Reparatur von Datenverarbeitungsgeräten und Gebrauchsgütern

Finanz-/Rechtsdienstleistungen
- 64 Erbringung von Finanzdienstleistungen
- 65 Versicherungen, Rückversicherungen und Pensionskassen (ohne Sozialversicherung)
- 66 Mit Finanz- und Versicherungsdienstleistungen verbundene Tätigkeiten
- 69 Rechts- und Steuerberatung, Wirtschaftsprüfung
- 70 Verwaltung und Führung von Unternehmen und Betrieben; Unternehmensberatung

Personaldienstleistungen
- 78 Vermittlung und Überlassung von Arbeitskräften

Facility Management
- 56 Gastronomie
- 80 Wach- und Sicherheitsdienste sowie Detekteien
- 81 Gebäudebetreuung; Garten- und Landschaftsbau
- 82 Erbringung von wirtschaftlichen Dienstleistungen für Unternehmen und Privatpersonen